量身訂作手作服OK！

在家自學
縫紉の基礎教科書

伊藤みちよ

⚓ Contents

Column

⚓ INDEX（以下依日文首字母排序）

基本裁縫流程

工具、紙型的準備、布料的處理……開始裁縫前的工序非常繁多，
但只要準備齊全，其實就等於完成了一半！
作好完善的備配確認，作品才會有高水準的完成度。
一起來檢查需要準備的項目吧！

STEP 1

準備工具

確認需要準備的工具。只要備有最基本的工具，就可以開始縫製。其他工具慢慢收集即可。

→P.8～

STEP 2

挑選布料

了解各布料的特性後，不僅製作時更加輕鬆，成品穿起來也更舒適。另需注意配合布料的縫針&縫線。

→P.12～

STEP 3

紙型的作法

依據本書附錄的原寸紙型，製作外加縫份的紙型。一邊確認正確性，一邊謹慎地製作。

→P.18～

STEP 4

布料的事前準備

從店裡購買的布料需要進行浸濕&整理布紋的工作。為了製作出更好的作品，請確認正確的處理方法。

P.22～

STEP 5

裁剪

將紙型放在布料上，開始裁剪。進行至此步驟，作品就算完成了一半。不要忘記標示作品所需的各種合印記號喔！

→P.26～

STEP 6

縫紉機

依照製作方法的步驟縫製作品。本單元介紹了基本的縫紉機操作方法、車縫和拷克。

→P.30～

⚓ 選擇尺寸

從了解身體尺寸開始

了解自己的身體尺寸才能製作出穿著舒適的服裝。本書依下記尺寸為基準，提供相對適合的原寸紙型。請對照各個作品完成尺寸，確認適合自己的紙型尺寸。以個人尺寸修正紙型的方法請參考P.21作法。

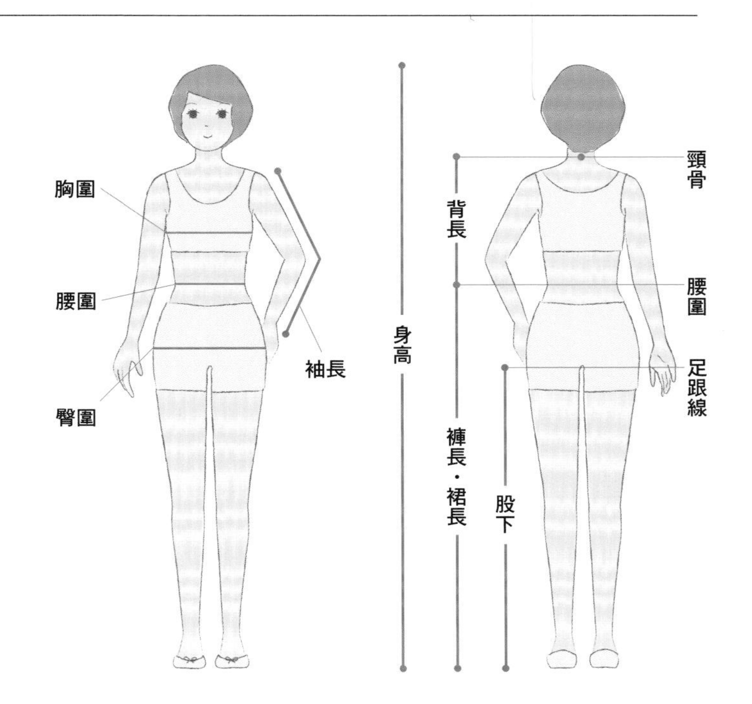

本書的參考尺寸

（cm）

	S	M	L	LL
胸圍	79	83	89	95
腰圍	63	67	73	79
臀圍	86	90	96	102
身高	155～160		160～167	

⚓ 認識服裝部位名稱

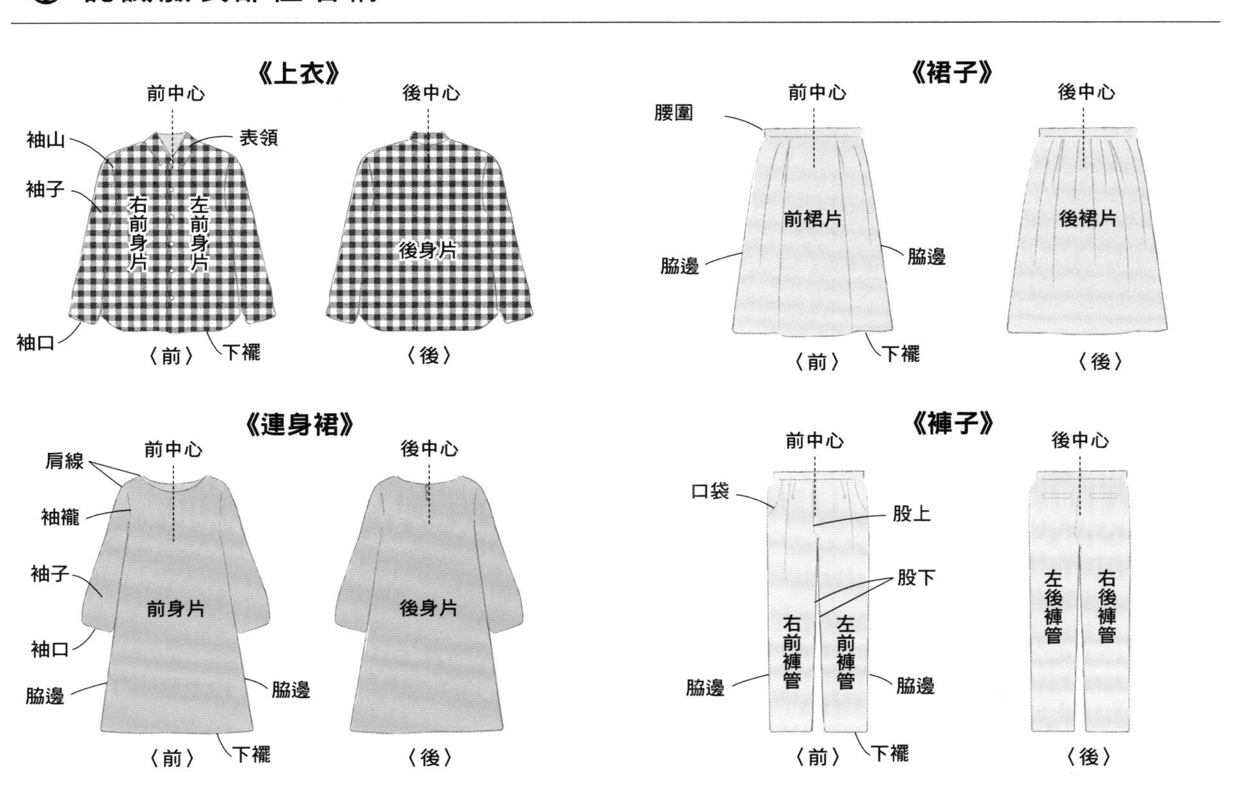

準備工具

開始縫製之前請先確認必備工具。
初學者不需購買太貴的工具，
試著以手邊現有的工具作作看吧！

工具協力／★＝CLOVER（株）

必備的基本工具

50cm直尺★

請選擇可以看到下面的透明直尺，方格設計則便於描繪縫份線。

白紙

描繪原寸紙型、製圖時使用，
也可以輔助車縫輕薄布料。

螢光筆

自動鉛筆

螢光筆用於在原寸紙型上標示記號，使用消失筆也OK。描繪原寸紙型時使用自動鉛筆。

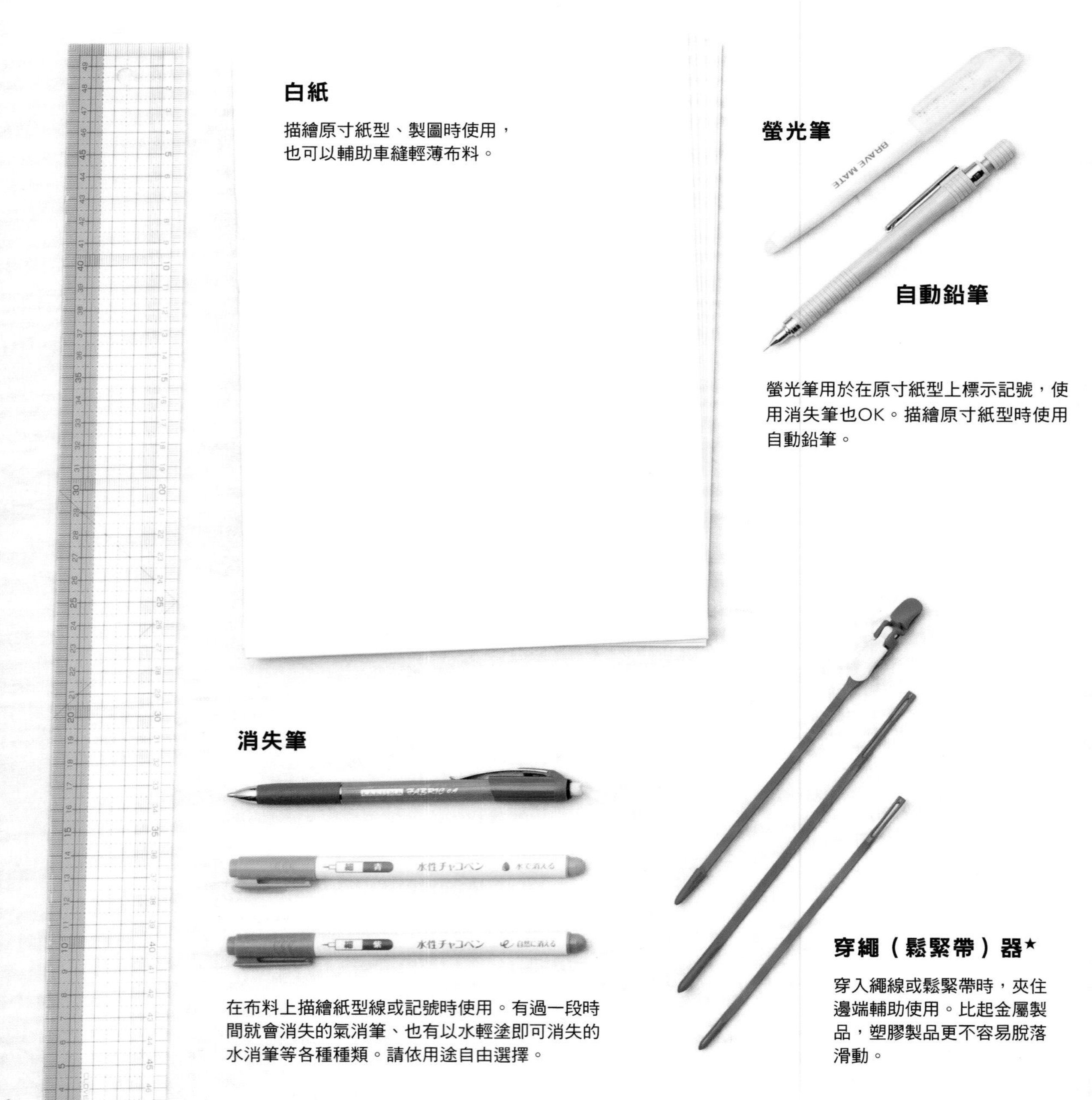

消失筆

在布料上描繪紙型線或記號時使用。有過一段時間就會消失的氣消筆、也有以水輕塗即可消失的水消筆等各種種類。請依用途自由選擇。

穿繩（鬆緊帶）器★

穿入繩線或鬆緊帶時，夾住邊端輔助使用。比起金屬製品，塑膠製品更不容易脫落滑動。

布剪★

布料專用剪刀，切勿用於剪紙以免影響銳利度。選擇大小和重量適合自己的剪刀，才能更加輕鬆使用。初學者推薦購買刀刃為不銹鋼材質的款式。

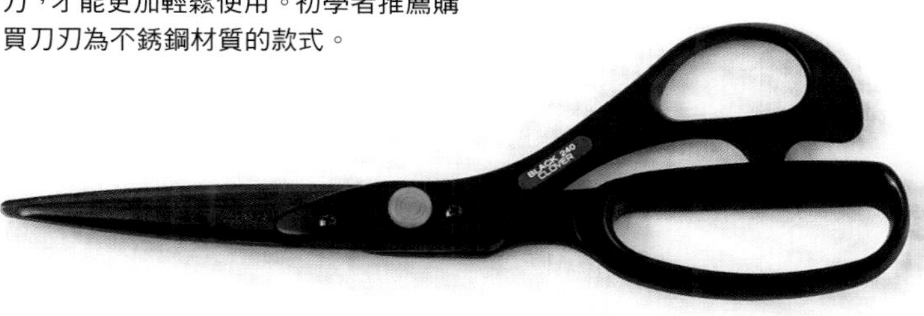

拆線器★

錐子★

拆線時&開釦眼時使用拆線器。錐子則可輔助車縫、翻出漂亮的邊角、製作記號等，圖示中的錐子尖端較為圓滑。

紗剪

用於裁剪細線或細部。

細部用剪刀★

作記號、裁剪縫份等，
適用於細部裁剪。

疏縫線

疏縫固定時使用。
收存方法參考P.43。

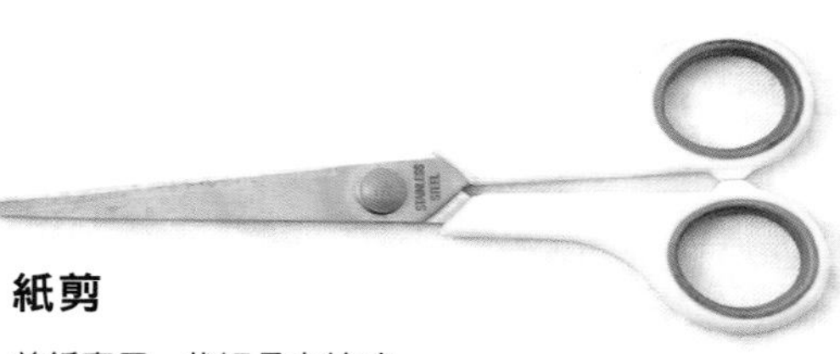

紙剪

剪紙專用。裁切長直線時，
也可以使用美工刀切割。

手縫針★

手縫線

珠針・針插

手縫用的針&線，用於繚縫、縫釦子等。珠針用於暫時固定布料，若使用玻璃頭製珠針，即使直接以熨斗熨燙也不會融化。珠針以約35mm至40mm長度使用起來最方便。避免珠針遺失散落，建議使用針插收納確保安全。

熨斗

用於整燙形狀、燙開縫份等，是裁縫工作從開始到結束都絕對不可或缺的工具之一。

便利製作的工具

習慣裁縫工作之後，就可以開始添購一些可以提高效率的工具。

文鎮

描繪紙型時用於固定紙張，也可以以重物取代。

布用口紅膠

用於暫時固定縫份或處理細微部分非常便利，也不會沾黏在車縫針上。

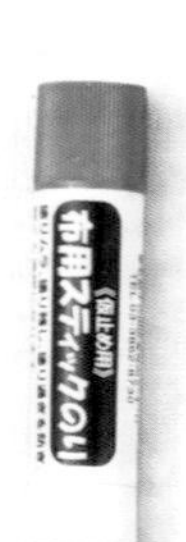

防止綻線液

避免布料邊端、釦眼等處綻線時使用。

曲線尺

描繪紙型的領圍、袖襱時可以畫出漂亮的弧度。

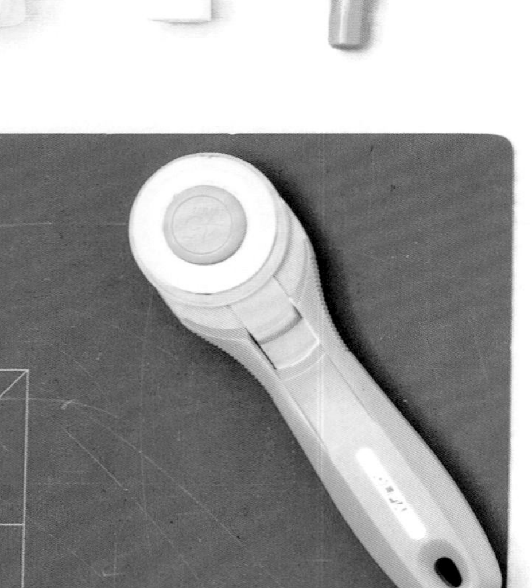

切割器&切割墊

不論是針織布或細長布條的裁切都很適合。請務必搭配切割墊一起使用，建議選擇大尺寸的切割墊。

縫份燙尺★

耐熱性素材的熨燙專用尺，可以同時測量縫份尺寸&熨燙整理。圖示中的縫份燙尺也可以使用於傘狀弧線下襬裙處。

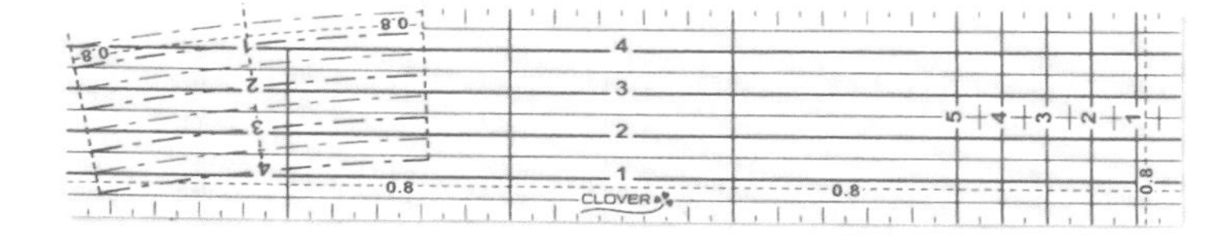

彎頭錐子★

輔助車縫布料弧線、作出漂亮弧度，也可以用於拆除縫線。

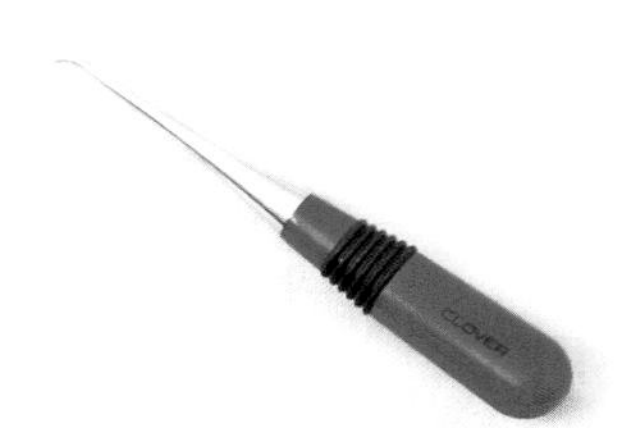

返裡針

將細繩、釦環等帶狀物從背面翻回正面時使用。

滾邊器★

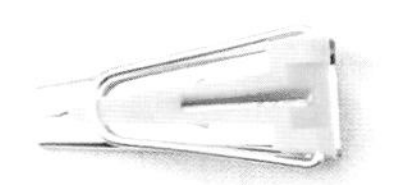

可以簡單製作出二褶斜布條的工具，有寬0.6・1.2・1.8・2.5・5cm的規格款式（圖示為寬1.2cm款）。作法請參考P.45。

強力夾★

用於無法以珠針固定的布料或具伸縮性的針織布，車縫時也可以使用。下側平面造型方便車縫，但不要忘記取下。

捲尺

用於量尺寸、測量紙型弧線長度。

熱接著雙面襯條★

以熨斗即可輕鬆黏著的雙面襯條。用於拉鍊、長距離尺寸的固定都很便利。不需擔心錯開，車縫起來更漂亮整齊。

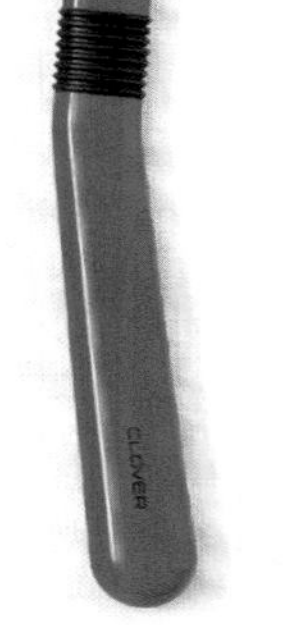

點線器★

需搭配布用複寫紙一起使用，圖示的品項為圓弧齒輪。無法使用消失筆的布料也可以使用。

布用複寫紙★

加上合印記號時使用。有單面・雙面兩種款式。

挑選布料

裁縫也可以非常有趣，因為「沒有一定要遵守的規則」！
選擇自己喜愛的顏色、印花、質感……手作完全屬於自己的款式。
為了製作出更接近自己設計的服裝，了解質地的特徵以便挑出適合的布料相當重要喔！

基本的布料種類

不具伸縮性→普通布料

意指以經緯紗交織而成，幾乎沒有任何伸縮性。

平織　規則性交錯的經緯紗。張力大、牢固。基本上沒有表裡之分。

菱織　經緯紗交錯之後，跳過一條紗線編織而成。斜向織目垂墜性高，不易產生皺褶。

具伸縮性→針織布

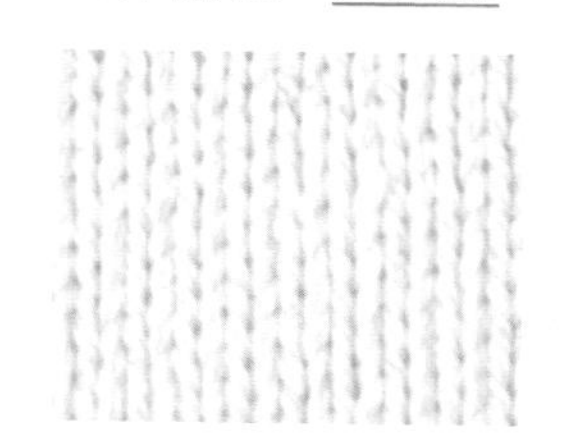

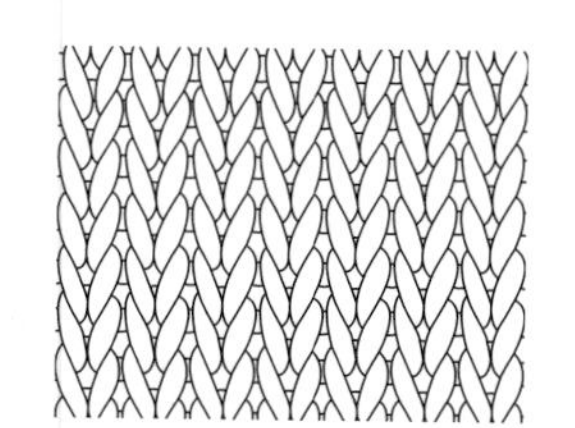

使用於運動服等衣物的布料。以經緯紗編織成鎖鏈環狀，伸縮彈性極佳。

布料&縫針&縫線

	縫線	車縫針
薄布料 細竹布、巴里紗、紗布等。	90號	9號
一般布料 密織平紋布、細紋布、亞麻布等。	60號	11號
厚布料 斜紋布、丹寧布、燈芯絨等。	30號	14號
針織布 天竺布、雙面針織布、裏毛布等。	針織布專用縫線	針織布專用縫針

布料&縫線顏色

縫線基本上建議選擇和布料相同的顏色。賣場都會附上縫線色卡，可以對照實際布料顏色後挑選。選擇縫線沒有一定的規則，故意選擇搶眼的縫線作為服裝設計重點也是非常棒的想法。

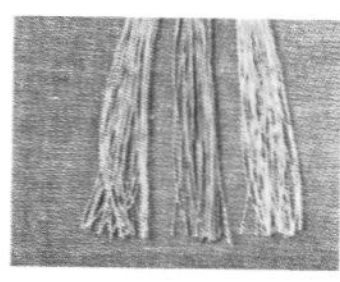

淺色布
找不到一模一樣的顏色時，請選擇明亮色系縫線，縫目看起來比較不突兀。

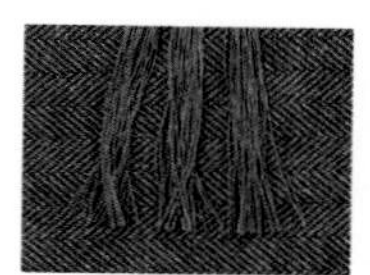

深色系
找不到一模一樣的顏色時，請選擇深色系縫線，縫目看起來比較不明顯。

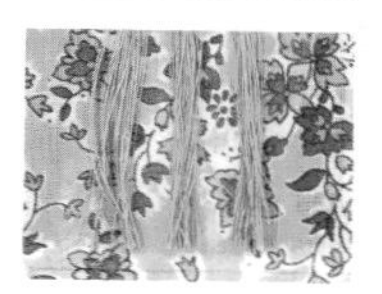

印花布
請選擇占印花面比例最多的色系，縫目看起來比較協調。

一般的布寬

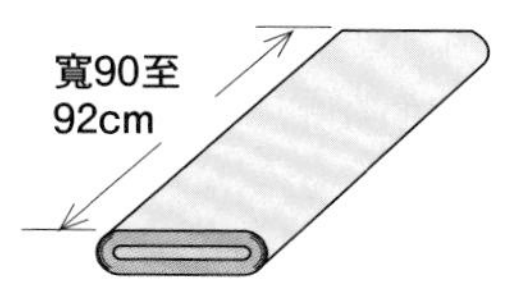

單幅寬

多為絲綢或蕾絲。

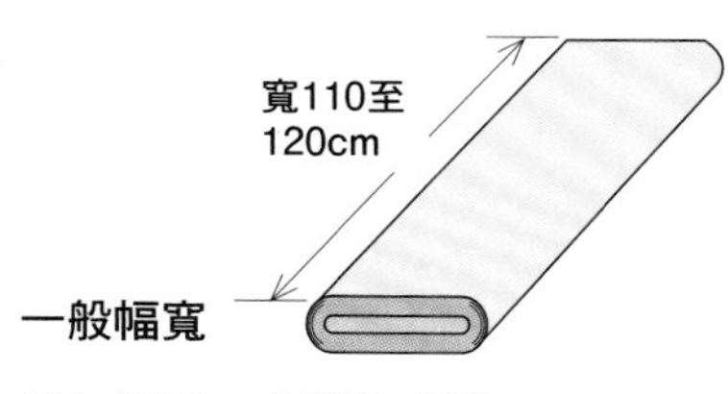

一般幅寬

棉布或麻布、化纖等一般布料均為此寬度。

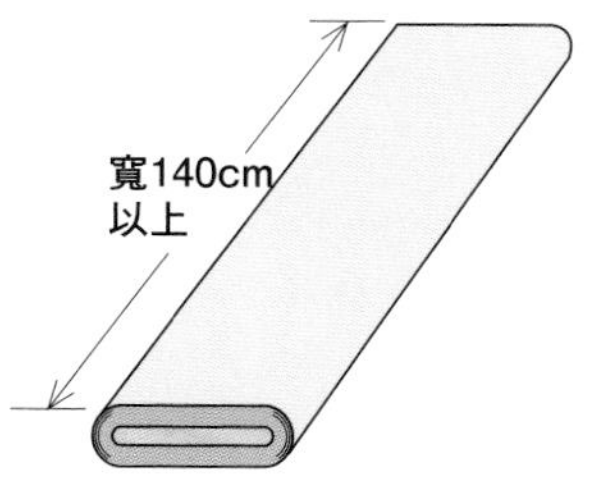

雙幅寬

多為羊毛或混紡、亞麻布料。
也可以對摺使用。

尺寸用量的簡單估算

※以下均為大約的數字。

《上衣》

○**寬110cm時**

（衣長+10cm）×2+（袖長+5cm）

〈例〉衣長60cm、袖長55cm
（60+10）×2+（55+5）=**200cm**

○**寬140cm時**

（衣長+10cm）+（袖長+5cm）+領子

〈例〉衣長60cm、袖長55cm、領寬10cm
（60+10）+（55+5）+10=**140cm**

《裙子》

○**寬110cm時** 不包含口袋

（裙長+10cm）×2

〈例〉裙長80cm
（80+10）×2=**180cm**

○**寬140cm時** 不包含口袋

裙長+10cm

※包含縫份的下襬圍長度低於140cm時，採用（裙長+10cm）×2。

〈例〉裙長80cm
80+10=**90cm**

《連身裙 長版上衣》

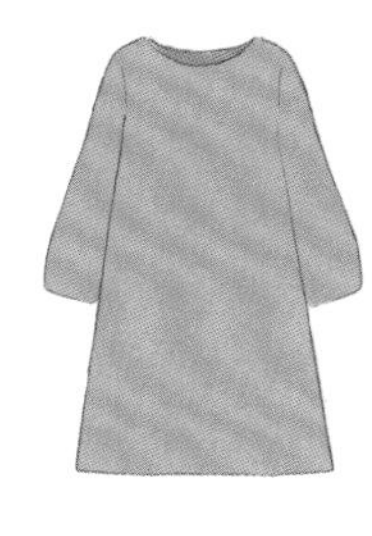

○**寬110cm時**

（衣長+10cm）×2+（袖長+5cm）

〈例〉衣長100cm、袖長55cm
（100+10）×2+（55+5）=**280cm**

○**寬140cm時**

（衣長+10cm）+（袖長+5cm）

〈例〉衣長100cm、袖長55cm
（100+10）+（55+5）=**170cm**

《褲子》

○**寬110cm時** 不包含口袋

（褲長+10cm）×2

〈例〉褲長95cm
（95+10）×2=**210cm**

○**寬140cm時** 不包含口袋

褲長+10cm

〈例〉褲長95cm
95+10=**105cm**

這樣估算也OK！

如果使用的布料和本書預設的幅寬不同，請以此方法來決定布料所需的長度。
若使用印花布需對紋時，則必須預留更多的布料，請多加注意。

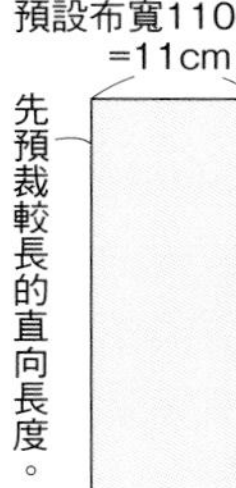

1
在紙上畫1/10尺寸的方形（這裡是11cm）。

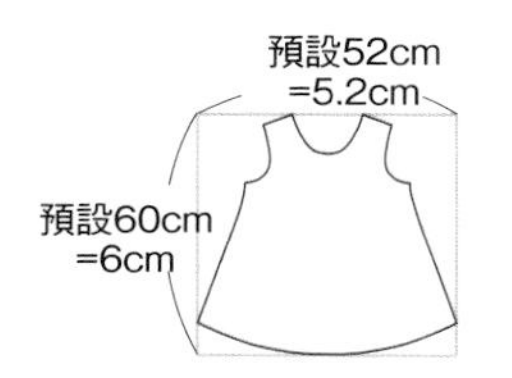

2 請測量紙型最長&最寬的部分，描繪1/10大小的四角形。

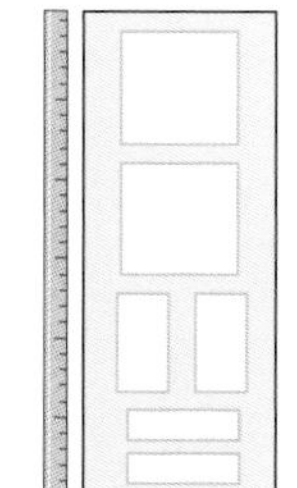

3
在**1**的方形中並排**2**所需的片數（中間需預留縫份寬度）。測量直向長度後，得知實際需要長度約為10倍左右。

依單品設計挑選布料

手作最大的樂趣就是可以使用自己喜愛的布料，自由地製作款式。
但是為了完全符合自己心目中的設計，選擇適合的布料就變得非常重要。
只有先確實認識各種不同材質布料的特性，才能縫製出心目中的完美款式喔！

連身裙・長版上衣

不論使用什麼布料，均可製作出美麗的作品。但注意不要使用太厚重的布料，避免穿起來會不舒服。

- 細平布
- 亞麻布
- 細竹布 ……

上衣・罩衫

上衣的縫製過程較為繁複，所以請選擇較易車縫的布料。罩衫則比較不需要擔心，各種布料皆可適用。

- 細平布
- 青年布
- 亞麻布
- 細竹布 ……

裙子

細褶裙請先想像一下所需的傘狀分量再來選擇布料。若不附裡布，請選擇不易走光的布料。

- 細平布
- 亞麻布
- 丹寧布 ……

褲子

推薦厚實且略有張力的布料。但夏天款式也可以選擇較通風一點的布料。

- 丹寧布
- 亞麻布
- 菱織棉布 ……

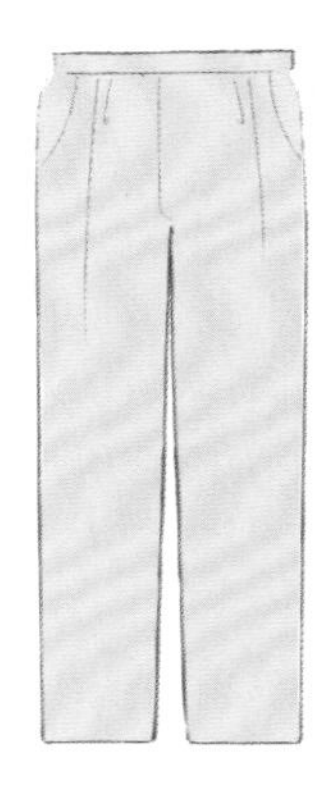

大衣・外套

保暖為首要條件。但是太過厚重的布料難以車縫，請特別注意。

- 葛城布
- 燈芯絨
- 法蘭絨
- 鋪棉布 ……

小物

包包&化妝包不需要太擔心布料的選擇，盡情地享受手作的樂趣即可。

- 亞麻
- 帆布
- 防水加工布 ……

細平布

平織胚布。素色、印花等種類眾多。也用於衣服的試縫。

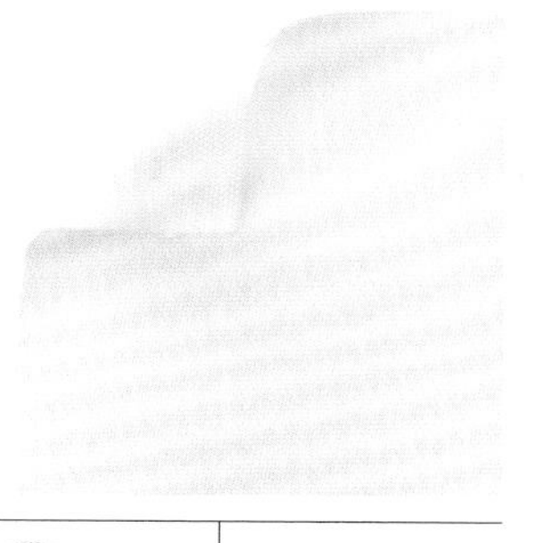

車縫針	11號	車縫線 	60號	熨燙溫度 高

細竹布

如絲綢般滑順且有光澤感的輕薄平紋布。其中又以LIBERTY PRINT的Tana Lawn最有名。

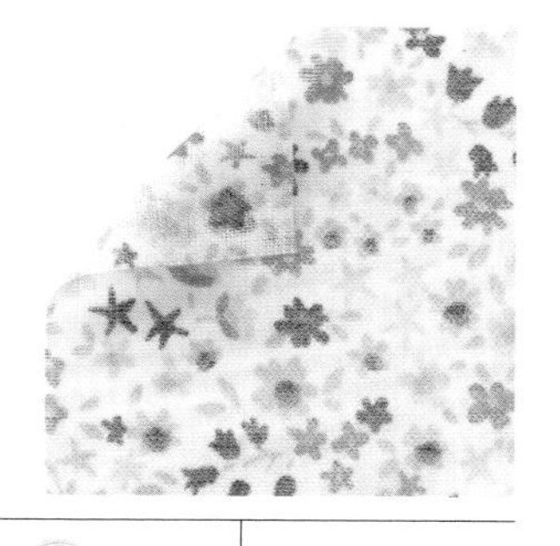

車縫針	9號	車縫線 	90號	熨燙溫度 高

青年布

以不同顏色的經緯紗編織成霜降色的布料。圖示布料是以白色經紗&水藍色緯紗製成。

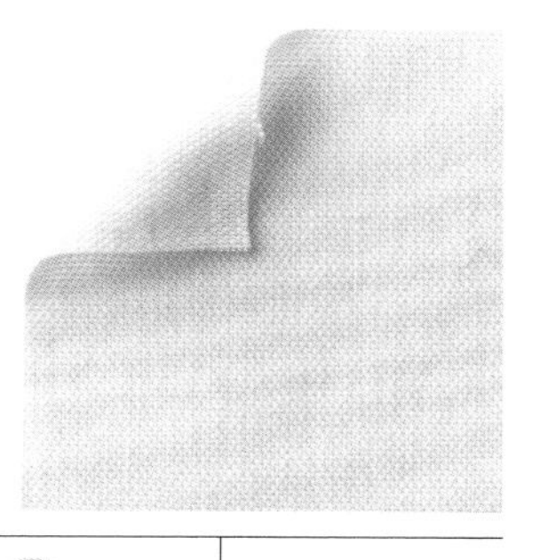

車縫針	11號	車縫線	60號	熨燙溫度 高

葛城布

以結實的經緯線編織而成的厚實布料。斜紋織布表面有斜向織紋。

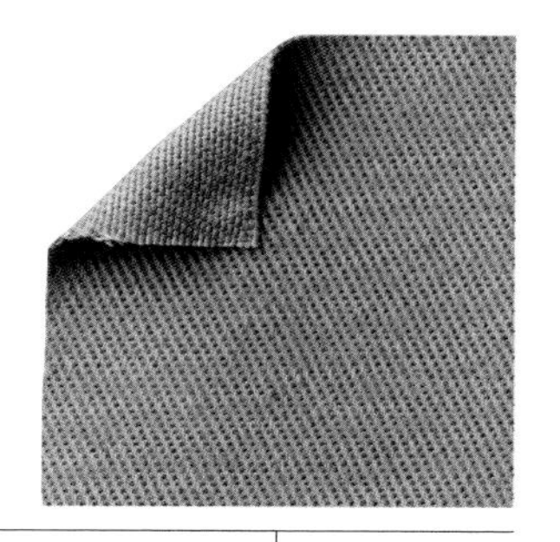

車縫針	11號 14號	車縫線 	60號 30號	熨燙溫度 高

密織平紋布

觸感柔軟，具有光澤感的布料。除了素色布，還有印花布&先染條紋布等。

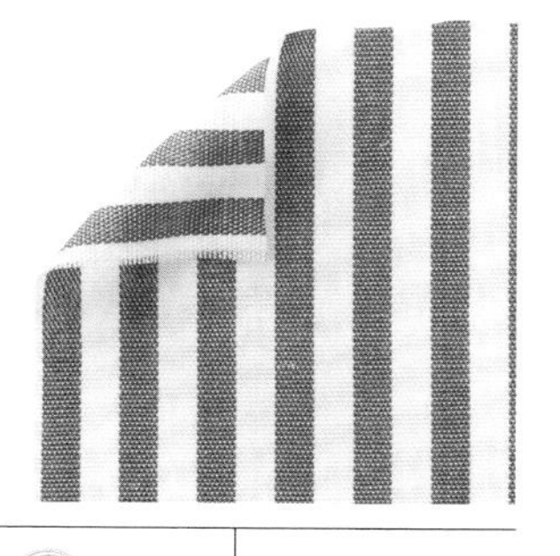

車縫針	11號	車縫線	60號	熨燙溫度 高

亞麻布

以亞麻纖維織成的布料，觸感柔軟卻很結實。具有吸水性佳&速乾等優點。

車縫針	11號	車縫線	60號	熨燙溫度 高

斜紋勞動布

以純白的經紗&有顏色的緯紗製成的布料。質感雖然很像丹寧布，但略微輕薄一些。以家庭用縫紉機即可輕鬆車縫。

車縫針	11號	車縫線	60號	熨燙溫度 高

棉絨

法蘭絨的一種。由棉素材織成，觸感柔軟且將表面起毛加工，予人蓬鬆溫暖的感覺。適合縫製秋冬衣物。

車縫針	11號	車縫線	60號	熨燙溫度 高

楊柳紗

泡泡布、波紋縮織布料等。在布面直條紋方向上作出凹凸紋路的布料。透氣性佳，常用於製作夏季衣物。

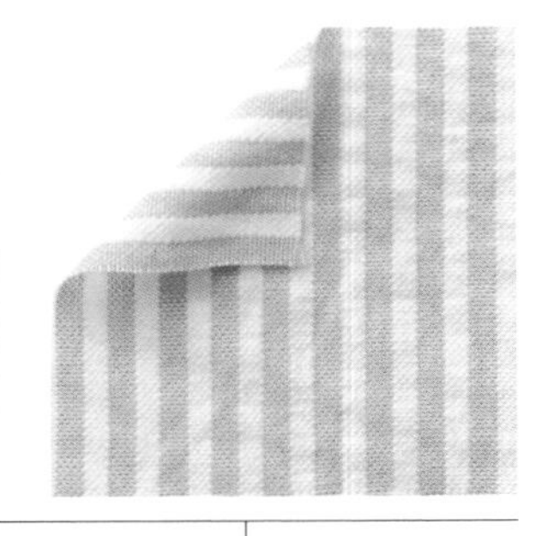

車縫針	11號	車縫線	 60號	熨燙溫度　高

二重紗

貼合兩片紗布製成的布料。觸感佳、有蓬鬆感，常用於製作嬰兒服&小物。

車縫針	11號	車縫線	 60號	熨燙溫度　高

丹寧布

以染色線為經紗、漂白線為緯紗製成的厚棉布。有各種不同厚度種類，較薄的丹寧布也可以輕鬆地以家庭縫紉機進行車縫。

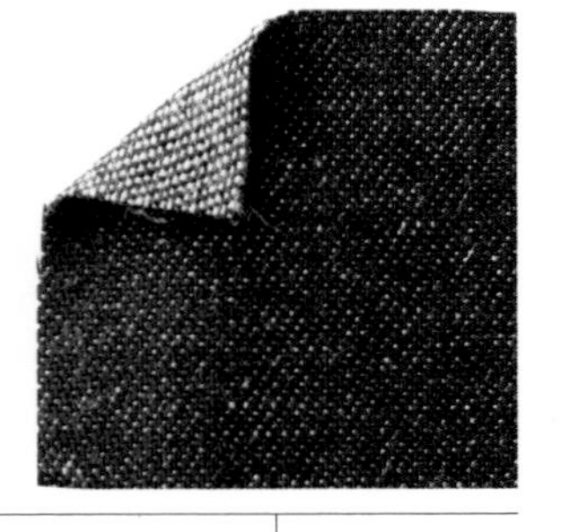

車縫針	11號 14號	車縫線	 60號 30號	熨燙溫度 低

燈芯絨

表面起毛加工的直向織紋布料。多為棉質材質，但也有合成纖維的種類。

車縫針	11號	車縫線	60號	熨燙溫度 棉…　中 螺縈…　低・中

巴里紗

以強撚線織成的布料。輕薄通風、觸感涼爽，予人清涼的印象。

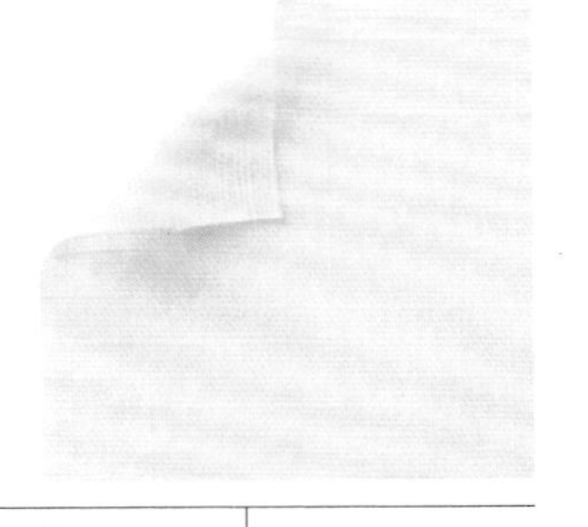

車縫針	9號	車縫線	90號	熨燙溫度　高

壓棉布

在兩片布料之間夾入薄棉襯後，再進行壓線的布料。保暖效果佳。

車縫針	11號 14號	車縫線	60號 30號	熨燙溫度 低

毛呢布

以粗羊毛製作而成的素雅布料。主要特徵是纖維線在編織前經染色加工，以作出各種纖細的色彩花樣。千鳥格紋&魚骨紋為經典代表。

車縫針	11號	車縫線	60號	熨燙溫度　中

法蘭絨

絨布的一種。由毛或毛混紡線編織而成。分為單面或雙面起毛加工處理。適用於製作冬季衣物。

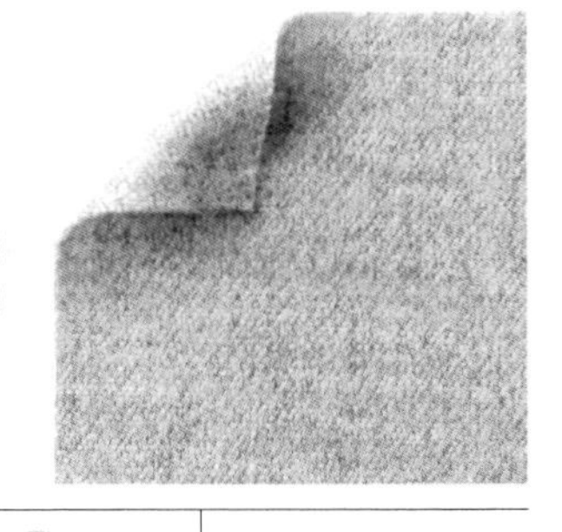

車縫針	11號	車縫線	60號	熨燙溫度　毛…　中 棉…　高

關於針織布

針織布最重要的就是「伸縮性」。伸縮性越高越有彈性，伸縮性越低越沒有彈性。初學者最好選擇伸縮性低且較厚的針織布。

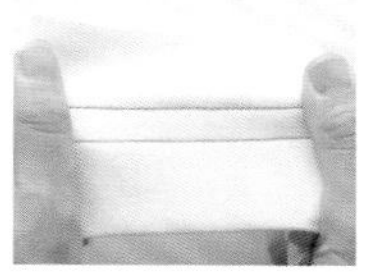

針織布用車縫線

使用針織布時必須配合布料選擇有伸縮性的車縫線，不然一旦拉扯布料，車縫線會有斷裂的可能。請務必使用針織布專用車縫線。

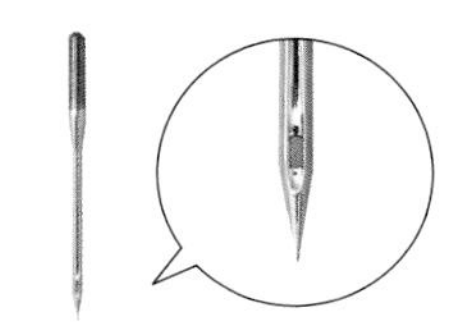

針織布用車縫針

車縫針尖端為圓弧狀，不會傷及布料。使用一般車縫針會損傷布料織面。

天竺布

以天竺編編織而成的布料。厚度因線的粗細而不同，線號數越大越輕薄。

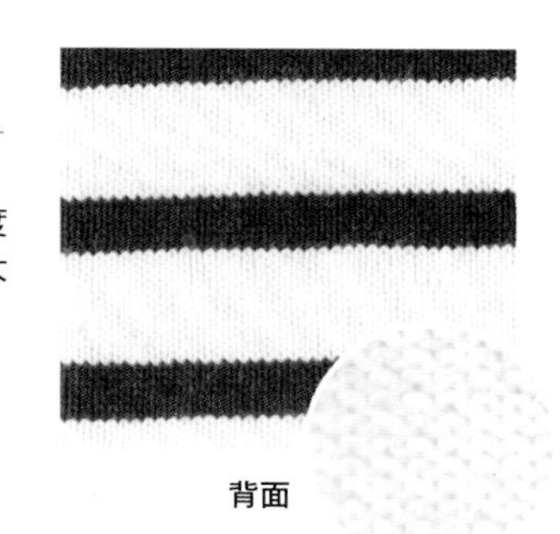
背面

厚針織布

厚實不易伸縮，布邊不易捲曲，且易於車縫的針織布。如同瓦楞箱般的雙層構造，非常保暖。

背面

裏毛布

表面同天竺布、背面類似毛巾圈圈紗線為主要特徵。又稱作吸溼排汗針織布，是非常普遍的布料。

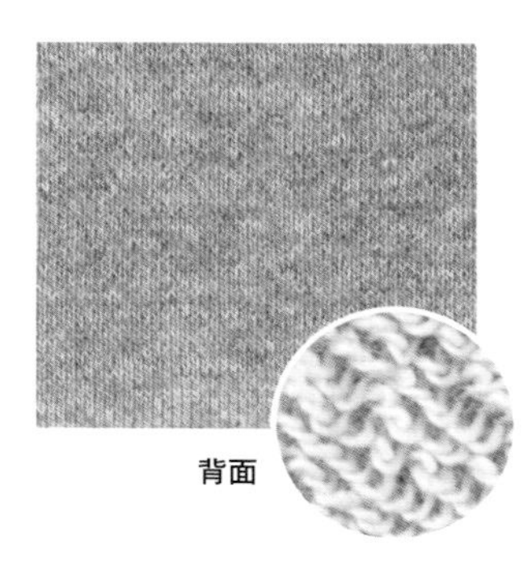
背面

mini裏毛布

比起裏毛布，編織的線圈更小，纖細的經緯線予人清爽的印象。比起裏毛布較有伸縮性。「Mini裏毛布」適合春夏款式，「裏毛布」適合秋冬款式。

背面

圓編針織布

表裡目交互編織而成的布料。觸感舒適，布邊不易捲曲&易於車縫，適合初學者使用。

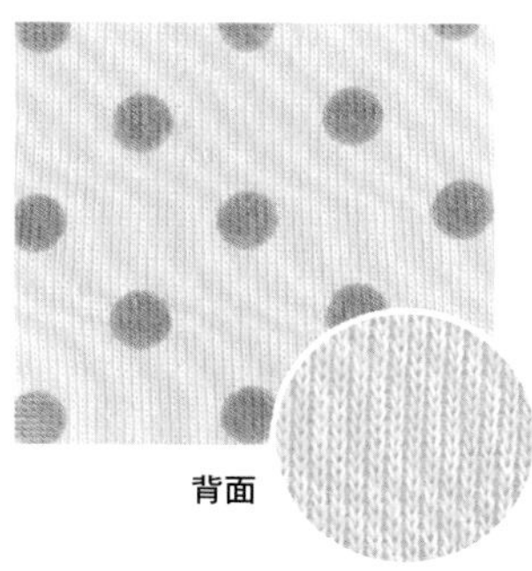
背面

彈性圓編針織布

加入彈性線一起編織而成，非常具有伸縮性的布料。比起一般圓編針織布更具伸縮性，彈性佳。常使用在領圍或袖口部位。

背面

彈性羅紋布

同彈性圓編針織布，加入彈性線一起編織而成的布料。厚實且紋路明顯，非常耐用。適用於製作裏毛布等厚針織布衣物的領圍和袖口。

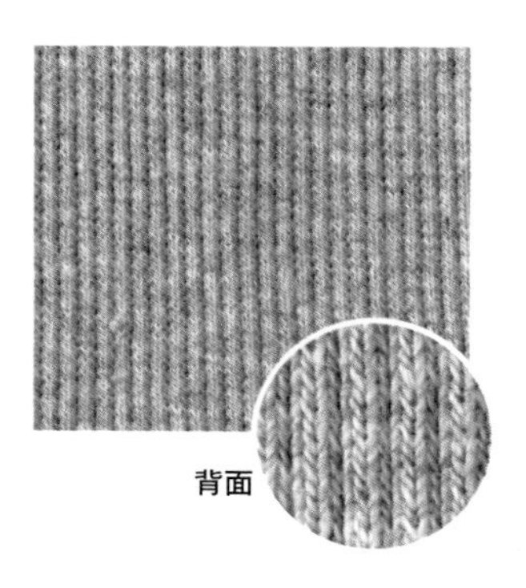
背面

紙型的作法

在開始運用本書附錄的原寸紙型製作紙型之前，
請在此熟悉記號的意義&描繪順序。

紙型記號的意義

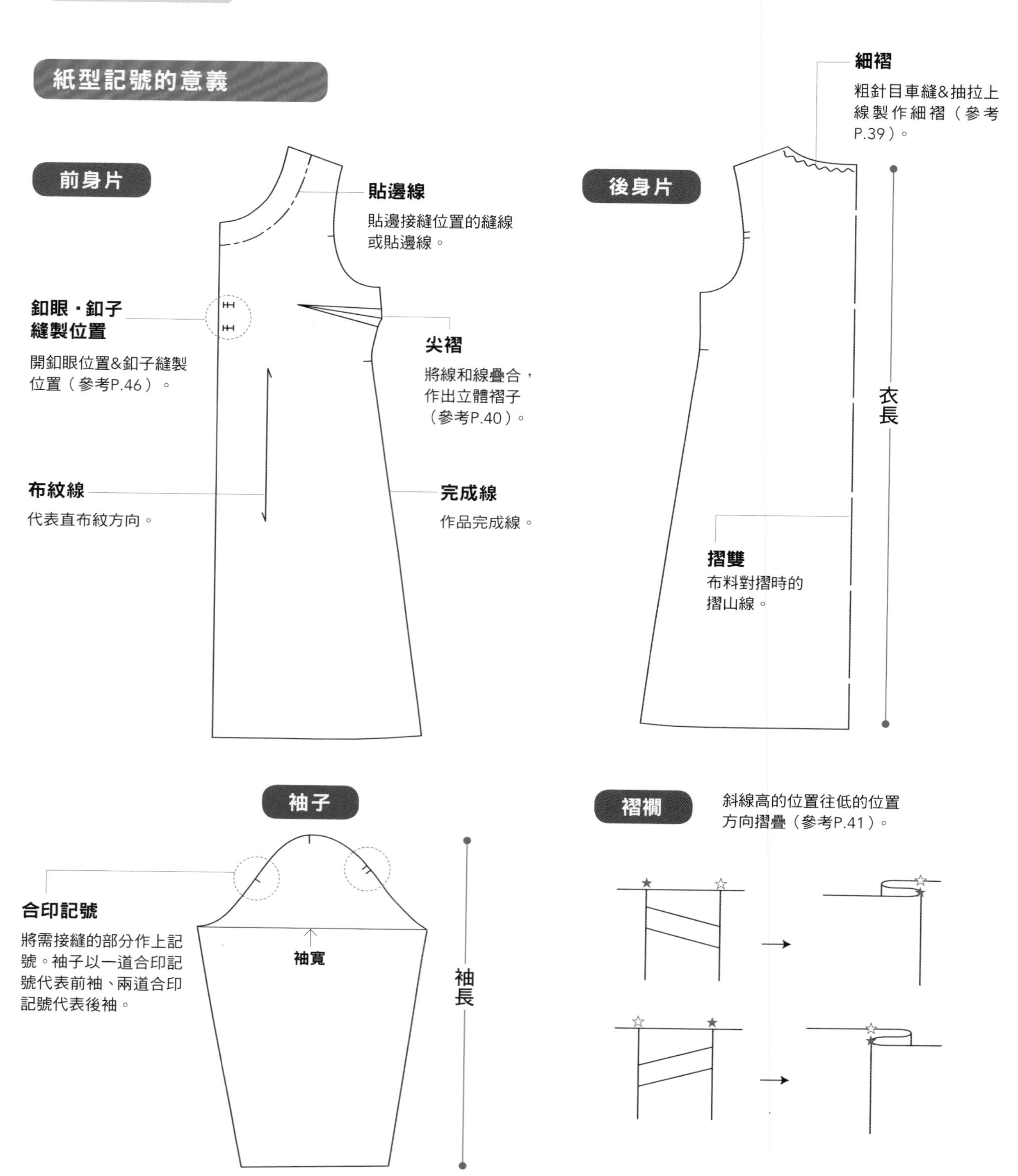

紙型的製作

1

號碼

原寸紙型A面【01】

1-前身片、2-接續前身片、3-後身片、4-接續後身片、5-袖子

必要的紙型片

首先確認作品需要的紙型數量。本書除了標示紙型的作品編號，還有標示必要紙型的號碼，請務必仔細確認。

2

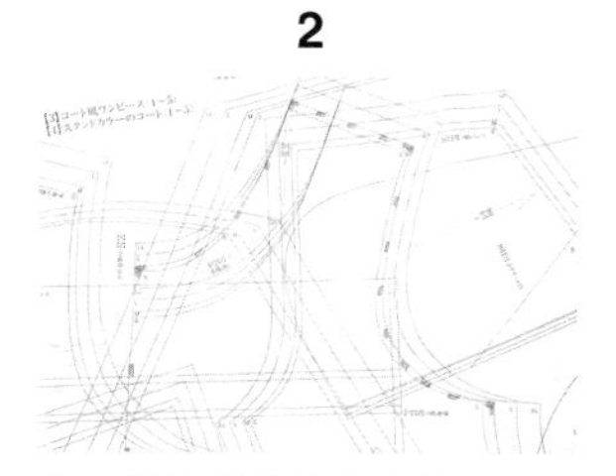

在需要的紙型上作上記號。在必要紙型完成線內側作上記號，以確保可以畫出完整正確的紙型。以消失筆進行繪製便利又輕鬆。

3

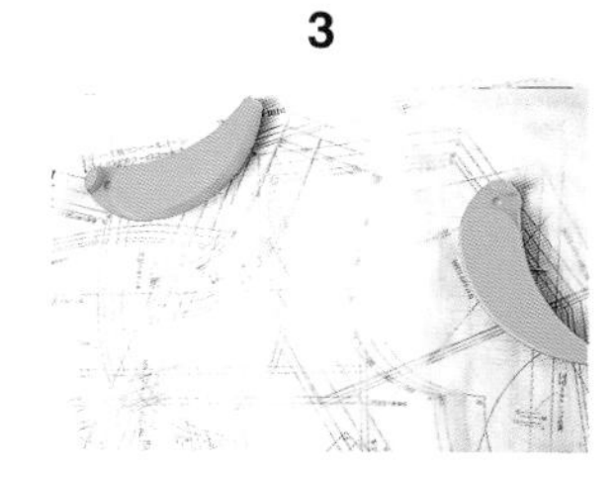

在原寸紙型上放置描圖紙。為了避免位移，以文鎮加以固定。完成後還須外加縫份，所以請先預留空白位置。

4

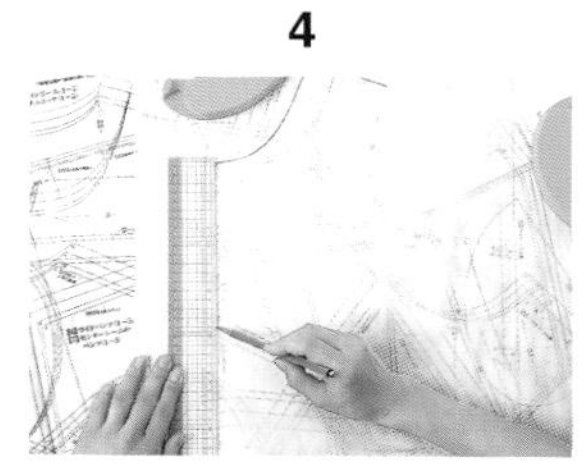

以直尺輔助畫線。

5

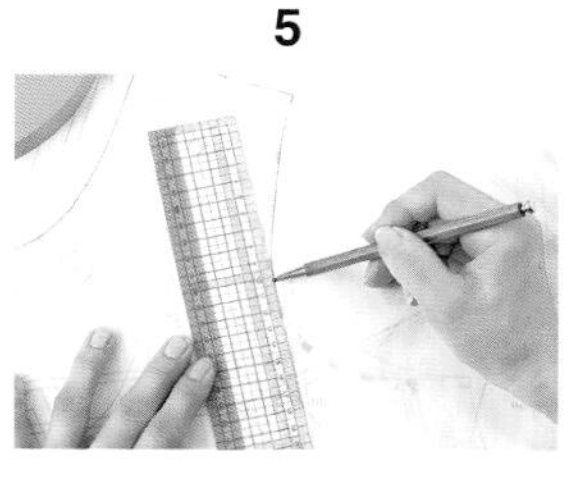

描繪曲線時，請慢慢移動直線，畫出圓滑的弧線。

6

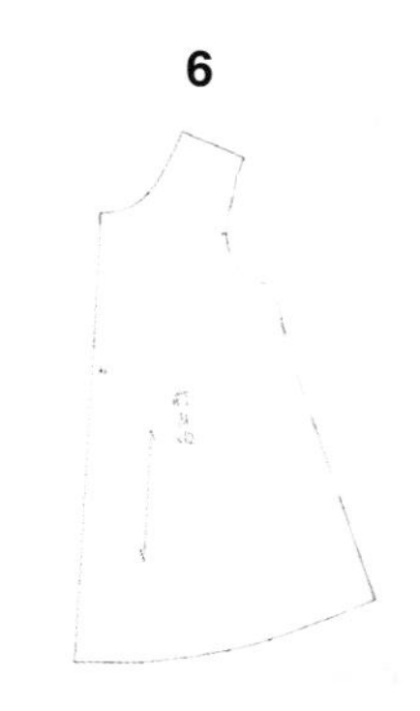

加上布紋線、合印記號、名稱等標示。

紙型上含有數個不同紙型時

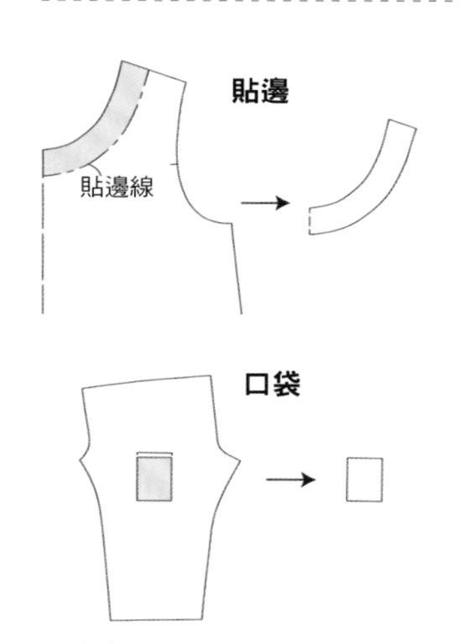

貼邊或口袋的紙型有時會連著接縫部位或附加在身片內側上。請不要忘記這些紙型也要獨立繪製出來。

一片紙型含有數個作品的標示線時

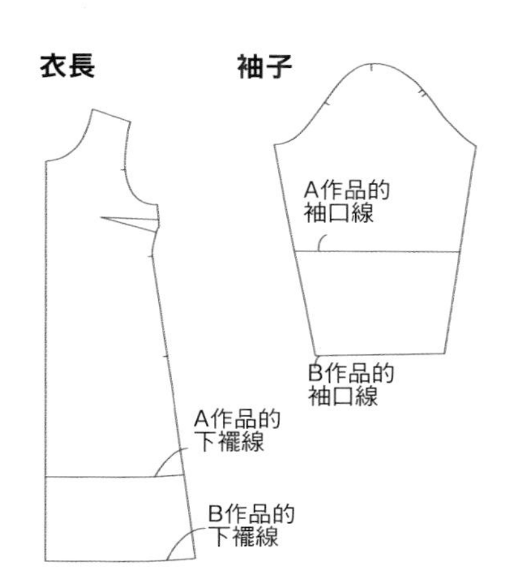

一片紙型含有不同的身片長度或袖長等時，請仔細確認，不要搞混下襬或袖口線位置。

連接紙型

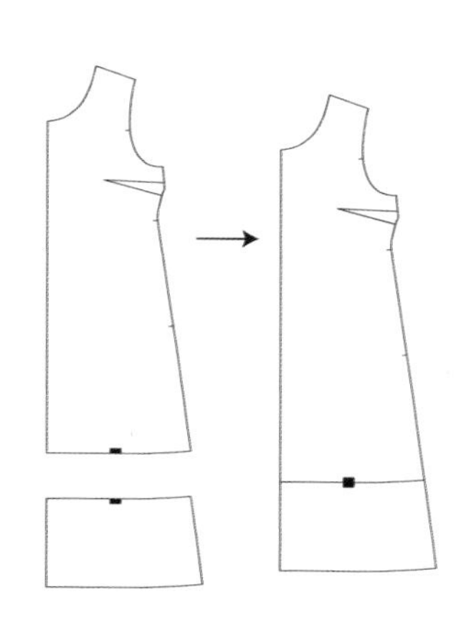

長度較長的作品，有時候紙型會被迫中斷。這時尋找相同合印記號，連接&描繪即可。

將紙型加上縫份

首先確認裁布圖

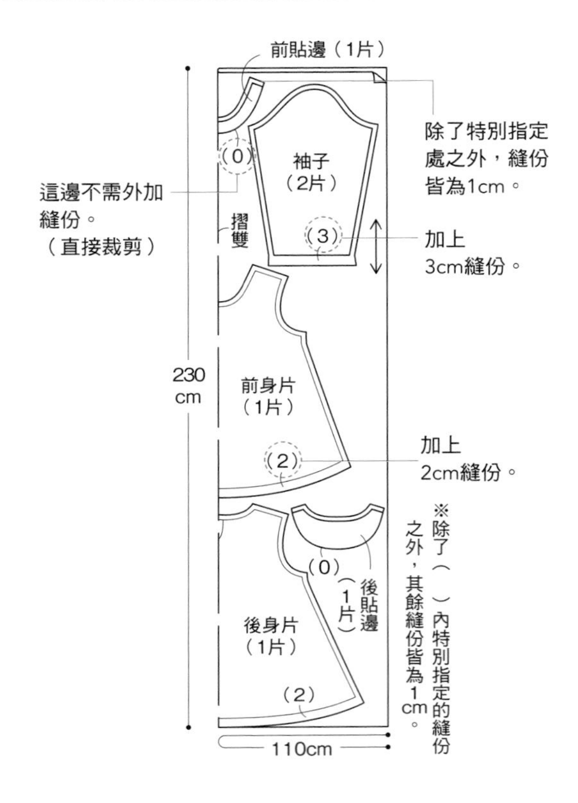

1

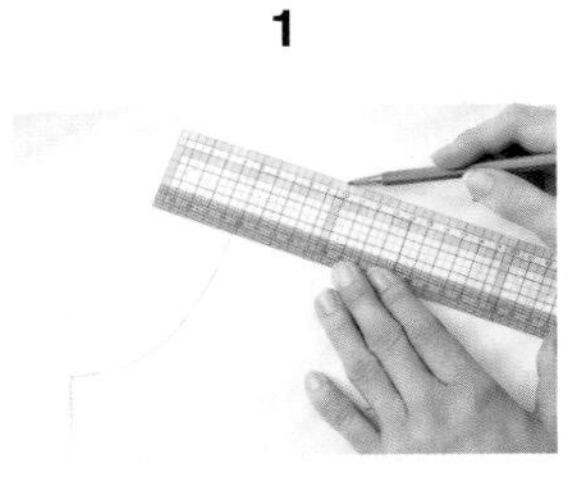

沿著完成線外圍，畫上指定的縫份寬度。使用方格尺非常方便。

2

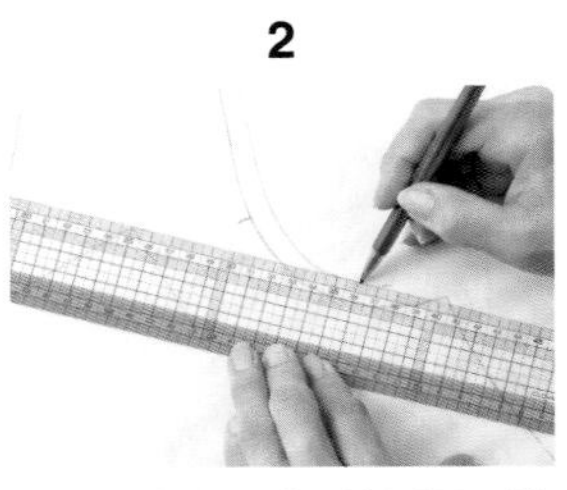

描繪曲線時，請一邊測量一邊慢慢地移動位置，畫出圓滑的弧線。

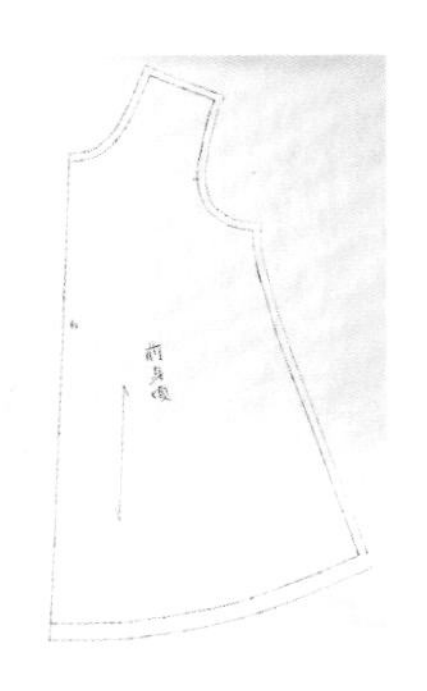

3

剪下外加縫份的紙型就完成了！另有不需外加縫份，在布料上描繪紙型後即可裁剪的畫法。

袖口縫份畫法　注意袖口兩脇邊的縫份足夠。

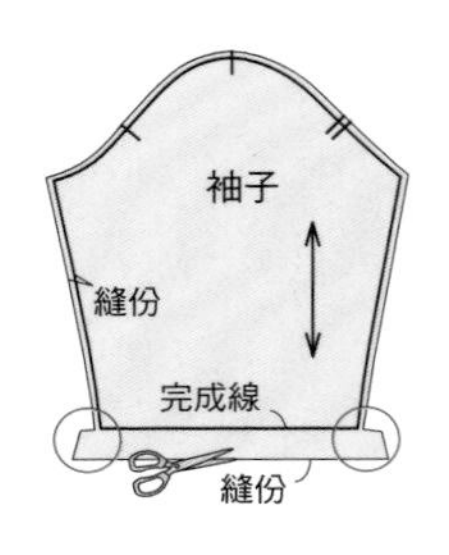

1

袖子縫份描繪完成，袖口邊角周圍預留多一些餘布後，裁剪紙型。

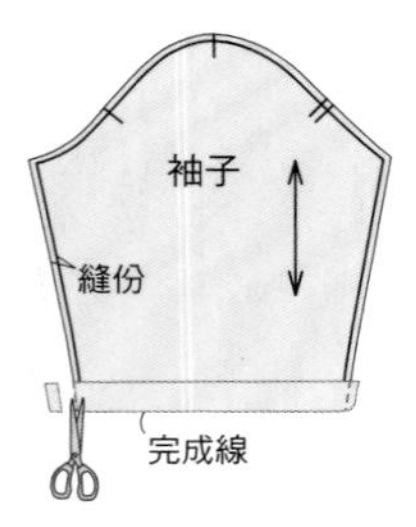

2

袖口沿完成線摺疊（三摺邊等）後，沿著袖口縫份線裁剪多餘部分。

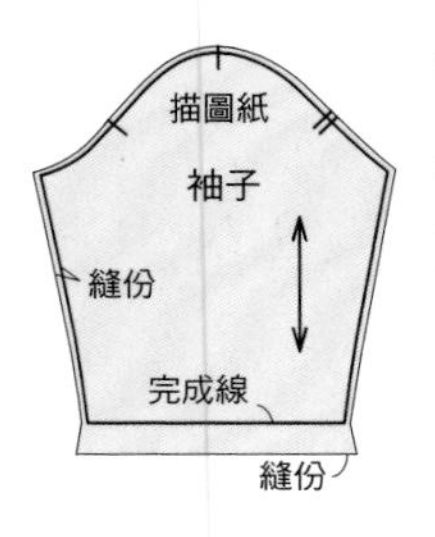

3

將預留的部分裁剪成漂亮的斜角縫份。

下襬（銳角）縫份畫法　注意修剪下襬兩脇邊多餘的縫份。

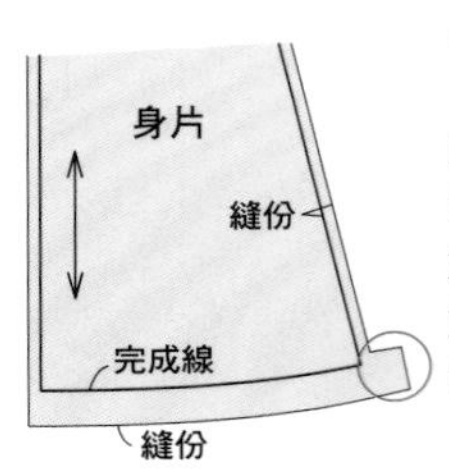

1

完成下襬邊角除外的縫份後，在下襬邊角處多預留一些餘布後，裁剪紙型。

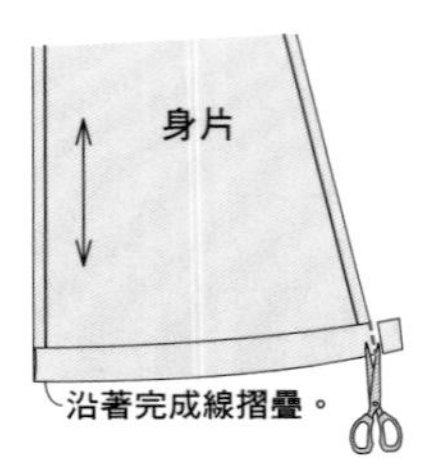

2

下襬沿完成線摺疊（三摺邊等）後，沿著下襬脇邊縫份線裁去多餘的部分。

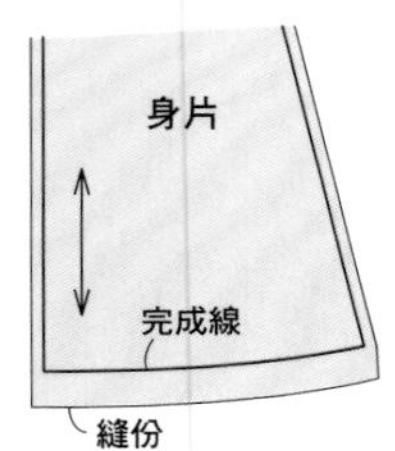

3

將預留的部分裁剪成漂亮的內角縫份。

簡單的補正

改變胸圍尺寸

放大

①取想放大尺寸的1/4，分別追加於前後身片胸圍處以增加寬度。
②自然地連接袖襱&脇邊線。
③取袖片想放大尺寸的1/4，分追加於前後袖寬處，自然地連接袖下線。
④確認袖山&袖襱尺寸是否相合。

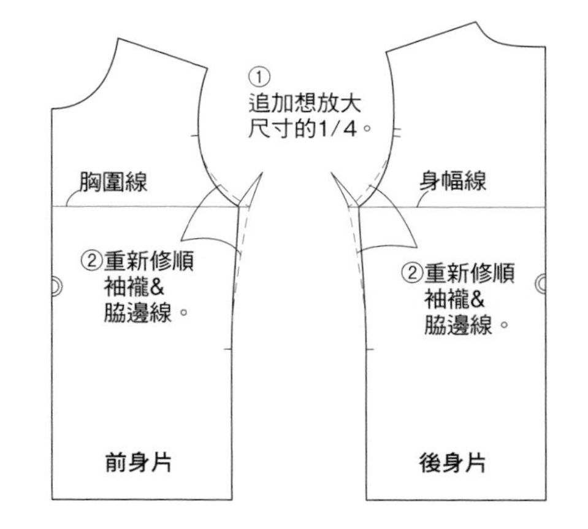

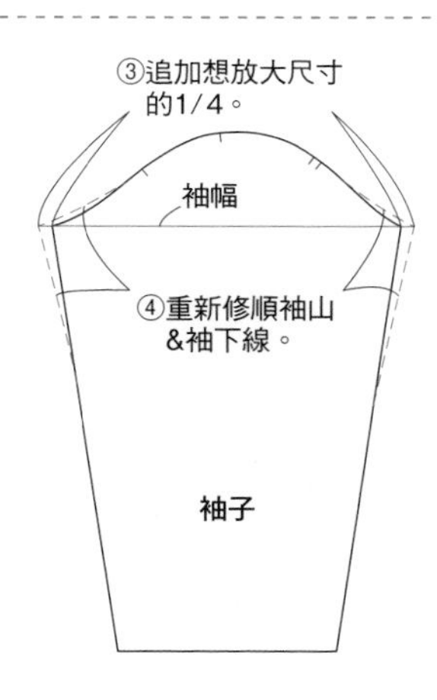

縮減

①取想縮減尺寸的1/4，分別縮減前後身片胸圍處的寬度。
②自然地連接袖襱&脇邊線。
③取袖片想縮減尺寸的1/4，分別縮減前後袖的寬度，自然地連接袖下線。
④確認袖山&袖襱尺寸是否相合。

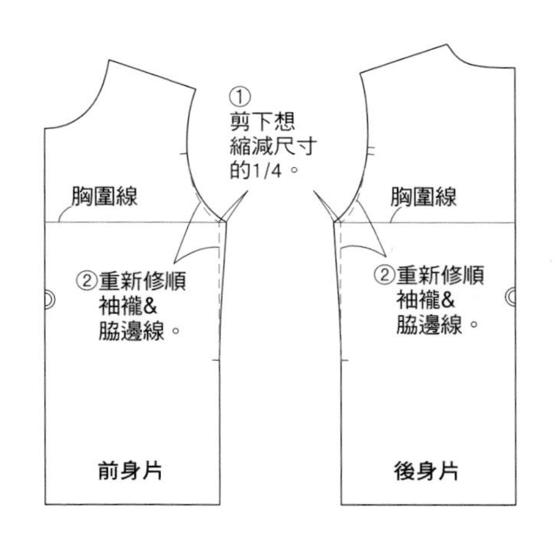

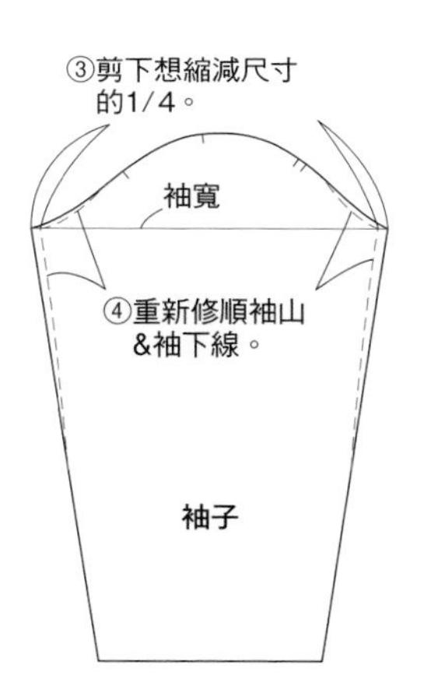

改變袖子長度

①連接袖下線。畫出袖寬線。
②垂直袖寬線，連接袖山到袖口線。
③從兩線交叉點開始，將袖下分成兩等分。

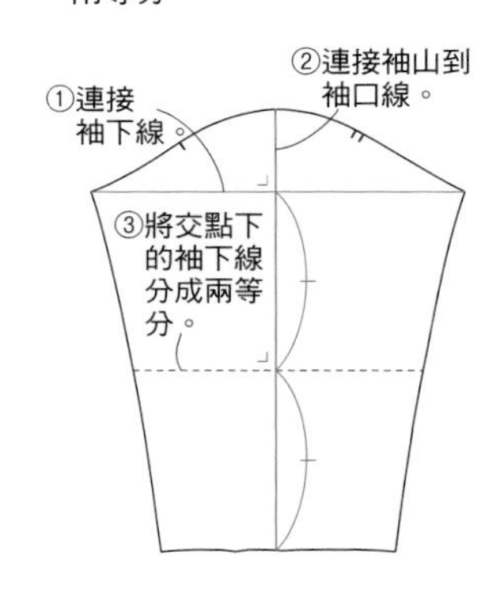

增長

①從兩等分的中心處，將欲增長的尺寸平行展開。
②自然地連接袖下線。

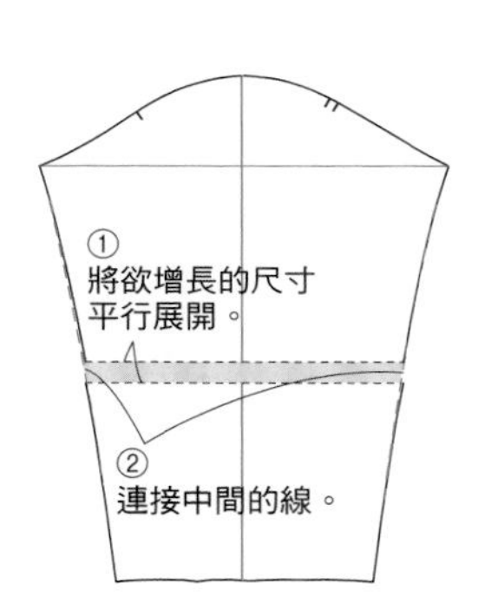

縮減

①從兩等分中心處，將欲縮減的尺寸平行摺疊。
②自然地連接袖下線。

※但是袖口尺寸較小的款式，有可能造成手伸不進去的情況，請特別注意。

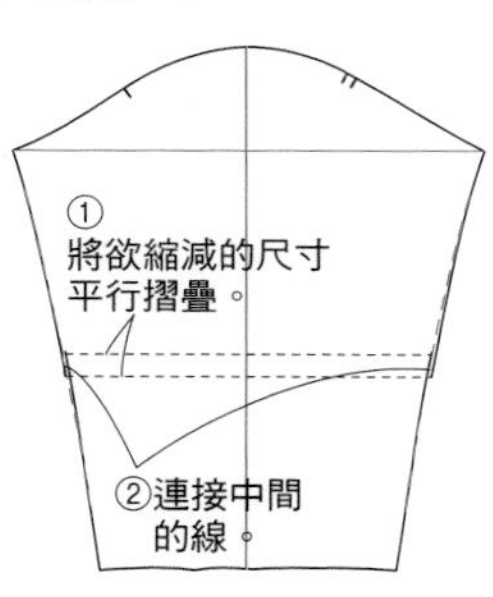

布料的事前準備

「真想趕快開始縫製……」雖然了解這種雀躍的心情，但製作前的準備非常重要。
只有預先正確地處理布料，才能作出美麗的作品。

認識布料的基本名稱

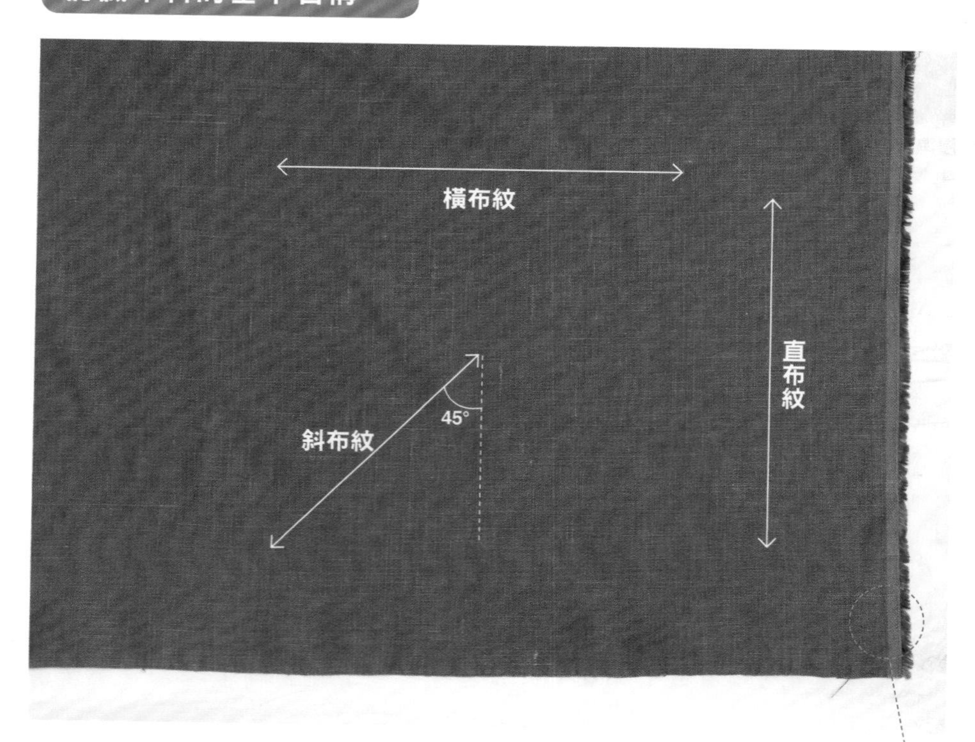

直布紋

與布邊平行的經紗方向。原寸紙型和製圖上的箭頭記號布紋線，即是指直布紋的方向。

橫布紋

與布邊垂直的緯紗方向。比起直布紋較具有伸縮性。

斜布紋

傾斜45°為正斜布紋。是布料最具伸縮性的方向，多用於製作斜布條等。

布寬

布邊到布邊的寬度。橫布紋邊端與邊端之間的距離即為布寬。

布邊

布邊兩端較為硬挺的部分。與布邊平行的方向即為直布紋。

先放入水中浸濕，並整理布紋&確認平整度。

1 將作品用布裁剪下10×10cm。

2 浸濕之後輕輕壓乾，並以熨斗熨燙整理。

3 將10×10cm白紙放置在布料下確認，如果發現歪斜或縮短情況，需再次浸濕布料並熨燙整理。

浸濕布料

「洗完之後發現尺寸縮小了」、「糟糕，褪色了」，
為了避免這類情形，切記布料需事先浸濕處理。

1 將布料保持摺疊狀態，放入水中浸濕。

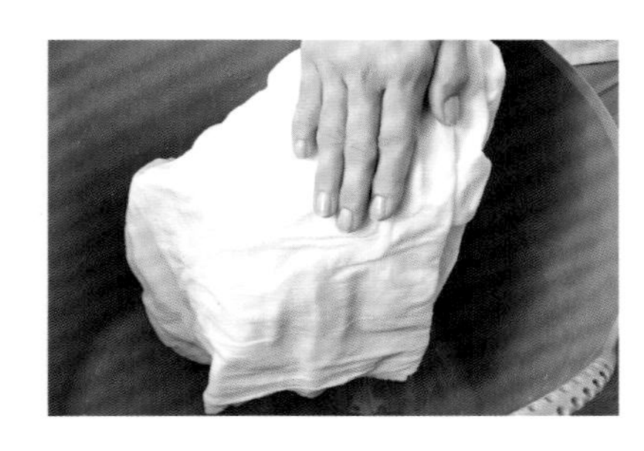

2

以手輕輕壓乾。大力扭轉布料，更易造成布紋歪斜，因此請上下按壓布料去除多餘水份。若布料太大，以洗衣機稍微脫水一下亦可。

3 輕柔地整理布紋至呈直角狀後晾乾。

4 在半乾狀態下熨燙整理布紋，熨斗調整至適當溫度按壓整燙。

不需要浸濕的布料

聚脂纖維&絲綢等不需浸濕處理。市面上也有部分是販賣已經處理過的布料。建議購買前請先確認比較安心。

針織布浸濕方法

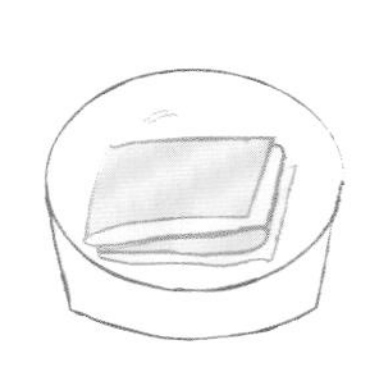

1

將布料保持摺疊狀態，放入水中浸濕一晚後，按壓至半乾。

2

攤開平放，在半乾狀態下以蒸汽熨燙整理後吊掛晾乾，但請注意若水份過多會拉扯布料造成歪斜。

毛料材質浸濕方法

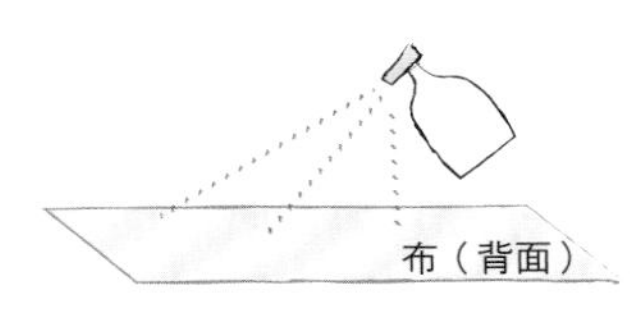

1

以噴霧器從背面整面噴水。

2

避免水份蒸發，將布料放進塑膠袋放置一段時間，再以熨斗自背面熨燙整理。注意不要從表面熨燙，以防傷害布料。

整理布紋

市販的布料在運送過程中有可能造成布紋歪斜。
請先熨燙整布，完成的作品將會更加漂亮。

整理布紋

1 布邊處剪小牙口。

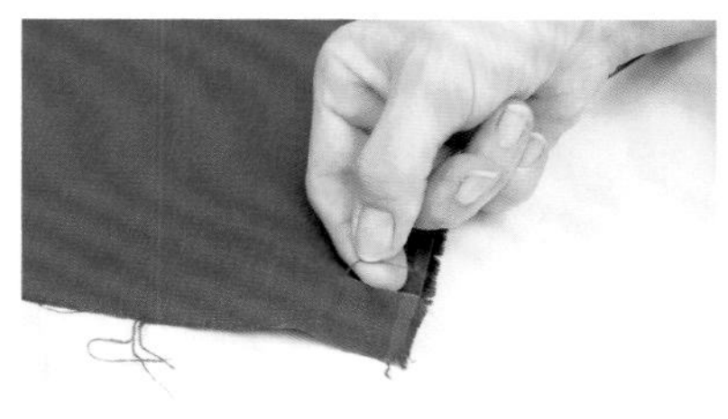

2 從布邊拉出一條緯紗。

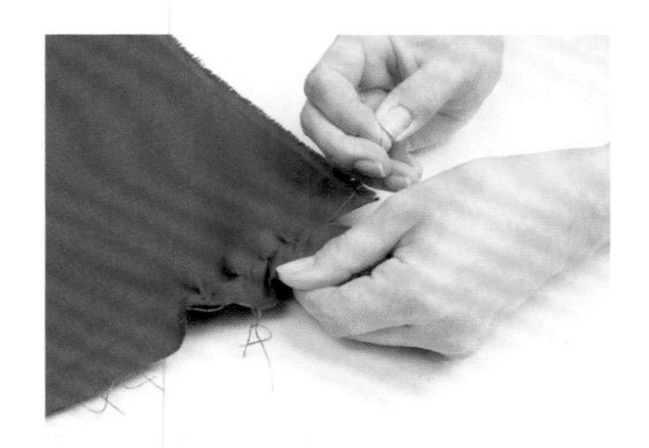

3 注意拉出時不要太大力扯斷緯紗。

4 拉出緯紗之後的抽痕線與布邊呈垂直線。

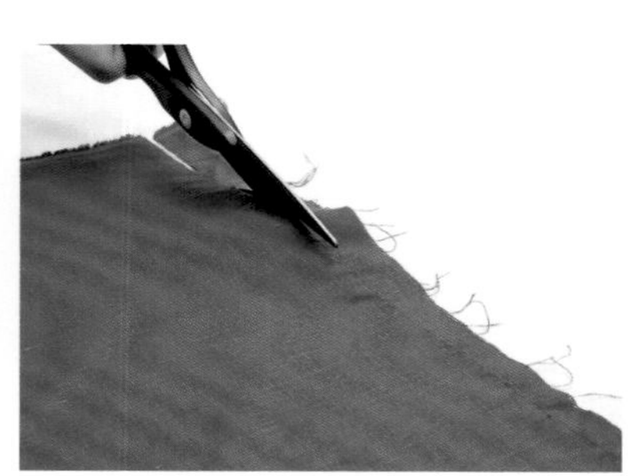

5 沿著抽痕線裁剪。

6 將桌角對齊布邊角，確認布邊和桌邊是否呈平行直線。

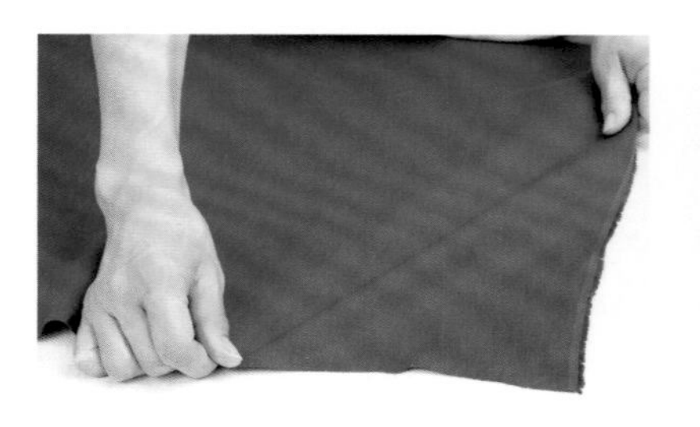

7 斜向輕拉布料，整理布紋。

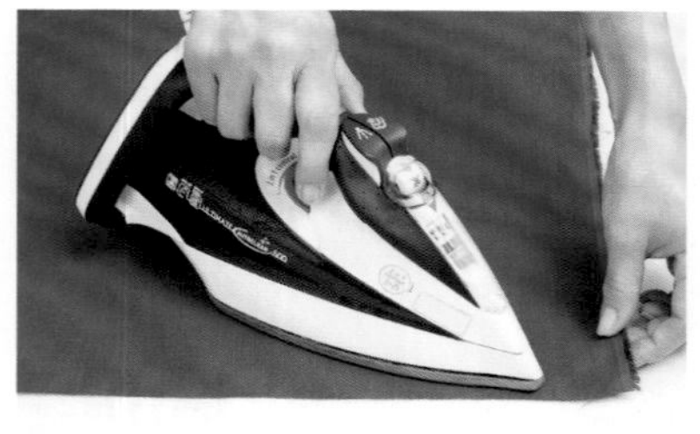

8 熨燙整理時，切記直布紋線&橫布紋線需為直角。

9 布紋整理完畢。

關於黏著襯

先行確認材料，若有標示貼上黏著襯的指示，請務必在指定處貼上黏著襯。若能同時思考一下貼黏著襯的意義&效果，自然會對選擇使用黏著襯的位置有更深的了解。

為何需要黏著襯？

貼上黏著襯&沒有黏著襯的領子

需要貼上黏著襯的位置通常可分為兩大部分。一個是需要「出力的部位」，如口袋口或釦眼背面等，需加強補強處。另一個是需要「硬挺的部位」，如領子或腰帶等，可避免布料軟塌，補充張力厚度。

黏著膠
基底布

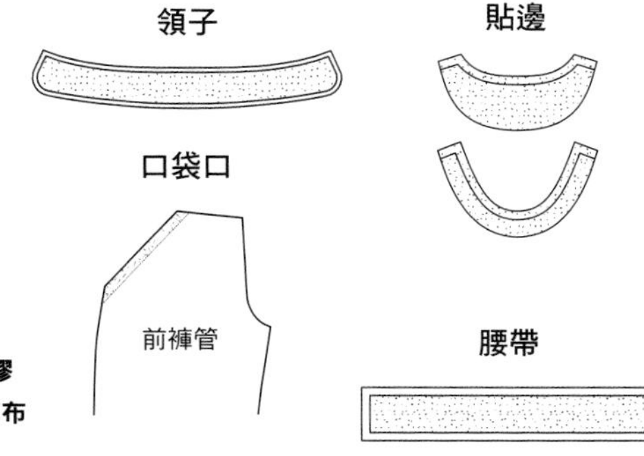

黏著襯種類

有各式各樣的黏著襯種類。依據用途，選擇適用的款式即可。

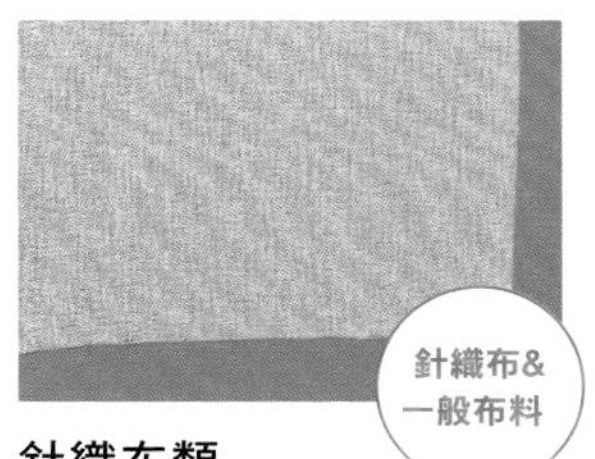

針織布類

- 具伸縮性
- 具伸縮性布料可使用
- 非常適合製作衣服

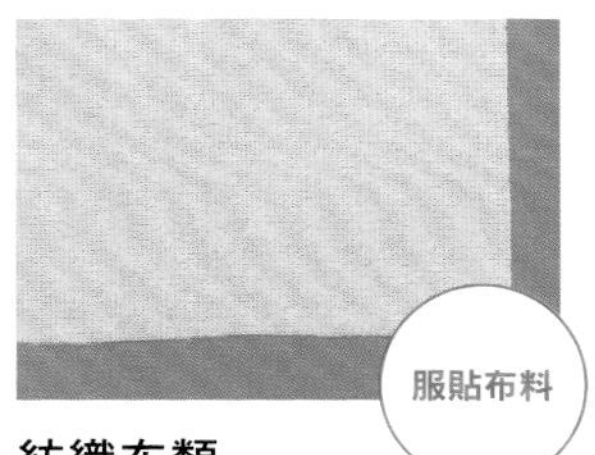

紡織布類

- 適合一般布料
- 服貼
- 不易伸縮

不織布類

- 適合包包等小物
- 不易產生皺紋
- 不易變形

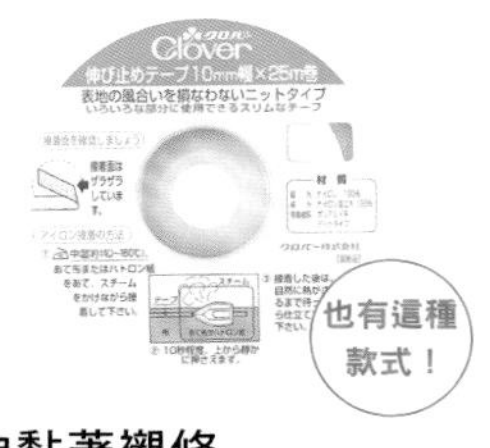

止伸黏著襯條

條狀的黏著襯。適合肩膀或口袋的縫份使用。有各種不同寬度尺寸。

黏著襯黏貼方法

1

剪下較大的布料&黏著襯。將布料背面和黏著襯黏著面（粗糙面）相對貼合。

2

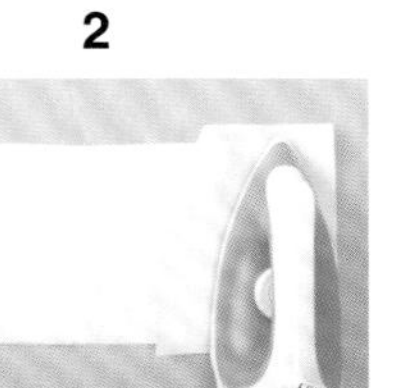

在黏著襯上方墊上檔布加以熨燙。熨斗由正上方輕輕壓燙，加熱固定黏著襯。每一次按壓10至15秒。

3

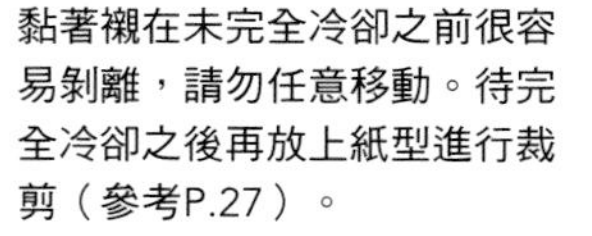

黏著襯在未完全冷卻之前很容易剝離，請勿任意移動。待完全冷卻之後再放上紙型進行裁剪（參考P.27）。

不可有間隙！

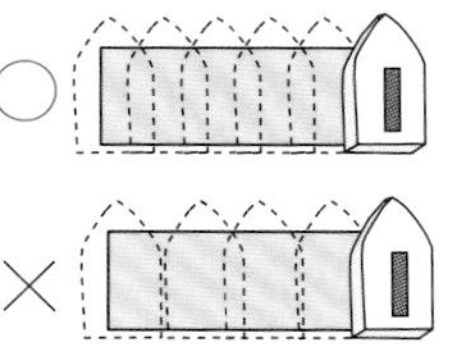

熨燙時如果有空隙未熨燙，容易造成黏著襯剝離。請一點一點地挪動熨斗位置，確認各處皆有熨燙受熱。

裁剪

準備開始裁剪！正確的裁剪紙型，就等於作品成功了一半。請仔細確認裁布圖，謹慎地裁剪。

紙型配置

確認裁布圖

確認裁布圖，先從大片的紙型開始裁剪。注意直布紋線需平行布邊。如果不方便裁剪，先大略裁剪下各布片，再仔細裁剪即可。

正面相對

布料正面與正面相對疊合。

背面相對

布料背面與背面相對疊合。

＊本書的作法大多採背面相對疊合裁剪。

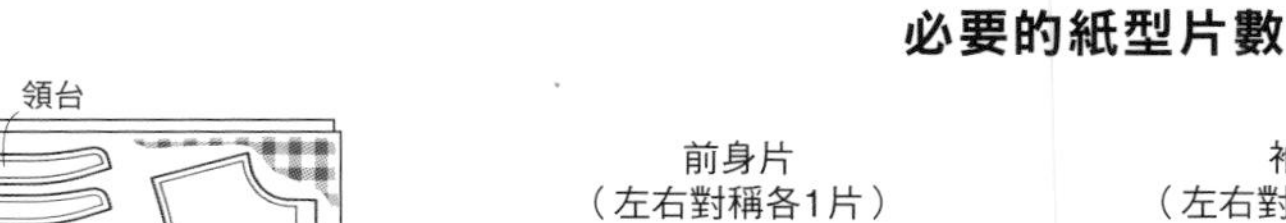

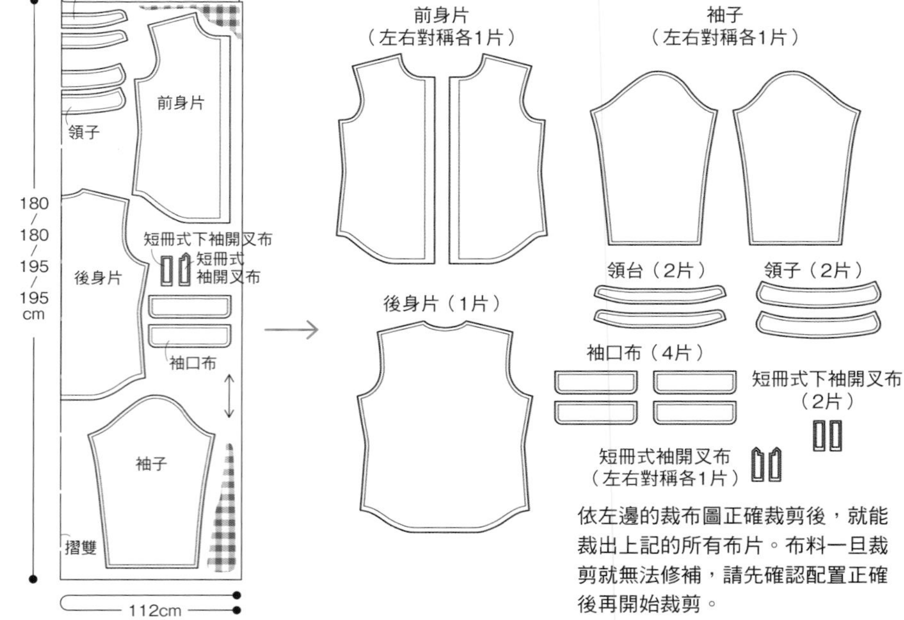

依左邊的裁布圖正確裁剪後，就能裁出上記的所有布片。布料一旦裁剪就無法修補，請先確認配置正確後再開始裁剪。

失敗案例

摺雙標記&片數請特別注意

一般初學者常常忘記摺雙的標誌。也有人認為「只要接縫起來就好」，但卻又沒有附上縫份尺寸導致裁片變小，尺寸無法對合。此外也有弄錯紙型片數，最後要再剪布時卻發現布料不足等情形。請特別加以注意。

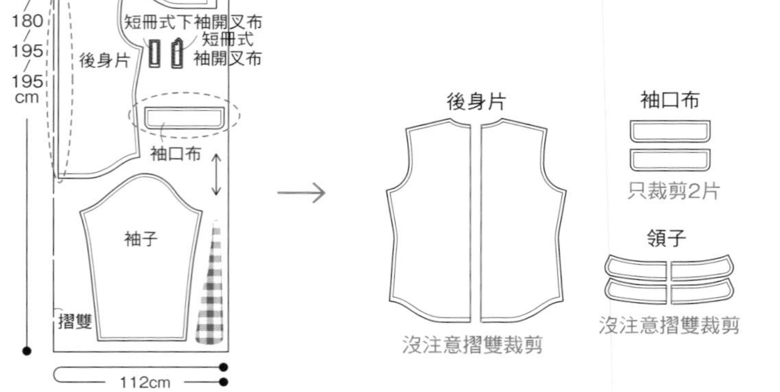

裁剪

1 直尺先垂直布紋確認有無歪斜，再放置紙型。為避免布料錯位，以珠針稍加固定。

2 沿著紙型裁剪布料。

3 裁剪中請勿移動布料，而是自已移動至方便裁剪的位置。

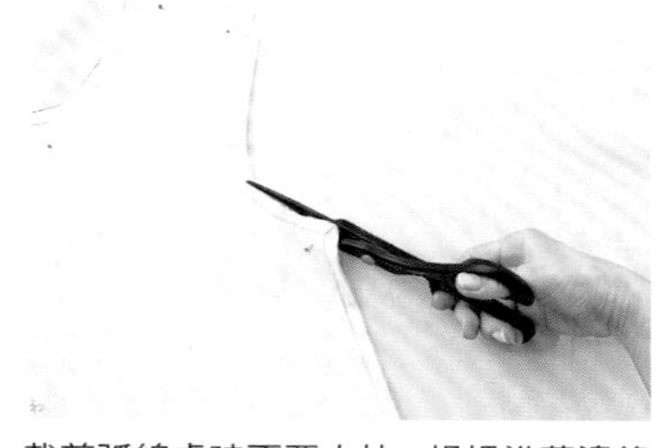

4 裁剪弧線處時不要太快，慢慢沿著邊緣前進。

裁剪完成！

另一種方法

1 放上紙型，沿著紙型線描繪至布料上。

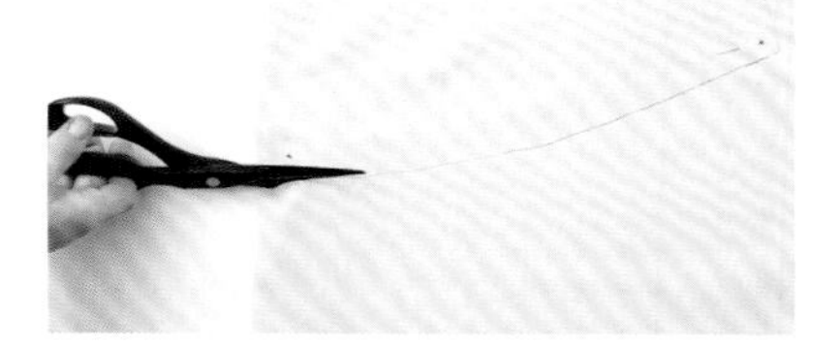

2 沿著描繪線裁剪，在袖子或脇邊記號處剪牙口（→P.29）。

勿移動布料以免造成歪斜，請平面放置直接裁剪。

避免浪費的裁布圖

為避免裁剪布料時的浪費，紙型可上下顛倒配置，此又稱作「交錯排放」。但是印花或毛海布料無法使用此方法。

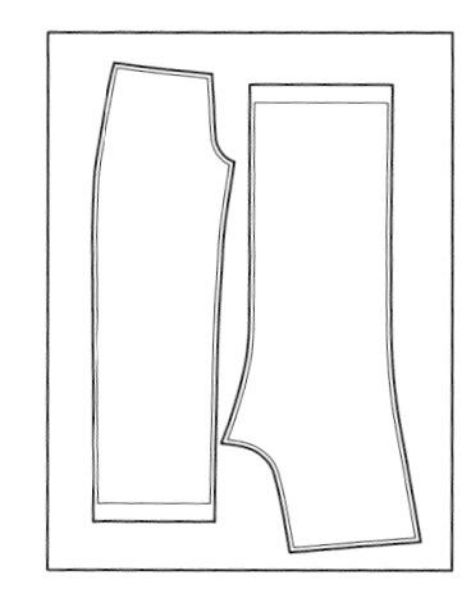

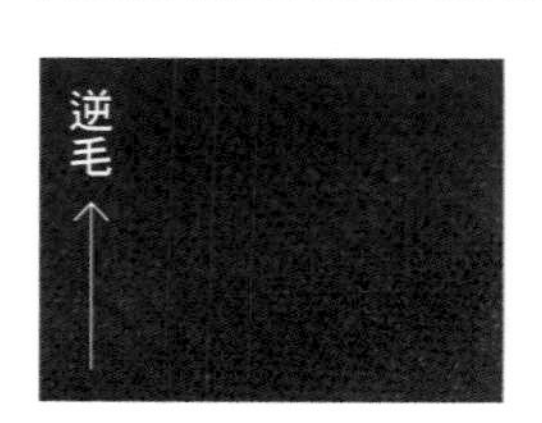

前後片的圖案會上下顛倒。

布紋方向

逆毛

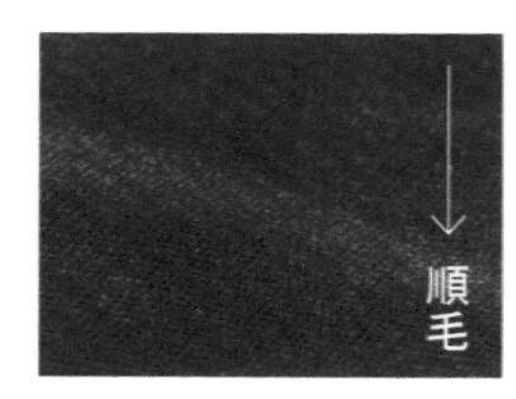

長纖維材質必須注意毛流的方向。因一方看起來較濃密、一方則帶有白色光澤，裁剪時全部紙型方向須一致。纖維較短的布料適合逆毛裁剪，因為顏色較為飽和漂亮。

對紋方式

使用印花布時，因為必須考量穿著時左右兩邊的對稱，須進行對紋處理。以下將介紹一般圖案使用的對紋方法。

上衣

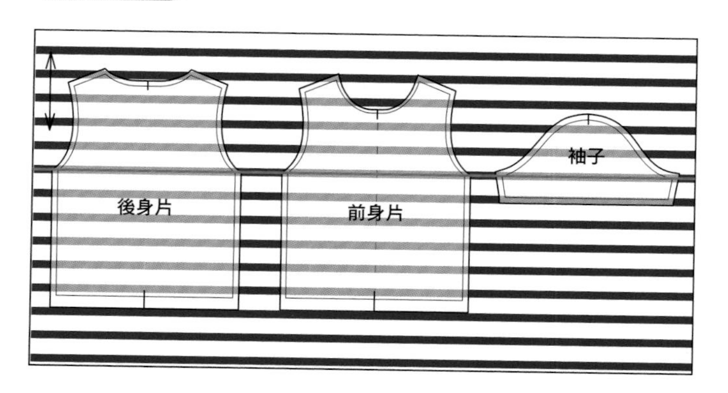

將橫條紋對齊前後身片胸圍位置。使袖口平行橫條紋，袖下線圖案就會一致。

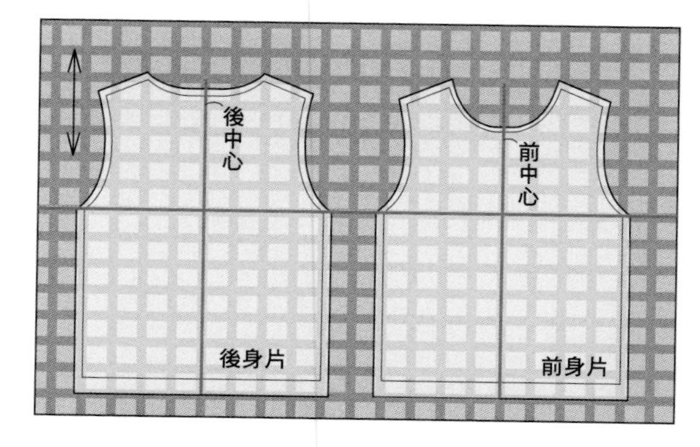

使用格紋圖案時，前後中心線對齊格紋中心線。前後片脇邊也須對齊同一位置。除了格紋之外，大塊圖騰也是前後中心線對齊圖騰中心線。請先預想完成的樣子再來裁剪為佳。

對齊前後身片脇邊條紋。

前後片脇邊的格紋也要對齊。

裙子

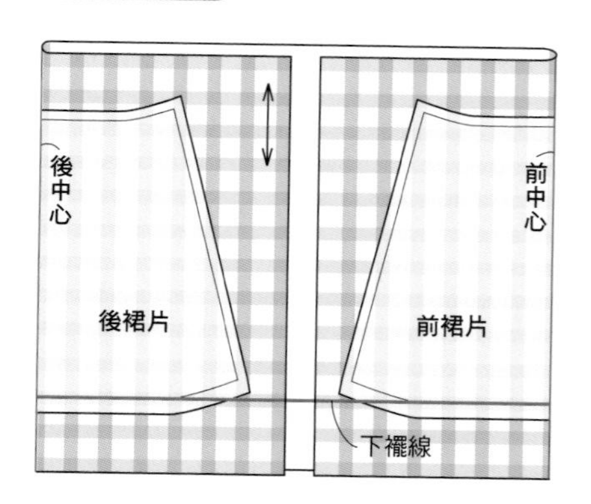

前後中心線&下襬線的圖案均須一致。

褲子

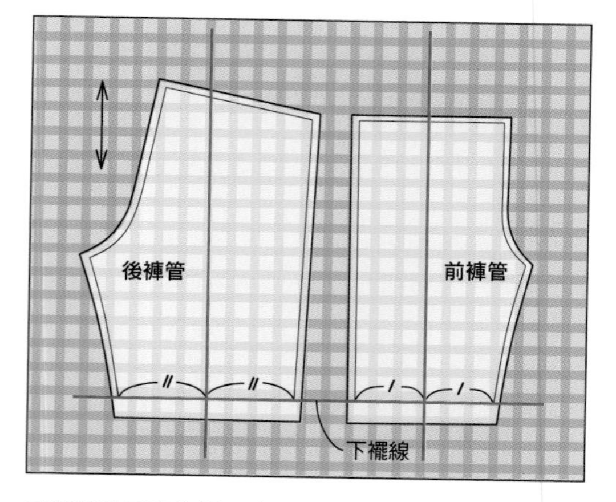

下襬線的圖案均須一致，沿下襬線畫上兩等分垂直直線，直線也須對齊相同圖案。

畫記

常見的畫記位置

裁剪完成後，加上車縫時的注意記號，如須對合的位置、接縫部位、釦子位置等對齊記號。

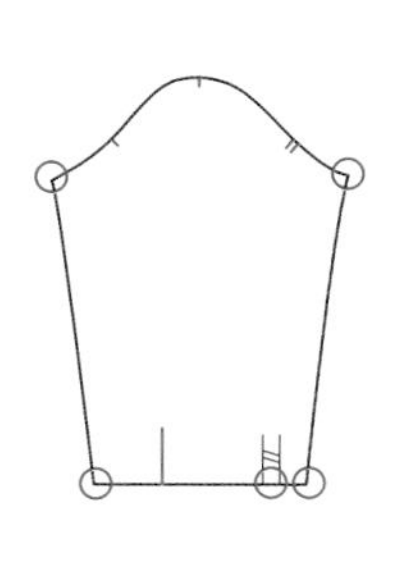

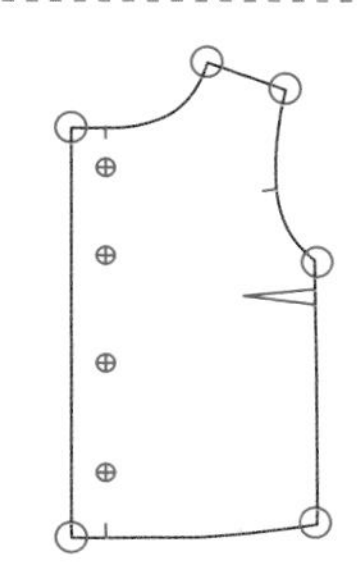

- 邊角
- 中心
- 合印記號
- 釦子縫製位置
- 開叉止點
- 尖褶
- 褶襇　……等。

> **需要描繪完成線嗎？**
>
> 建議初學者還是將完成線畫上。就算不是全部，領圍或下襬、邊角等處最好畫上完成線，避免車縫時搞混位置，以便更加順利地完成縫製。等到慢慢熟練後，試著依縫紉機上的引導版線對齊布邊車縫，大部分款式均不需要記號即可順利車縫。

記號的作法

剪牙口　在縫份上剪小小的牙口，是布邊作記號的方法。口袋或尖褶可依下述方法作記號。

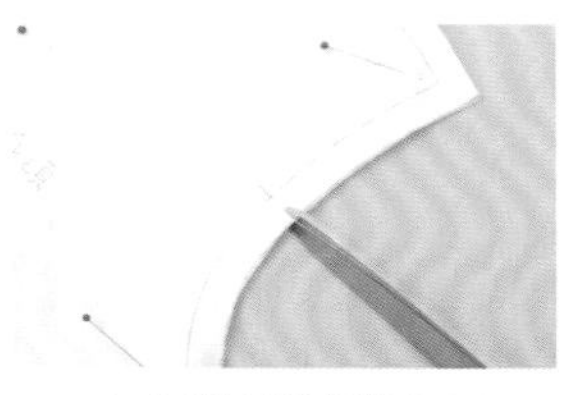

1 在合印記號處剪入0.3cm左右的牙口，注意不要剪超過。

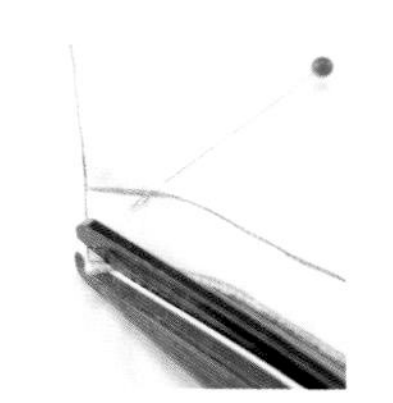

2 在摺雙的摺山處斜剪一道牙口，對齊中心位置時非常方便。

記號筆　布料正面相對疊合時，以記號筆、消失筆等作記號。

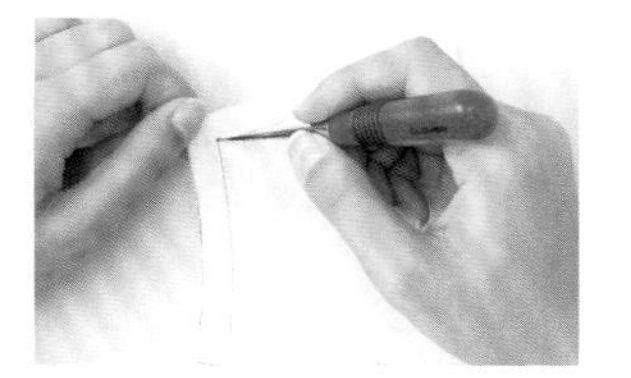

1 拿起紙型，以錐子在需要作記號處鑿出洞孔。

2 紙型對齊正面相對疊合的布料。

3 以記號筆在洞孔處作上記號。

4 紙型翻至背面重疊布料另一側，同樣作上記號。

布用複寫紙　布料背面相對疊合時，一次作上所有記號最有效率。

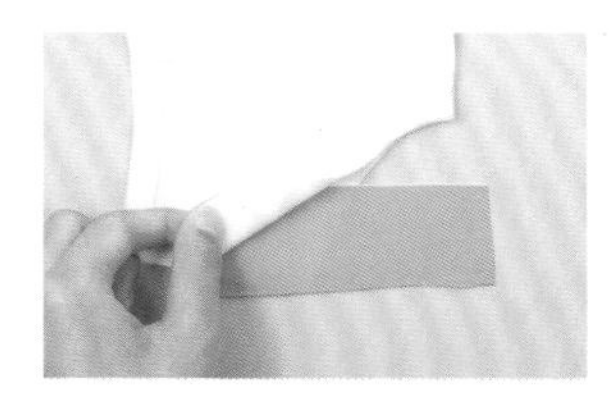

1 在背面相對疊合的布料上重疊紙型，布料中間則包夾雙面複寫紙。

2 從紙型上面以點線器描繪線條。

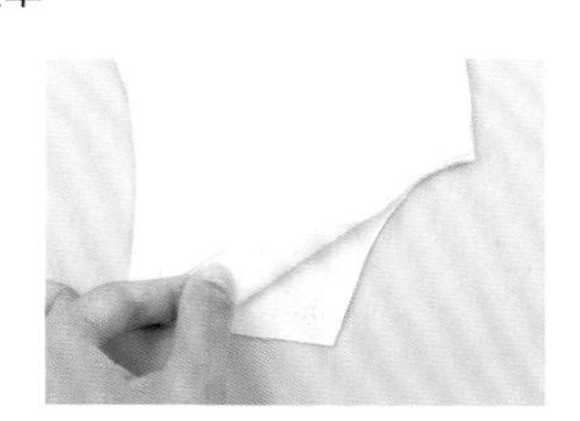

3 即於上下布料內側，描繪出對稱的記號。

複寫紙也有單面的款式。使用單面款時，可以將複寫紙背面相對疊合使用。因尖齒點線器會傷害布料，建議使用圓齒點線器。

縫紉機

在開始車縫之前，先認識縫紉機的種類，並學習使用方法、基本的操作方法，將可以更輕鬆地完成縫製。

縫紉機種類

家庭用縫紉機

不論是直線車縫、布邊的Z字形車縫、釦眼等縫目功能，一台即可完成。

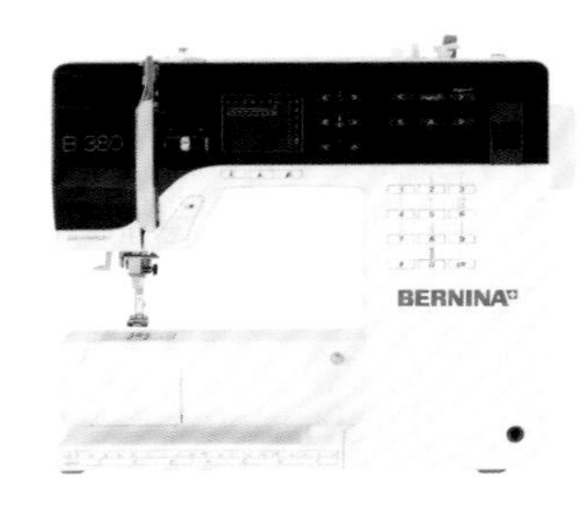

電腦式縫紉機

所有的縫紉方式都是由內藏的電腦管理，可以車縫出複雜的車縫針目或刺繡花樣。

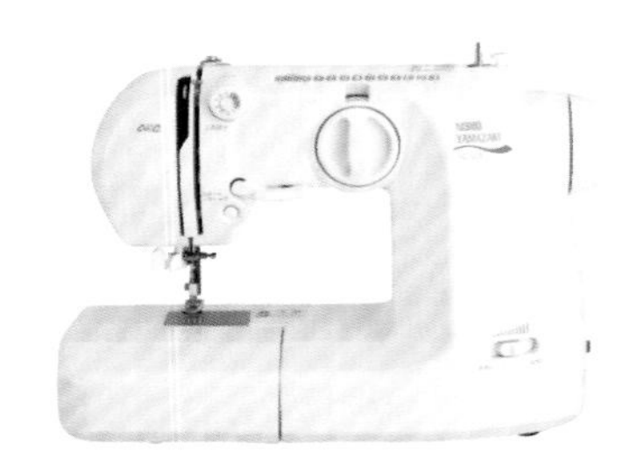

電子縫紉機

由電路板調整車縫速度。速度較低但動力較強，可以車縫較厚的布料。

電動式縫紉機

由電壓控制馬達的運轉速度。縫紉機內部構造簡單，早期販售的縫紉機都是此機種。

拷克機

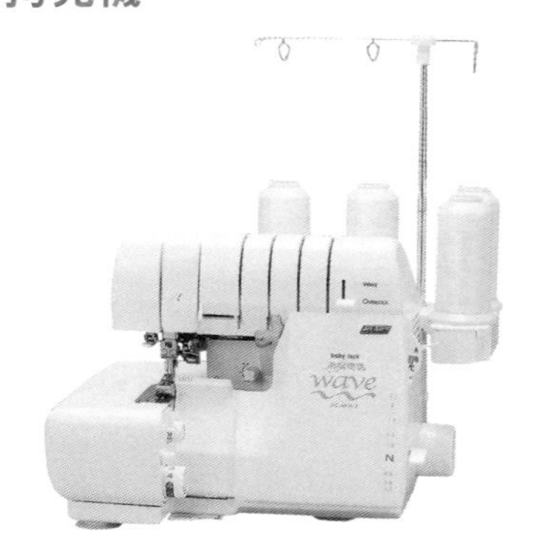

圓環鎖鏈的拷克機。在裁布邊的同時進行拷克或縫紉的工具。4縫線2縫針的拷克機還可以縫製彈性布料。漸漸熟悉車縫作業後，想要製作正式的作品時可以購買投資的一種機器。

其他種類機器……

職業用縫紉機

直線專用縫紉機，比起家庭用縫紉機車力強。

工業用縫紉機

工廠用的專業縫紉機。機體和桌面合為一體。比起職業用縫紉機更加有力，除了直線車縫，還有開釦眼專用和皮革專用等縫紉機。

縫紉機的構造

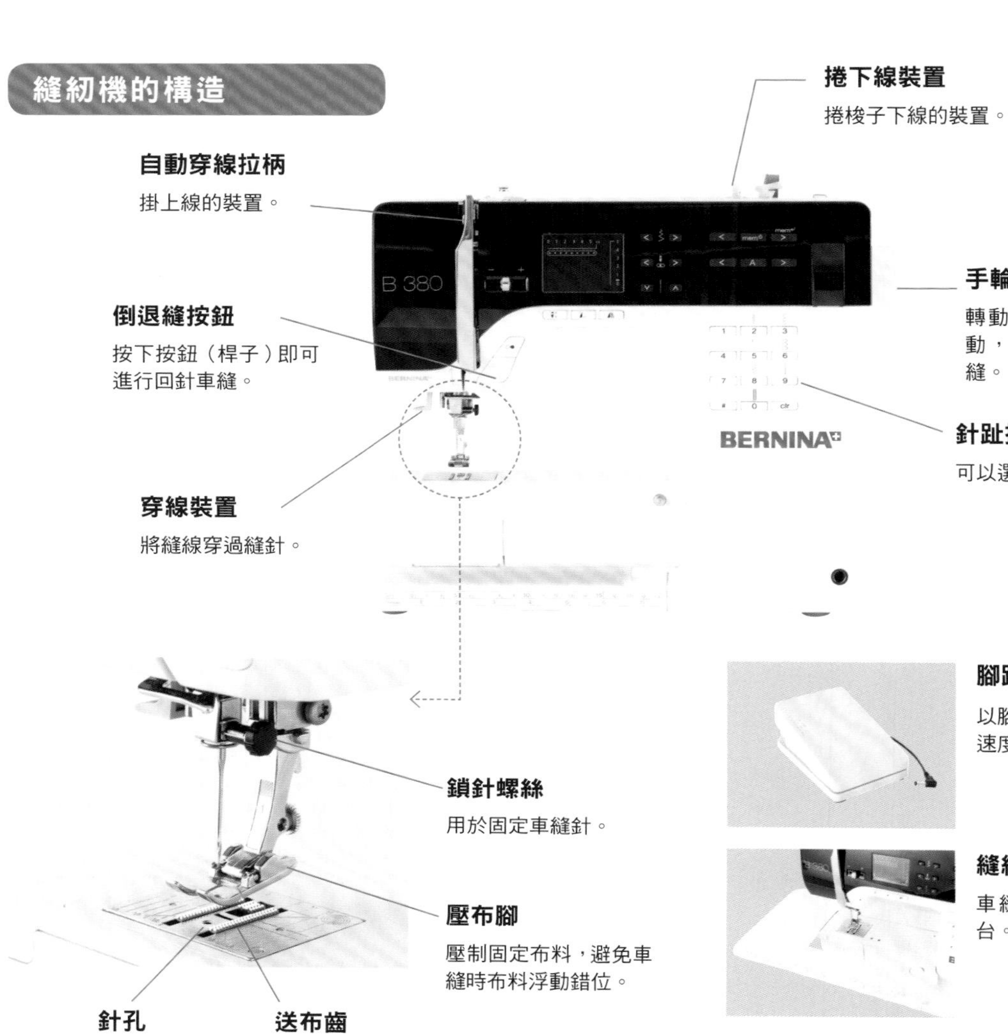

捲下線裝置

捲梭子下線的裝置。

自動穿線拉柄

掛上線的裝置。

手輪

轉動手輪使縫針上下移動，可一針一針慢慢車縫。

倒退縫按鈕

按下按鈕（桿子）即可進行回針車縫。

針趾指示窗

可以選擇縫目的樣式。

穿線裝置

將縫線穿過縫針。

鎖針螺絲

用於固定車縫針。

壓布腳

壓制固定布料，避免車縫時布料浮動錯位。

針孔

車縫時針落下的孔。

送布齒

車縫時輔助布料前進後退的齒輪。

腳踏板

以腳按住踏板控制車縫針速度。

縫紉桌

車縫大型衣物時的輔助台。

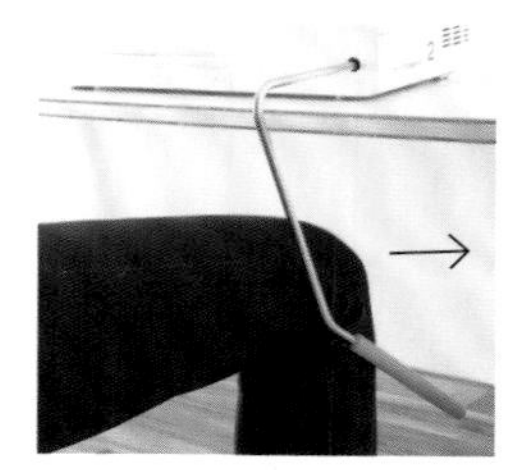

膝蓋控制桿

以膝蓋碰觸桿子，可以控制壓布腳上下移動。

梭床種類的差異

水平梭床

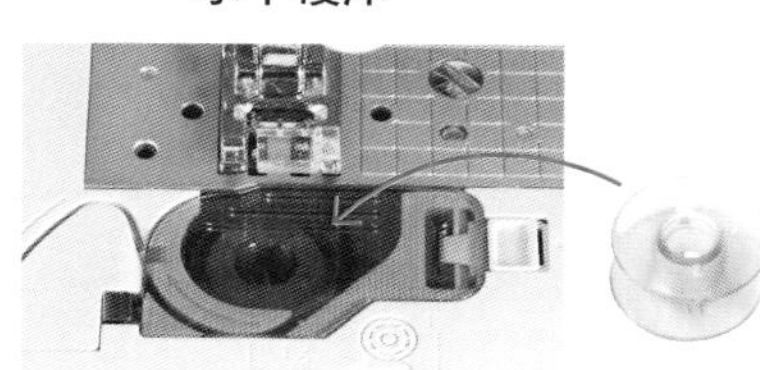

放置下線的梭床呈水平方向，只需要準備梭子即可。

垂直梭床

梭子

梭殼

放置下線的梭床呈垂直方向，必須準備梭子&梭殼。

注意重點

梭子的高度、形狀皆略有差異，請配合自己的縫紉機選擇使用。

車縫的準備

因機種不同，請參酌各自的縫紉機使用說明書。

① 裝上車縫針

車縫針

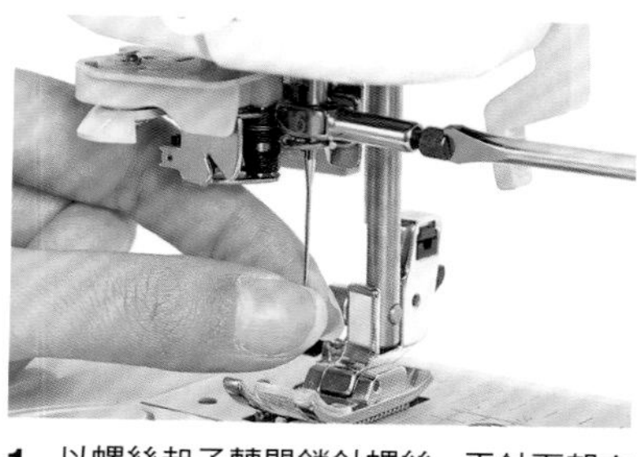

1 以螺絲起子轉開鎖針螺絲，平針面朝向內側插入至最頂端，一手握著縫針一手鎖緊螺絲。

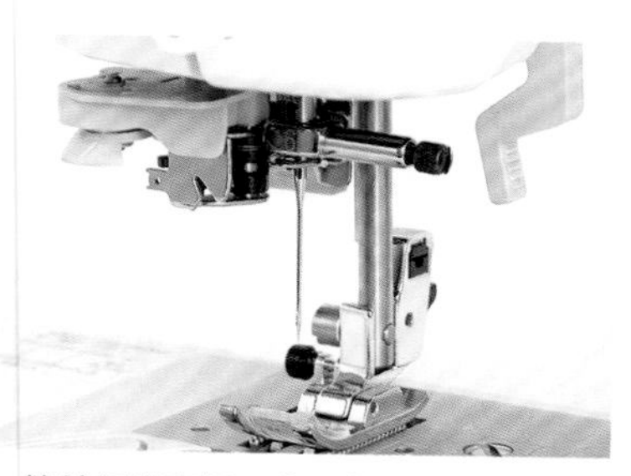

2 縫針須確實插入才不會晃動。請轉動手輪朝自己的方向將縫針上下移動，確認固定程度。

② 準備下線

●下線捲法　（水平梭床・垂直梭床共通）

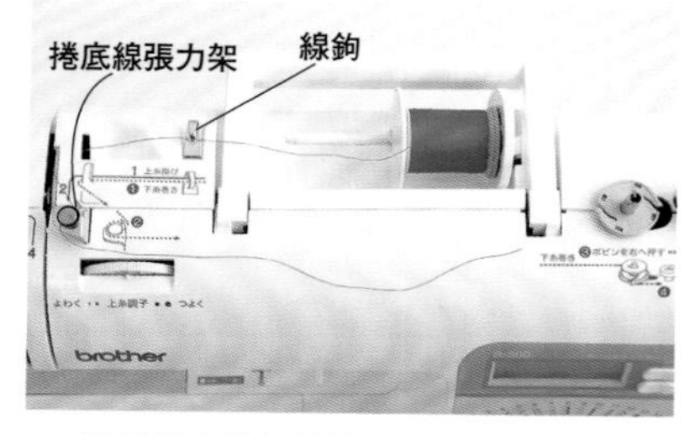

1 將線輪安裝於線輪柱，順著線鉤和捲底線張力架引線。

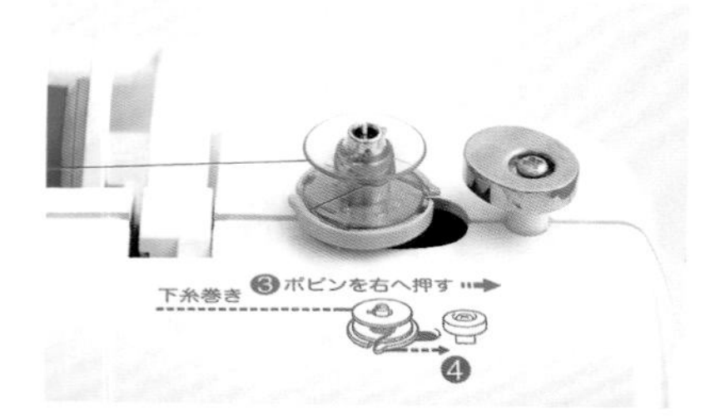

2 將線順時針捲繞梭子數次後，將捲下線裝置移動至指定位置，梭子往右壓。

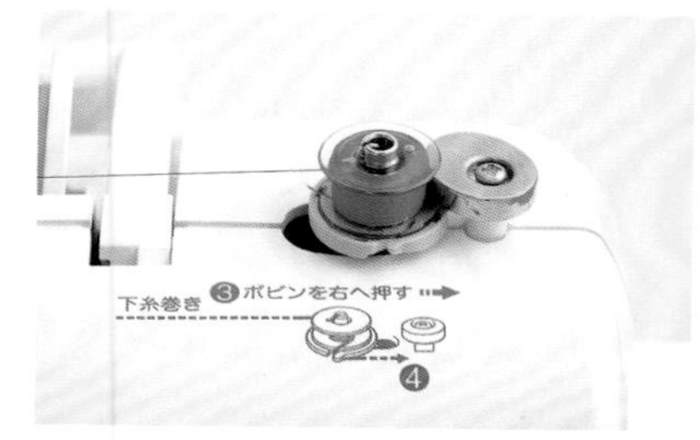

3 按壓按鈕、或踩動縫紉機踏板，使梭子轉動捲線，至約8分左右線圈量最為恰當。

●將梭子放入梭殼中　（垂直梭床）

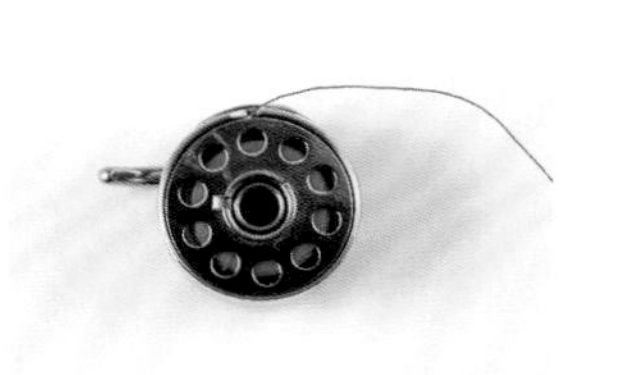

1 順時針捲繞梭子放進梭殼內。

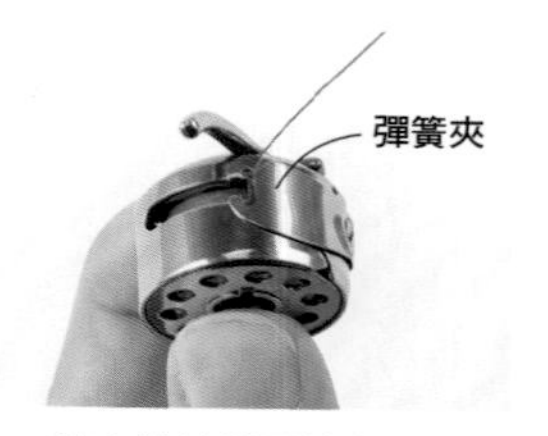

2 將車縫線從彈簧夾下方拉出。

●辨認車縫線張力

手持線端輕輕搖晃時，呈緩慢下降即可。以螺絲起子可調整梭殼螺絲鬆緊度。

③ 上線的裝法

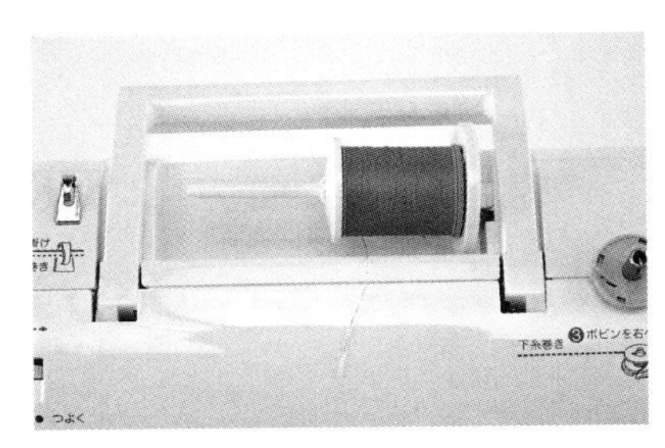

1 將線輪安裝於線輪柱，車縫線從下方往前拉出。

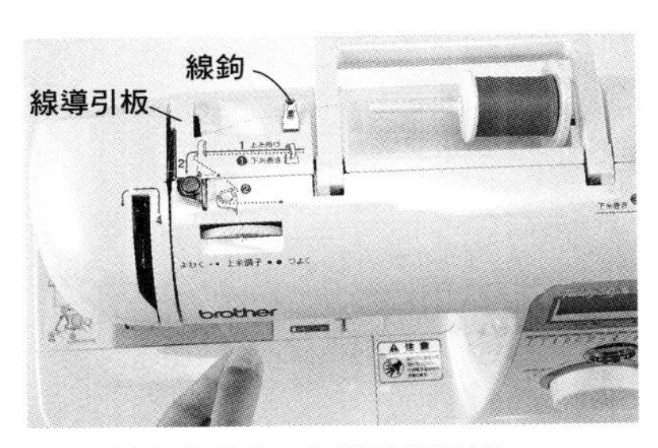

2 將線順著線鉤&線導引板引線。

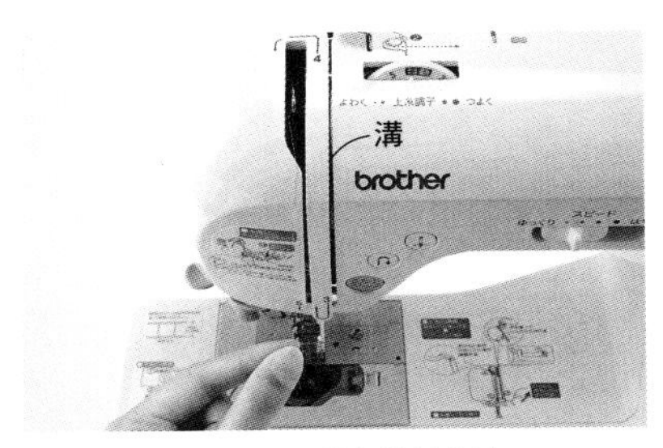

3 車縫線穿過溝槽掛在挑線桿上。

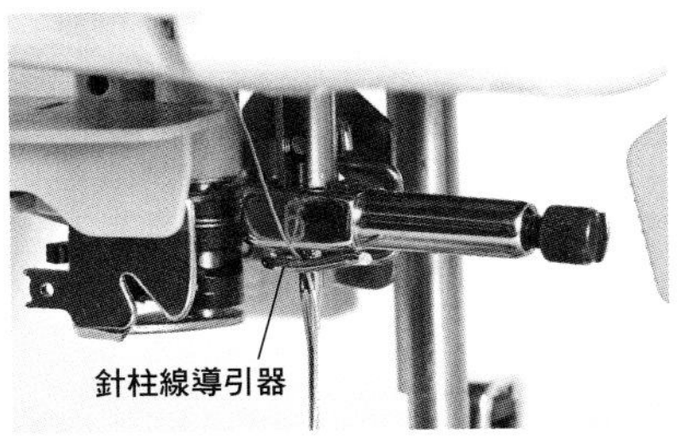

4 將線套進針上方的針柱線導引器。

5 車縫線從內側穿過針孔。

使用穿線輔助器更便利！

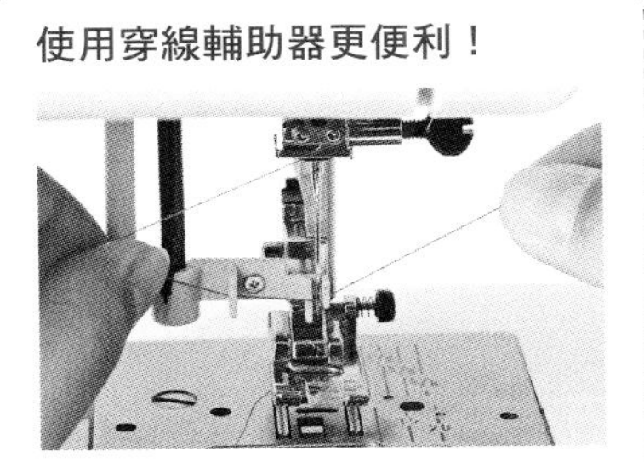

一般的家庭用縫紉機均附有簡單的穿線輔助器裝置。

④ 下線的裝法

●水平梭床

1 梭子逆時針方向裝入梭殼內，並依指定方向掛上線端後裁剪多餘縫線。

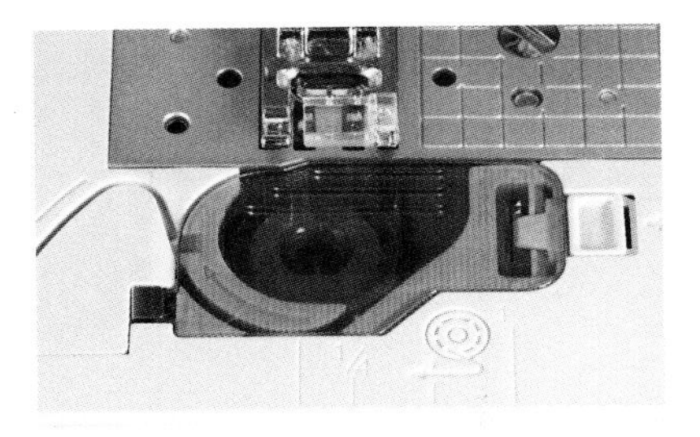

2 蓋上蓋子。

●垂直梭床

將梭殼放進梭床內，聽到鏘的一聲即完成固定。

⑤ 如何引出下線

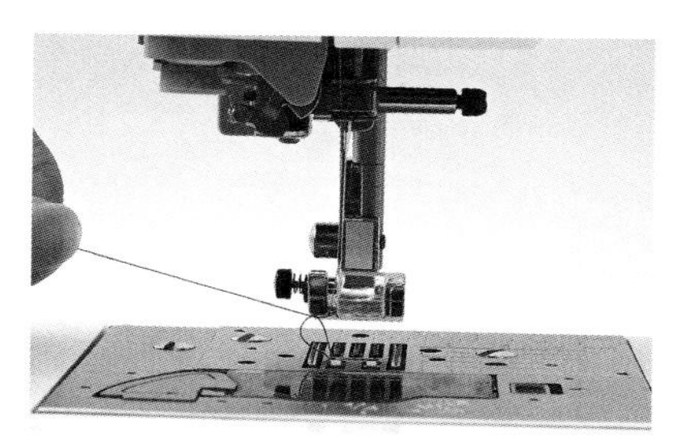

1 拉著上線線頭，調整手輪朝內側方向轉動一圈，將上線往上拉起就可以看到環狀的下線跑出。

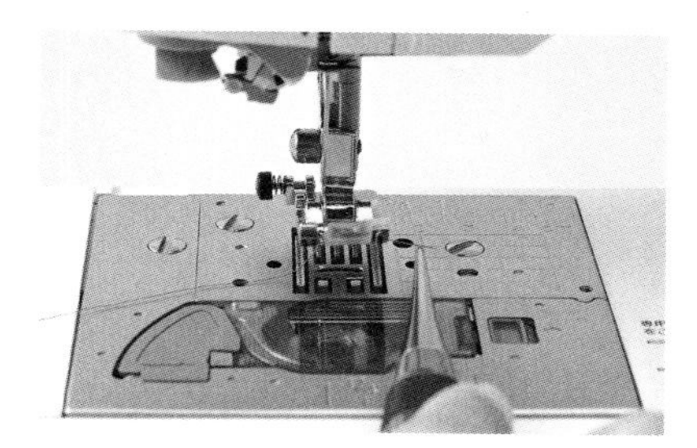

2 以錐子將環狀的下線拉出針板上方。

⑥ 試縫

1 手輪朝著內側方向轉動，使縫針往下。下線向後擺放並放下壓布腳。

2 按壓按鈕或踩動縫紉機踏板進行車縫。

3 完成！確認縫目是否整齊均勻。

⑦ 辨認線的張力

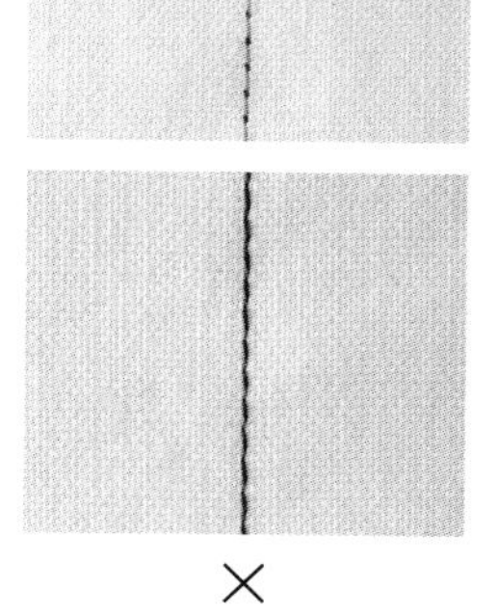

×

上線太緊時，布料的正面可以在針目間看見下線。此時請將上線調鬆。

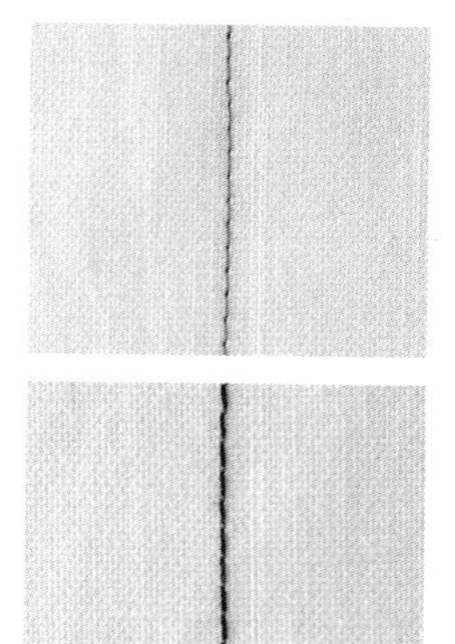

○

上下線均等分布，針目整齊漂亮。

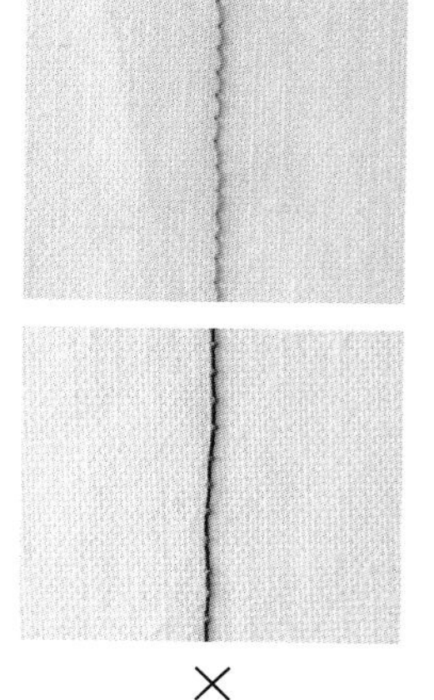

×

上線太鬆時，布料的背面可以在針目間看見上線。此時請將上線調緊。

上線張力調節鈕

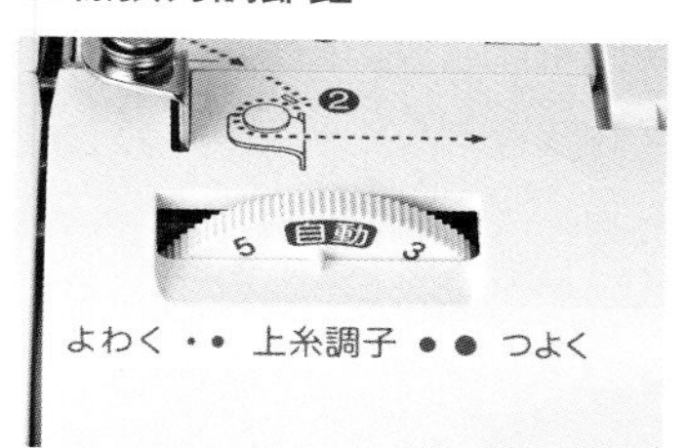

家庭用縫紉機水平梭床，是由上線張力調節鈕調節上線張力。
家庭用縫紉機垂直梭床，是由梭殼螺絲調節上線張力（參考P.32），來確認縫線狀況。

基本車縫方法

始縫&止縫

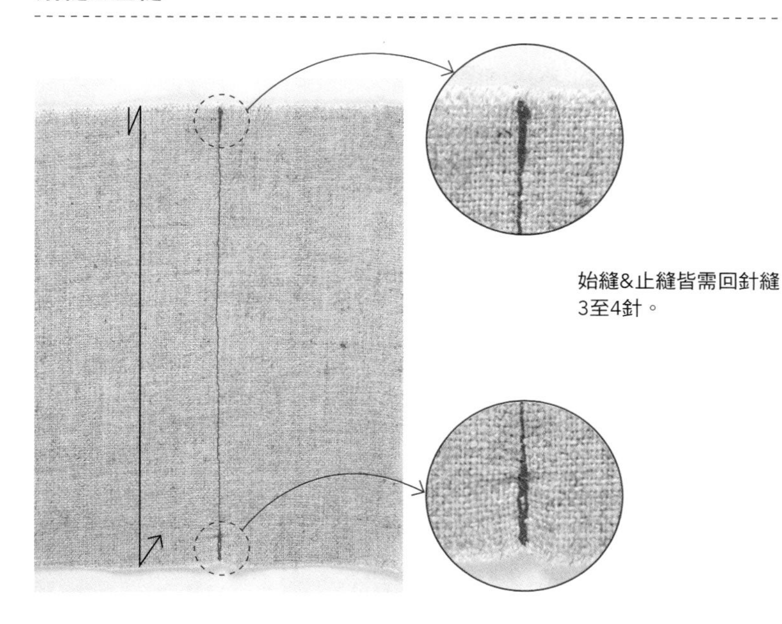

始縫&止縫皆需回針縫3至4針。

> **車縫針是消耗品**
>
> 每一次使用車縫針都會使針頭逐漸磨損，不知不覺歪斜變形。如此一來就無法漂亮車縫，也有可能造成機器的損傷。因此每車縫3至5件作品就需換針處理。

Z字形車縫

用於處理布邊，避免綻線。

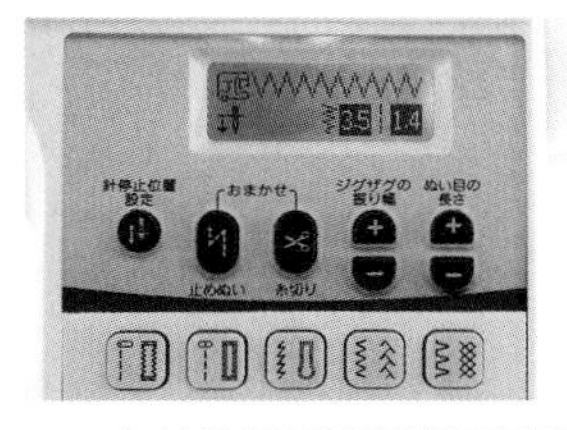

1 在針趾指示窗選擇Z字形車縫的樣式。

2 在始縫處先回針縫後，從布邊內側0.1至0.2cm處進行車縫。

3 縫至止縫點，回針縫後剪掉縫線。

車縫轉角

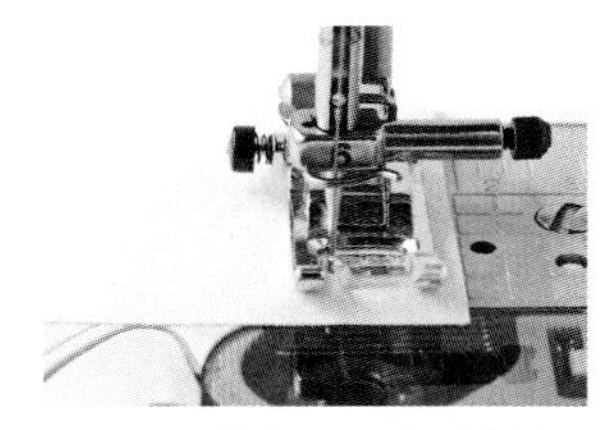

1 縫至轉角時，針保持刺入布中的固定狀態。

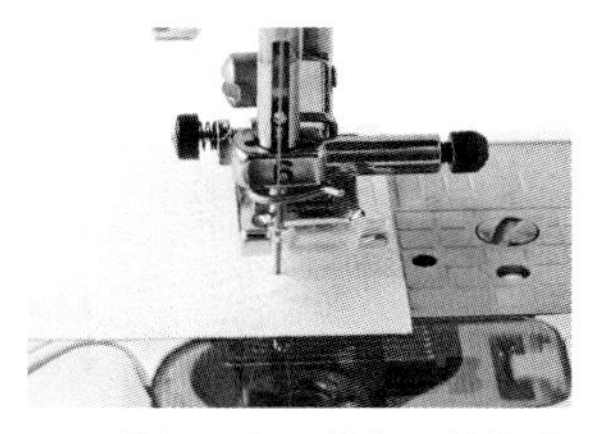

2 拉起壓布腳拉柄，抬起壓布腳。

3 以車縫針為圓心將布旋轉90°，將要車縫方向轉向自己眼前處，再放下壓布腳繼續車縫。

解決車縫的問題！

使用縫紉機時常見的問題整理。

縫紉機無法車縫！

→ 檢查下線梭床周圍

梭床周圍容易累積線屑&灰塵，有可能是造成縫紉機無法車縫的原因。請使用附贈的清潔用刷子或棉花棒，認真清理乾淨。

中途用完縫線！

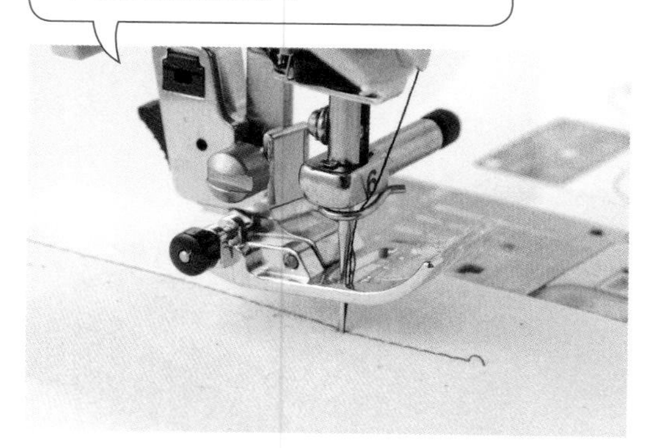

→ 退回原車縫處重疊車縫

中途用完縫線時，往原車縫處退回2cm左右放下車縫針，回針縫後重疊原車縫線再繼續車縫。

縫錯了！

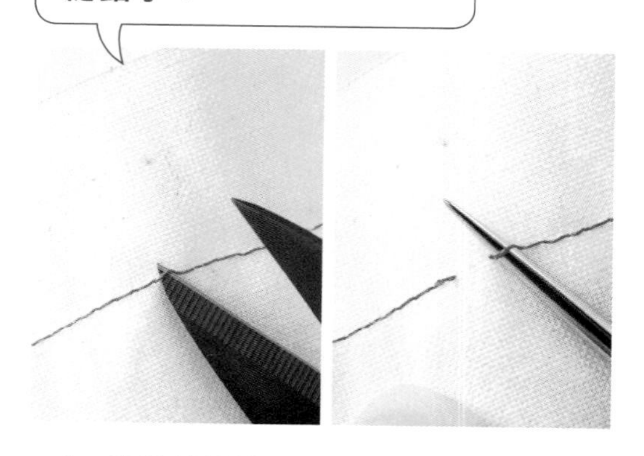

→ 裁剪並拆除縫線

以紗剪或拆線器裁剪縫目，再以錐子拆除縫線。

下線纏繞捲線！

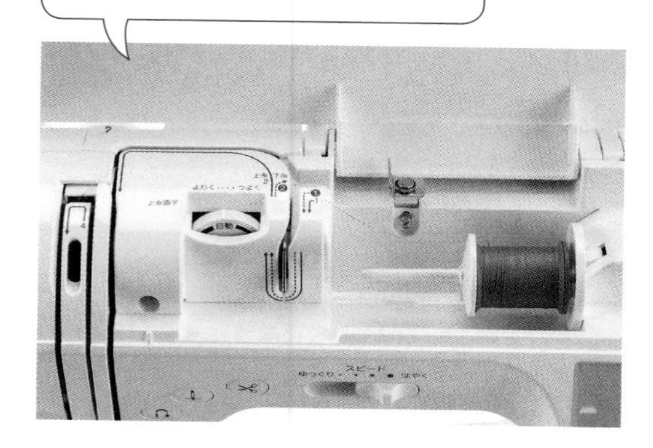

→ 重新掛上縫線

下線纏繞捲線時，通常原因都在縫線上。請先拿下縫線，重新放置掛線。

關於拷克機

拷克機功能

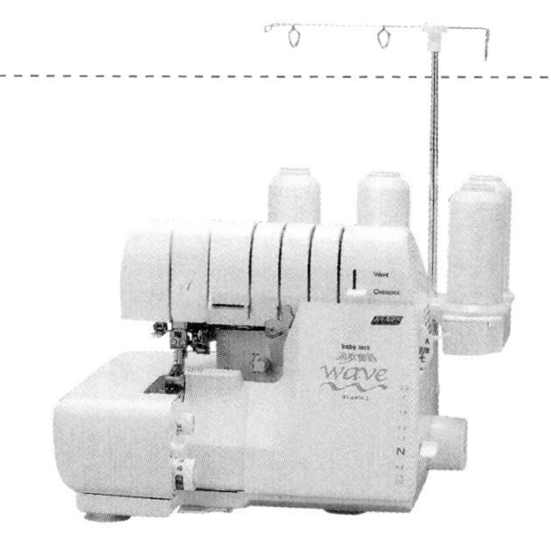

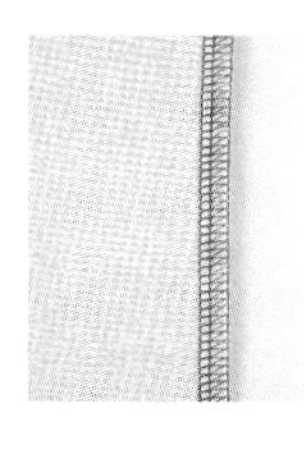

處理縫份

比起家庭用縫紉機的Z字形車縫更加牢固，是市售商品泛用的縫份處理方法。

捲邊縫

布邊的處理方法。也可以使用於裙襬，特別推薦用於歐根紗這種輕薄布料的布邊處理。

伸縮性布料接縫

可以同時處理布邊並接縫伸縮性布料。2根針4條線的拷克機可以接縫布料。

拷克機無法使用的功能

拷克機僅可處理布邊綻線，但無法車縫布料。因此請搭配家庭用縫紉機一起使用。

縫目&功用

車縫方法	4條線拷克車縫	3條線拷克車縫	3條線捲邊拷克	2條線拷克車縫
車縫針	2根	1根	1根	1根
車縫線	4條 ・上掛縫線 ・下掛縫線 ・右針線、左針線	3條 ・上掛縫線 ・下掛縫線 ・車針線	3條 ・上掛縫線 ・下掛縫線 ・車針線	2條 ・下掛縫線 ・針線
適用用途	・拷克普通布料～厚布料 ・拷克粗針目輕薄布料 ・接縫伸縮性布料	・拷克輕薄布料～厚布料	・拷克輕薄布料～普通布料 ・輕微處理或設計圖案 ・接縫歐根紗、佳積布等輕薄布料	拷克輕薄布料～普通布料、節省縫線時 ※但不適用容易綻線的布料。

各種車縫方法

本單元將學習處理縫份或細褶、尖褶……各種基本的車縫方法。
本書作品也使用了各種車縫法。

縫份處理

三摺邊 ※縫份3cm。

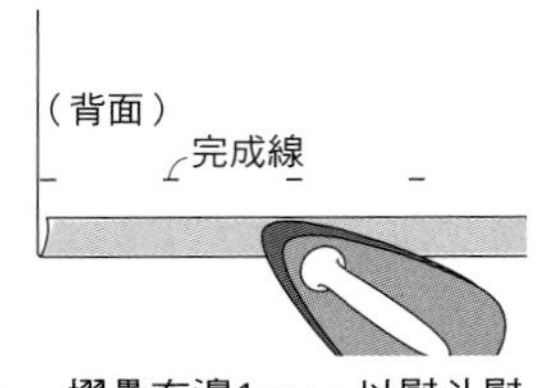

1 摺疊布邊1cm，以熨斗熨燙按壓。

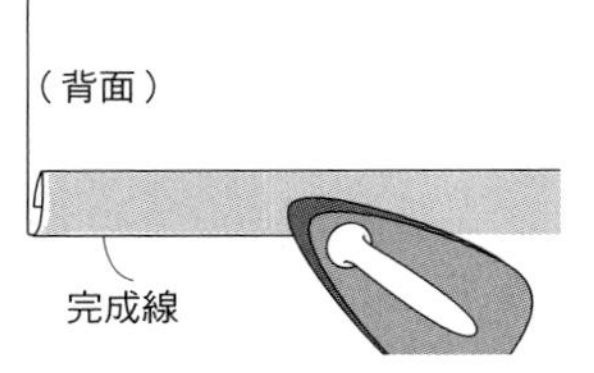

2 摺疊至完成線，再以熨斗熨燙按壓。

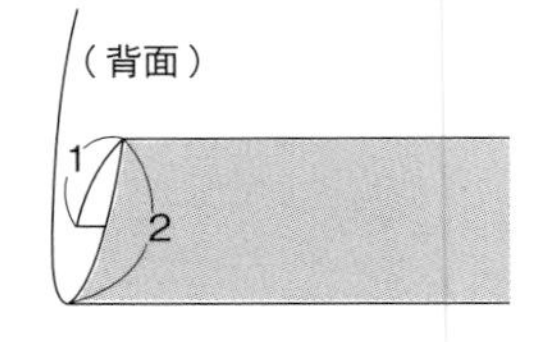

3 比起**1**，**2**摺疊的寬度較寬。

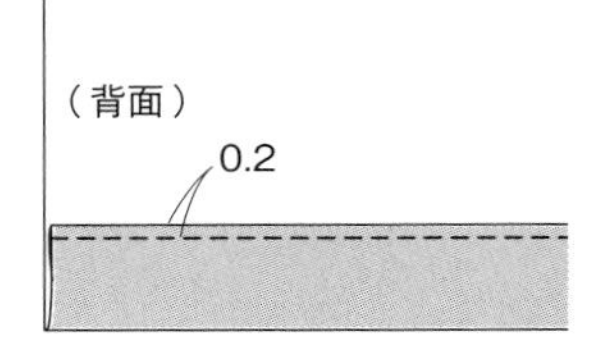

4 在距離褶線0.2cm處進行車縫。

完全三摺邊 ※縫份3cm。

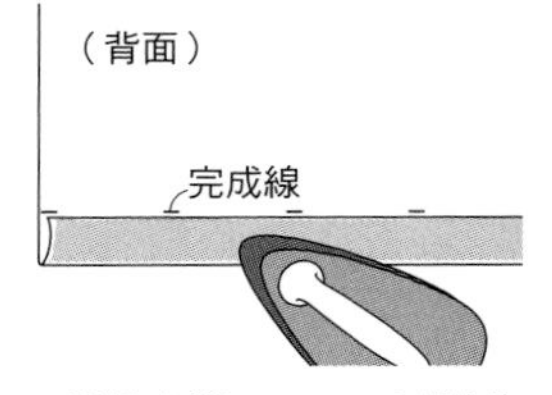

1 摺疊布邊1.5cm，以熨斗熨燙按壓。

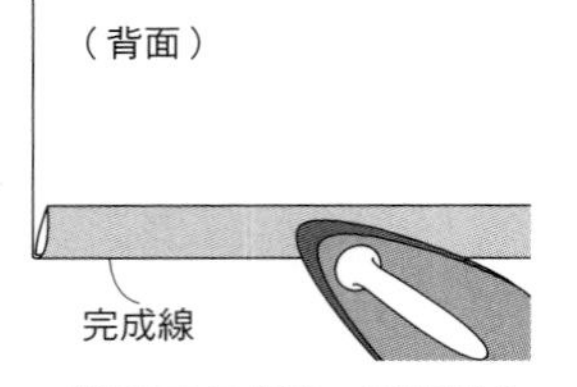

2 摺疊至完成線，再以熨斗熨燙按壓。

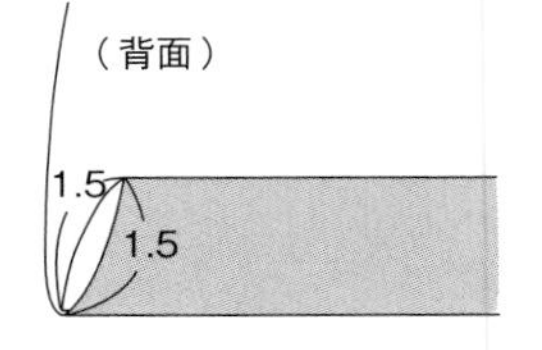

3 **1**&**2**摺疊的寬度相同，布邊較厚且牢固。

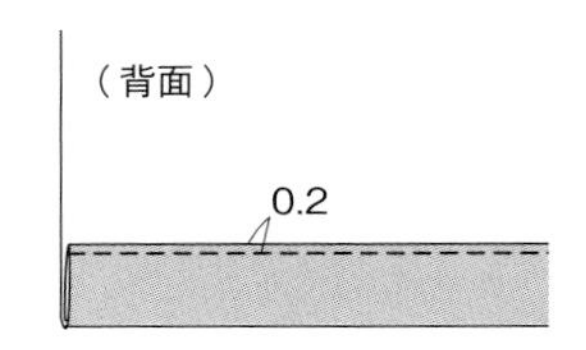

4 在距離褶線0.2cm處進行車縫。

二摺邊

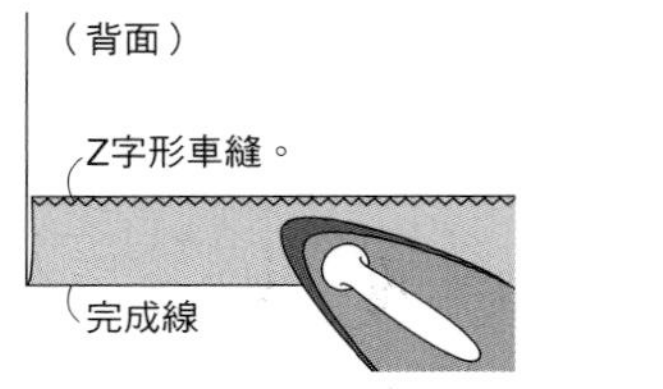

1 布邊Z字形車縫後摺疊至完成線，再以熨斗熨燙按壓。

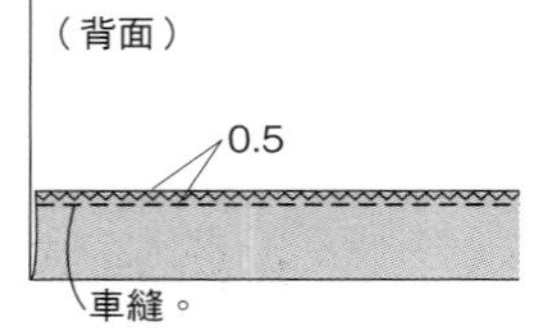

2 在距離布邊0.5cm處進行車縫。手縫時以藏針縫縫合亦可。

袋縫 ★應用於P.92「細褶裙」。

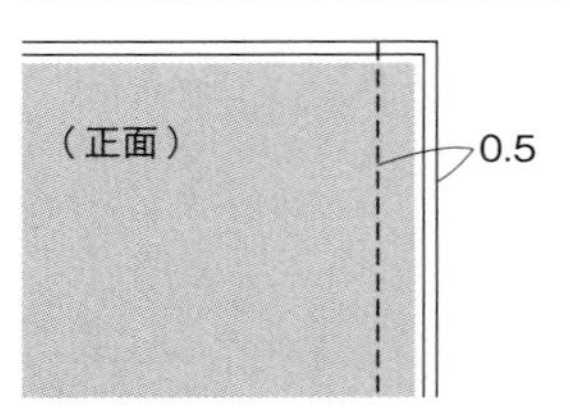

1 布料背面相對疊合，在距離布邊0.5cm處進行車縫。

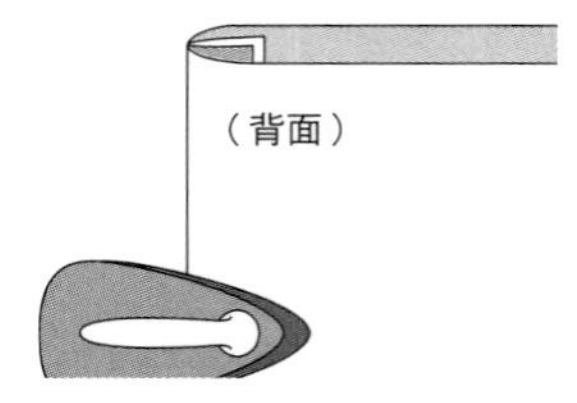

2 布料翻至背面，正面相對疊合。

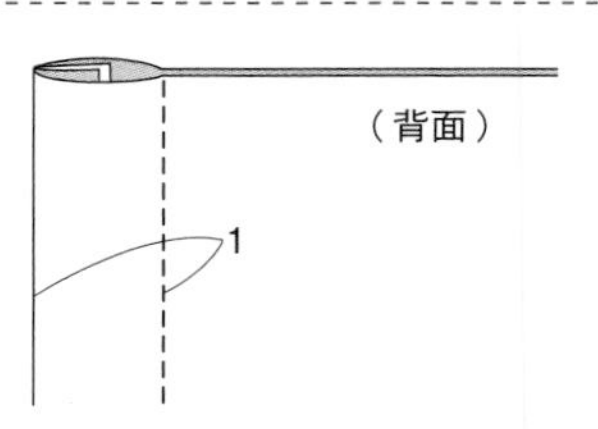

3 布料正面相對疊合，在距離布邊1cm處進行車縫。

細褶

抽拉粗針目縫線縮摺布料，讓布料更顯柔軟蓬鬆的技巧。

★應用於P.64「傘狀剪接上衣」·P.76「上衣」。

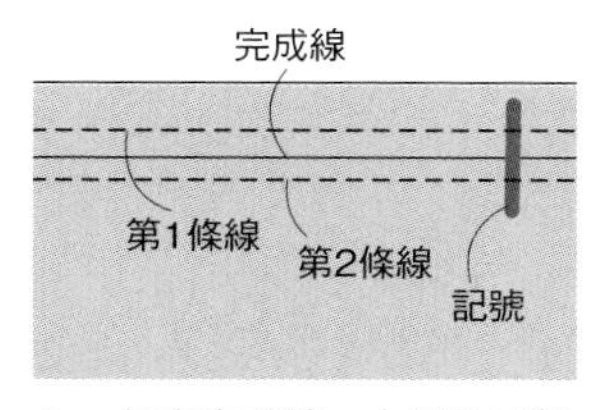

1 包夾完成線，上下均以粗針目車縫。始縫&止縫均預留10cm左右車縫線。

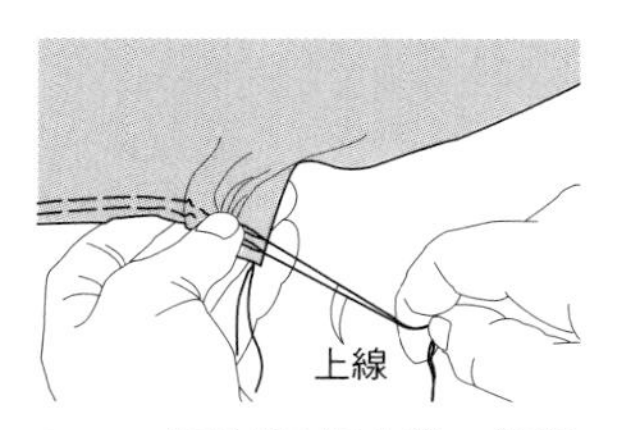

2 一起抽拉2條上線，縮摺布料。

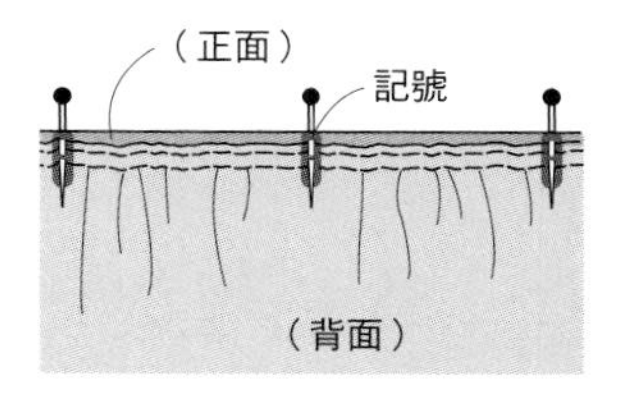

3 對齊抽拉細褶布料&接縫布料的記號後，調整細褶平整度。

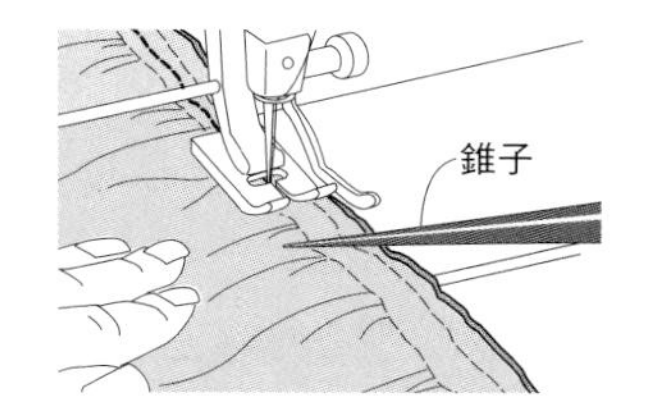

4 縫合時請使用錐子輔助，避免細褶被破壞，均勻地車縫。

粗針目車縫處？

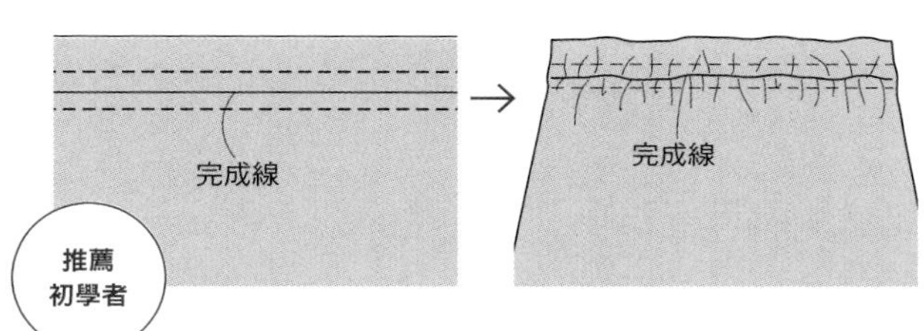

在完成線上下以粗針目車縫

在完成線上下分別抽細褶會比較均等，建議還不熟悉縫製技巧的新手採用此作法。但正式縫製時，需拆除粗針目車縫線。

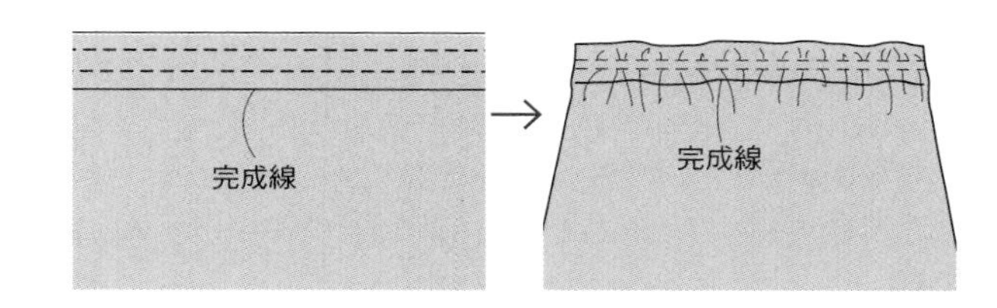

在縫份內側以粗針目車縫

在完成線內側抽細褶，會變得較厚重難以車縫。但是粗針目車縫線無需拆除，使用針目明顯的布料時，是比較推薦的方法。

細褶均等分佈

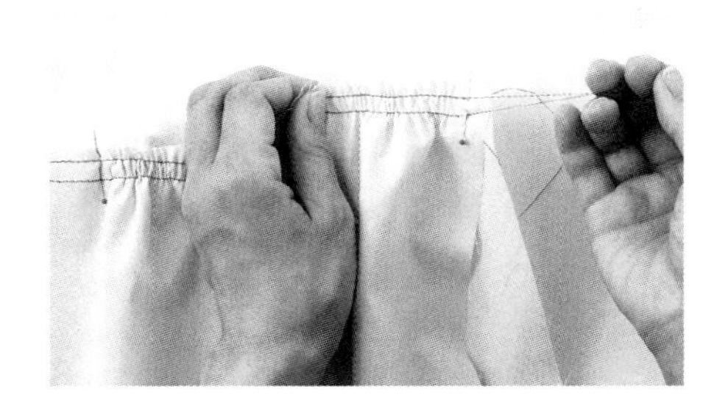

勿一次全部抽拉，請一邊確認分量一邊抽拉細褶。如果距離較長，請將其等分後以珠針固定，並確認整體比例分配抽拉的程度。

根據部位改變抽拉方法

有些設計並不需要均勻地抽拉細褶，請選擇最符合自己預想的款式的作法即可。

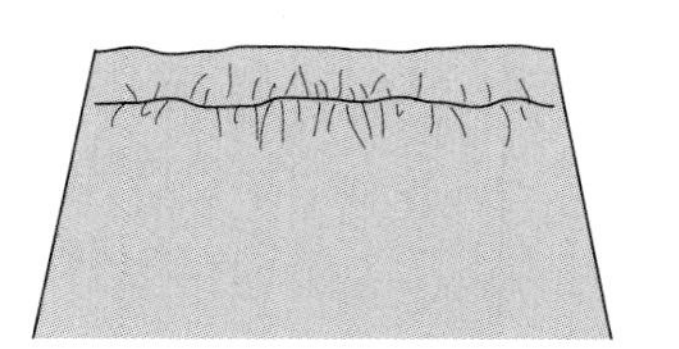

中央處細褶分量較多

可修飾身形看起來更加修長。但如果分量太多，穿起來反而會變得臃腫，請多加注意。

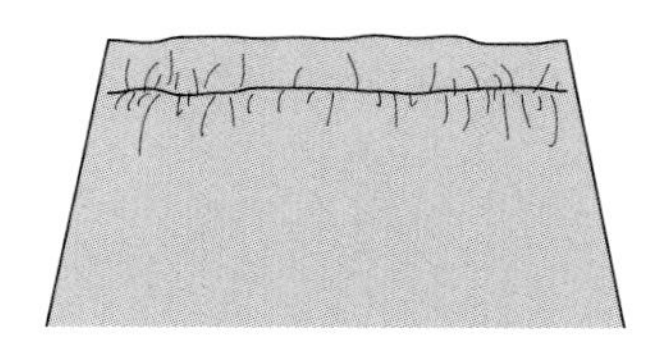

兩邊細褶分量較多

設計重點在兩端，給人清爽的印象。

尖褶

為了作出合身的輪廓，抓出布料摺疊立體造型的方法。

★應用於P.50「A字形連身裙」。

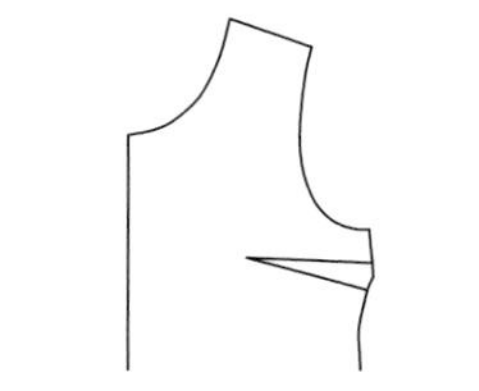

尖褶線以V字表示，重疊兩條線車縫。

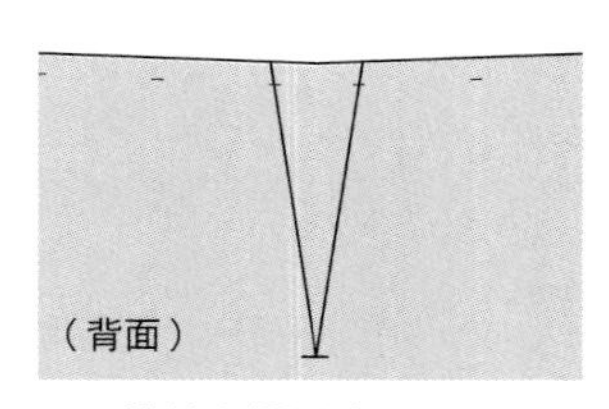

1 描繪尖褶記號。

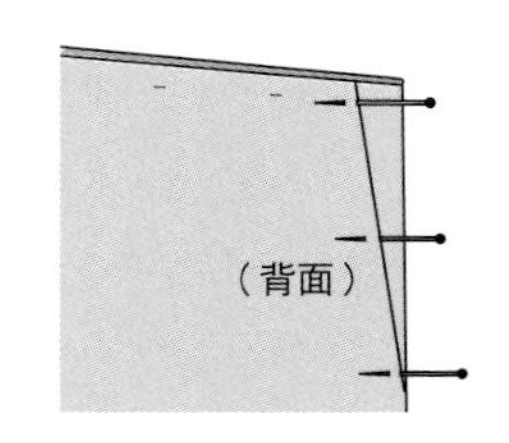

2 布料正面相對疊合，重疊兩條尖褶線，並以珠針固定。

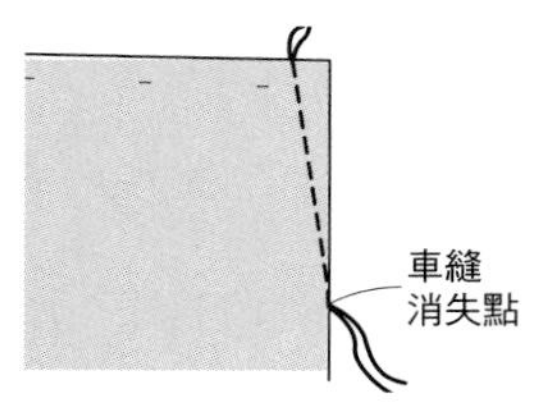

3 從布端開始車縫。車縫至靠近止縫點的兩針針目時幾乎與摺山平行，最後不進行回針縫，繼續車縫。

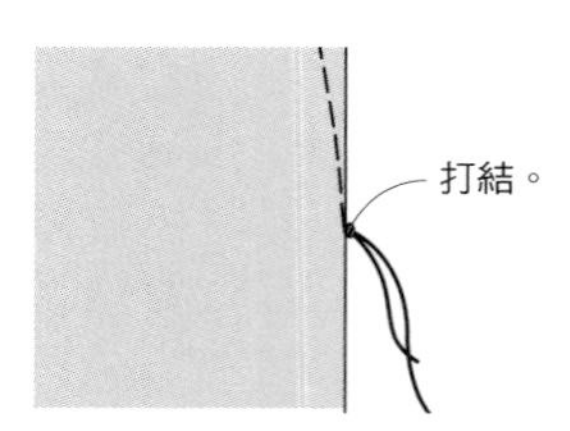

4 預留稍長的縫線，在摺山處打結。

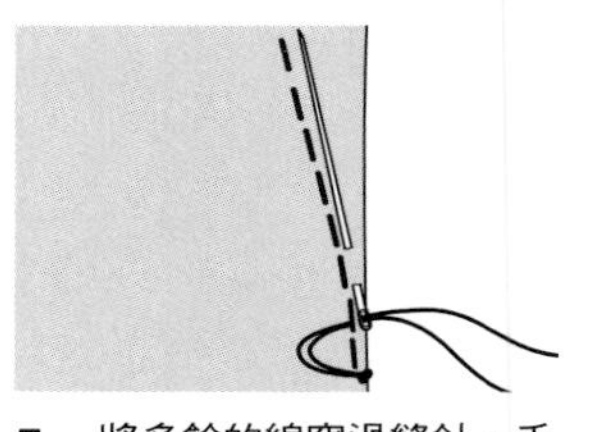

5 將多餘的線穿過縫針，手縫一針穿入布料內側後，裁剪多餘縫線。

止縫點縫線如果沒有繼續車縫？

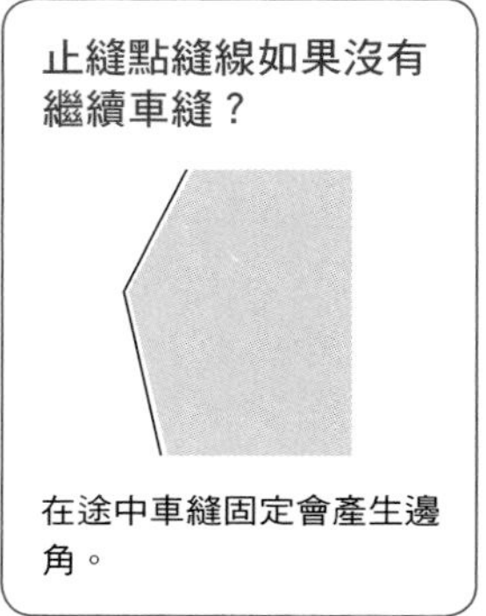

在途中車縫固定會產生邊角。

細針形褶襉

細褶襉的車縫方法。

★應用於P.72「細針形褶襉連身裙」。

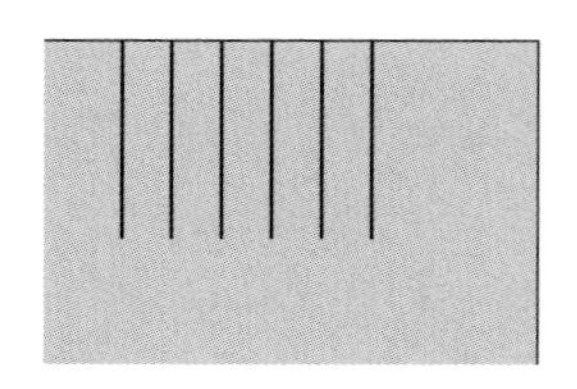

1 在布料上描繪褶襉線。

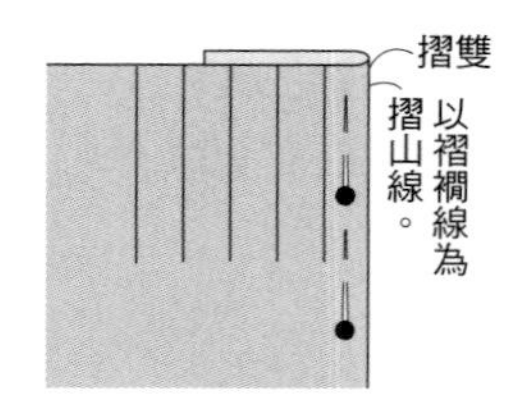

2 摺疊摺山線，使布料背面相對疊合。

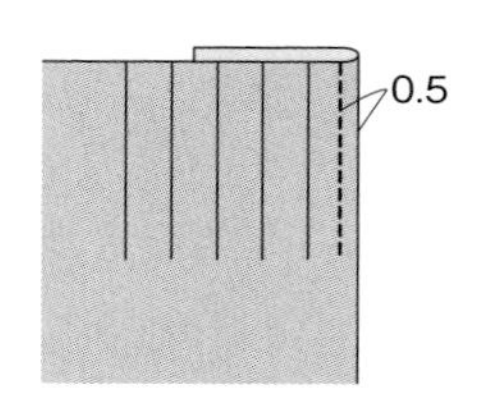

3 在距離邊線0.5cm處進行車縫。（雖然本書指定0.5cm，但0.2至0.3cm亦可）

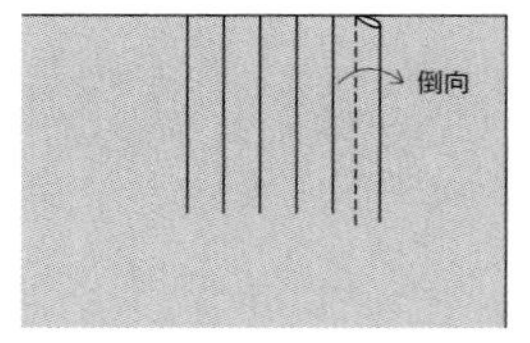

4 使車好的部分往同一方向倒下。

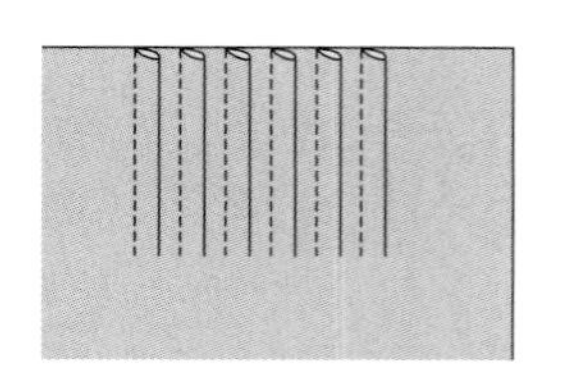

5 畫線部分均以相同作法進行車縫。

褶襉

抓立一定間隔距離的布料摺疊製作褶子。完成時比起細摺看起來更加清爽。

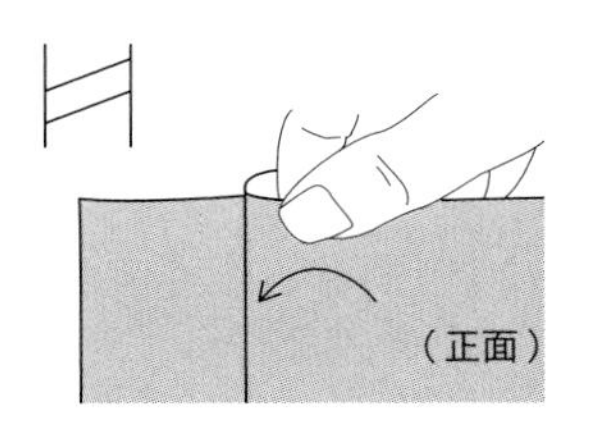

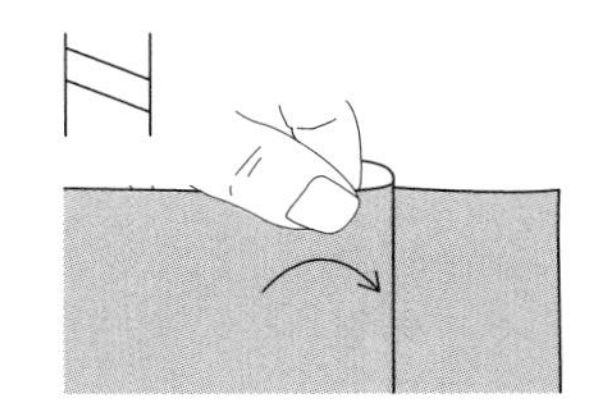

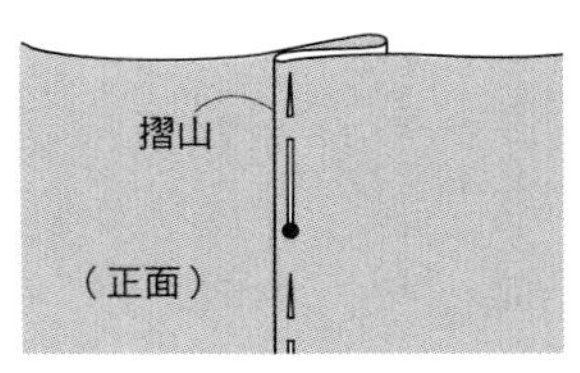

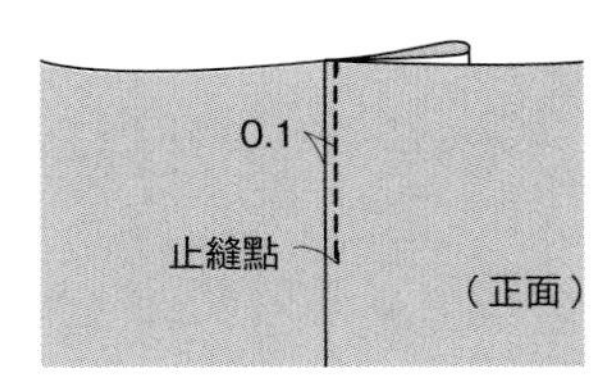

1 從右斜向左邊的斜線意指將右邊線重疊至左邊。相反的從左斜向右邊時，則將左邊線重疊至右邊。紙型表面皆有標示摺疊記號，請特別注意重疊方向。

2 以珠針固定摺山。

3 在距離摺山0.1cm處，車縫至止縫點。

重疊內摺山

★應用於P.106「窄管褲」。

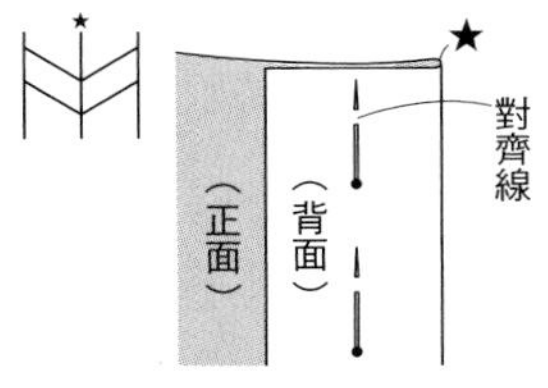

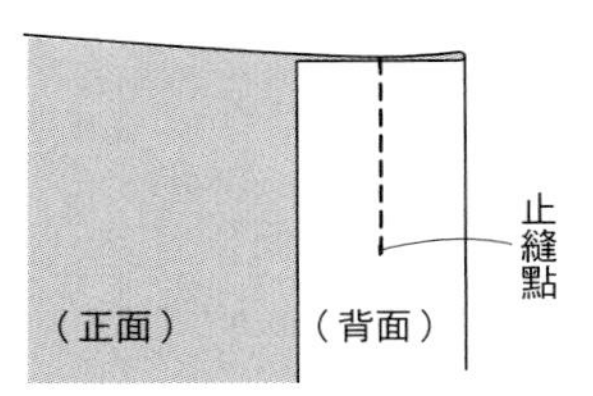

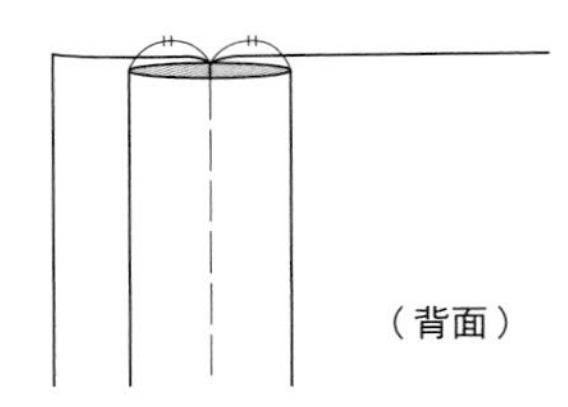

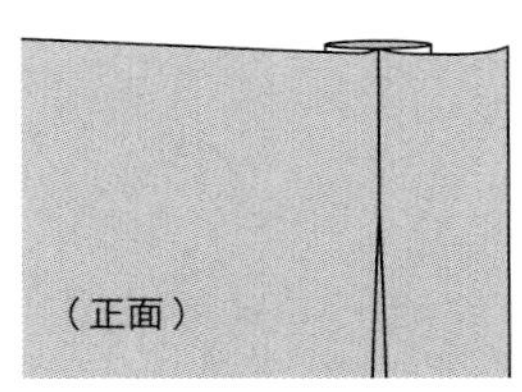

1 布料正面相對摺疊，重疊左右線。中央線為摺山線。

2 在重疊線上側至止縫點間進行車縫。

3 沿著車縫目攤開，對齊縫目線&摺山線。

4 重疊的褶襉完成。

表面看不出縫目線的方法

★應用於P.68「褶襉傘狀剪接上衣」・P.86「領台襯衫」。

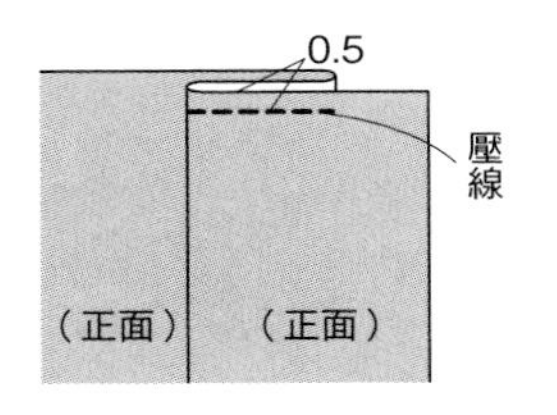

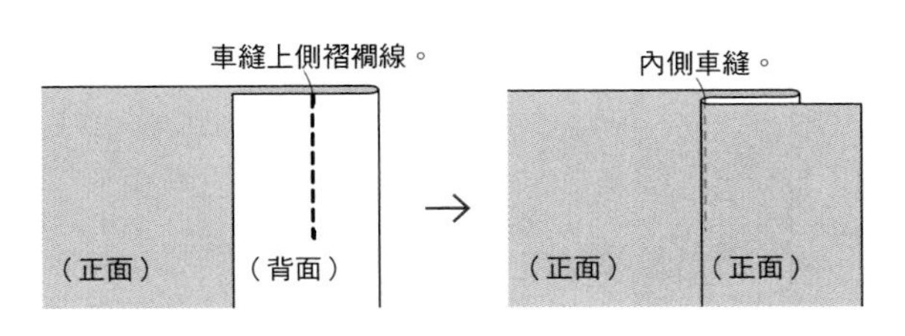

在縫份處疏縫固定

在距離布端0.5cm處橫向車縫，固定褶襉。

車縫摺疊線

車縫正面相對疊合的左右線，反摺布料。使車縫線成為摺山線，從表面就看不到縫線了！

手縫方法

下襬的處理&接縫等，都是縫製作品不可或缺的步驟。

手縫工具

手縫針

一般而言，藏針縫等細部作業使用短針，距離較長的疏縫或平針縫則使用長針較適合。建議購買市販的縫針組合包會相當便利。

手縫線

可依布料選擇手縫線的粗細度。雖然也可以以車縫線替代，但車縫線和專用手縫線不同、較容易纏線，所以還是推薦使用專用手縫線。

手縫針

西洋針。一般厚度布料使用7號針最適合。

和針

製作和服時使用的針。前面的數字代表粗細度、後面的數字代表長短。一般厚度布料使用「四ノ三半」號針最適合。

疏縫線

用於暫時固定的疏縫線。略有厚度且不易滑動為主要特徵。因以手即可輕易扯斷，請勿用於正式的接縫。

縫針持法

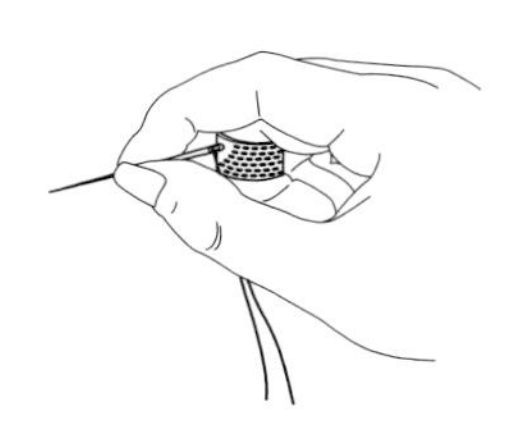

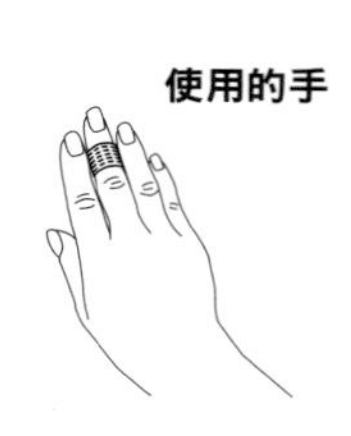

將持針的手（在此為右手）的中指第一關節套上頂針，以拇指&食指握住縫針，針頭靠在頂針處前進手縫。

縫線的長度……？

手持縫針時，預留線長至手肘下約15cm後裁剪。縫線太長容易纏線，約50至60cm即可。

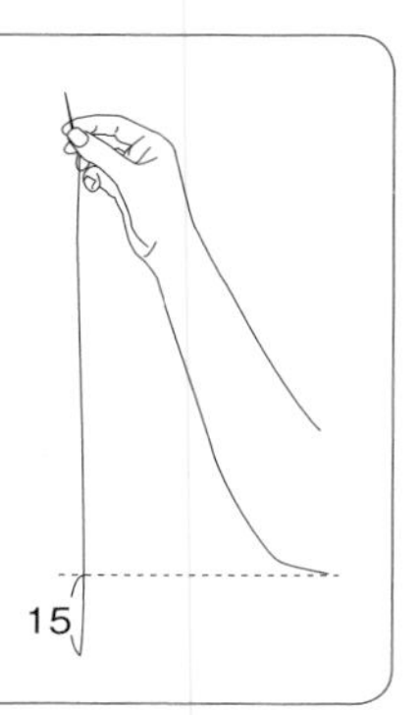

基本手縫方法

◯打結

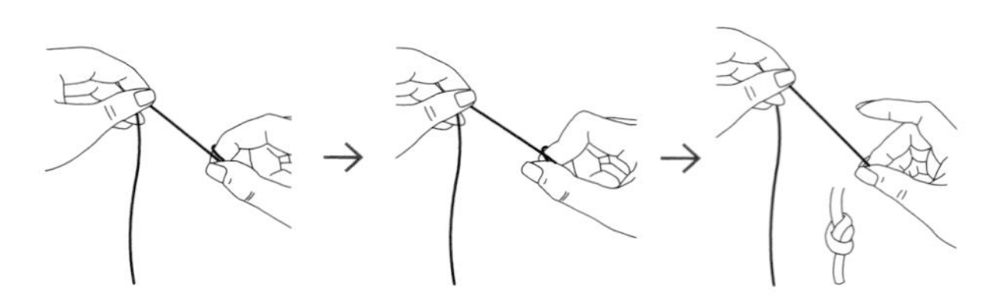

1 以食指捲繞縫線一圈。
2 以拇指壓住縫線搓揉數次
3 以中指按住搓揉處並拉取線頭，製作結環。

◯止縫結

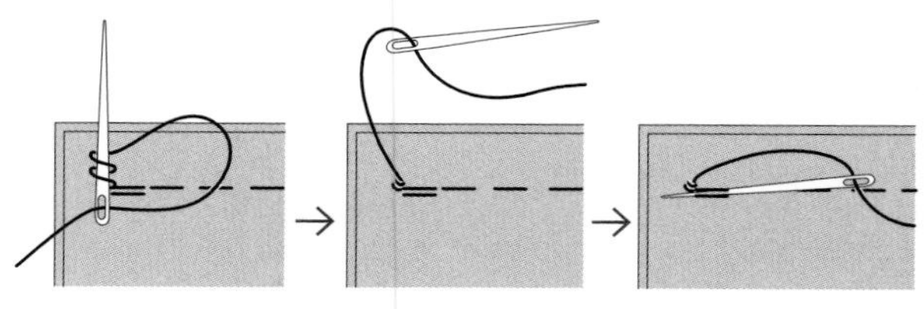

1 完成後回針縫2針，縫針捲繞縫線2至3圈。
2 壓住繞縫處拉出縫線。
3 回針縫1針剪掉縫線。

◯平針縫

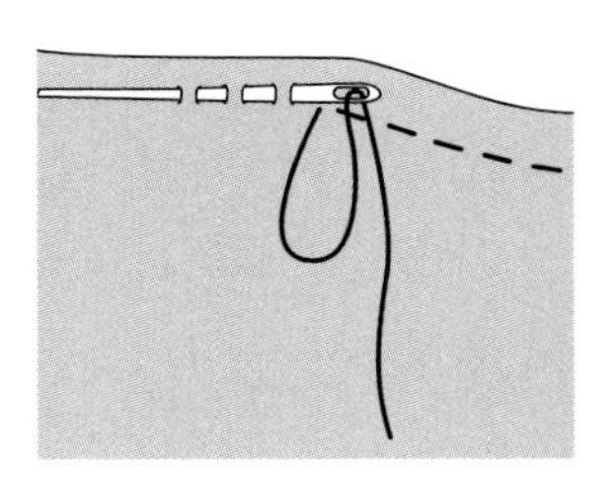

多用於接縫固定用。頂住手縫針運針，使正反面出針長度一致。不拉出縫針直接手縫至完成，縫目才會漂亮。

◯半回針縫

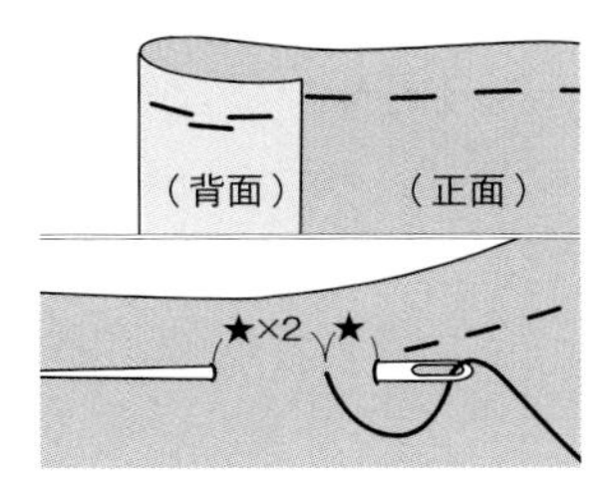

手縫一針後，縫針回到前一針1/2處，前進1又1/2出針。重複此步驟。完成後將比平針縫更牢固。

◯全回針縫

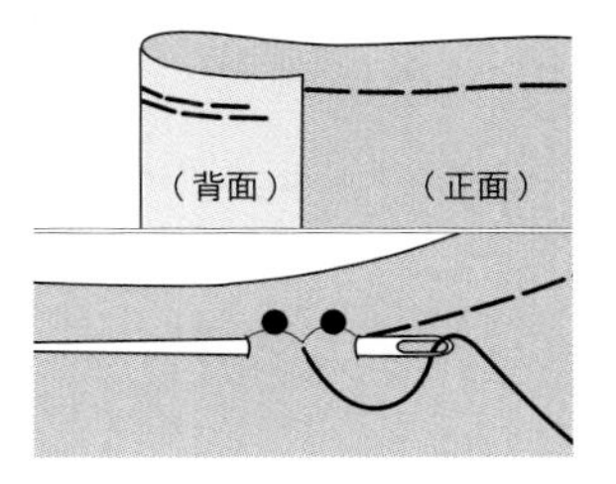

手縫回針到前一針目後，再由兩倍針目的距離入針，重複此步驟進行縫合。此縫法的縫目相當牢固，使用厚質布料、想要牢固縫目時建議使用此方法。

◯繚縫

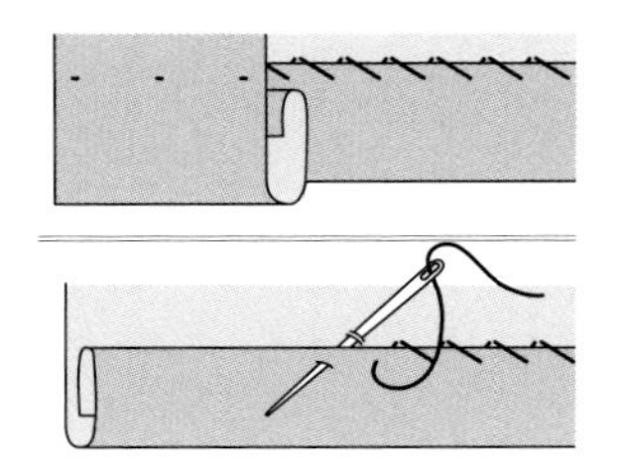

一般的固定方法。使正面盡量不要看到縫目般，手縫時只挑起一條直向纖維線進行縫合。

◯藏針縫

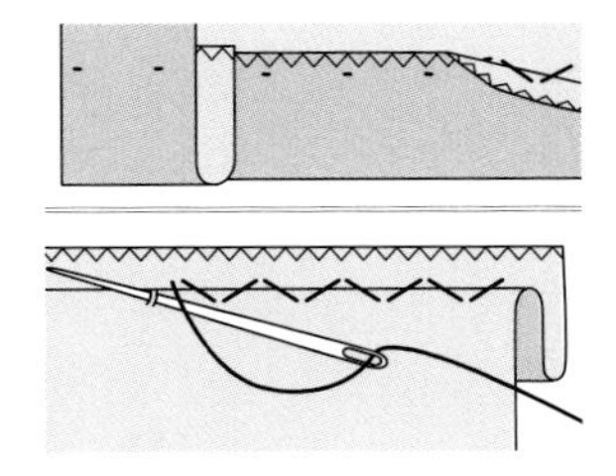

表面看不出內側的繚縫線。輕輕挑起一點兩邊的布料，慢慢地手縫固定的方法。穿著時不會摩擦到縫線，非常適用於下襬等處。

◯ㄇ字縫

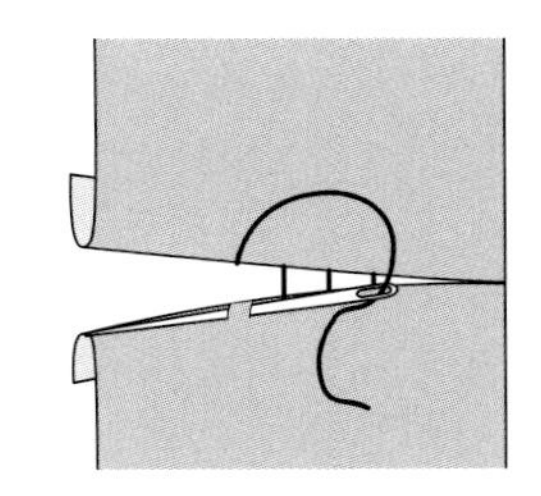

將兩片摺起的布料對接、或手縫返口時使用。將摺山對齊後，手縫固定即完成。

◯疏縫

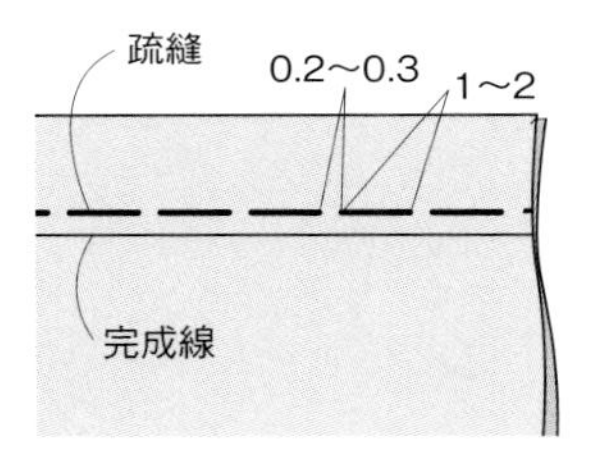

在長距離、或不方便使用珠針的情況下以疏縫暫時固定。沿著完成線縫份側0.2至0.3cm處，粗針目手縫。始縫&止縫處均回針縫1針，無需打結固定。

疏縫線收納方法

1 取下標籤，攤開平放成橢圓狀，以織帶或繩子打結固定。

2 剪開單側圓弧處的疏縫線。

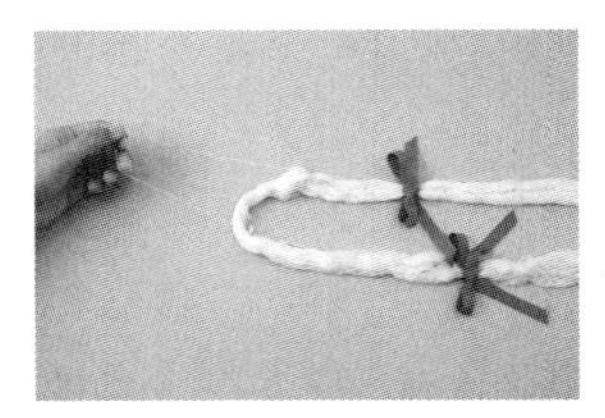

3 從未裁剪端抽取一根疏縫線使用。

放置瓶內保管

疏縫線最好放置在空瓶內保管。在瓶蓋內上黏上磁鐵，即可吸黏手縫針以便取用。

斜布條

製作斜布條不僅可以用於包邊，也可以作為設計的重點。
請在此牢記製作方法&基本使用原則。

認識斜布條

與直布紋呈45°（正斜布紋）裁剪後的布條即為斜布條。伸縮性佳、便利處理，常使用於領圍或袖襱等處，弧線包邊時也常常使用。斜布條請參考P.71的介紹。

兩種類型

市面販賣的斜布條主要有兩種。
如果自行製作請考量實際情況配合處理。

兩摺式

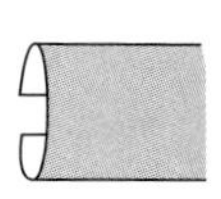

布端往內側摺疊，主要用於貼邊處理。

包邊式

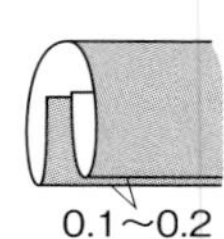

兩摺邊後再對摺，主要用於包邊處理較多。

斜布條的作法

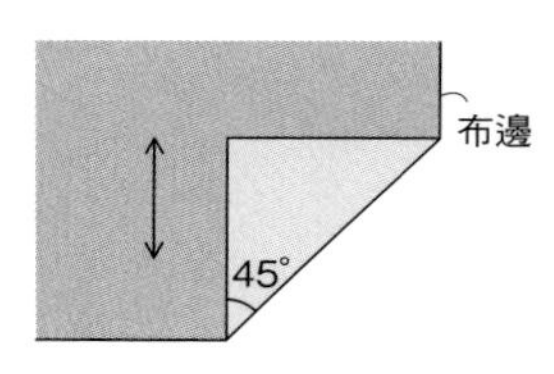

1 平行布邊畫線，摺疊45°角。

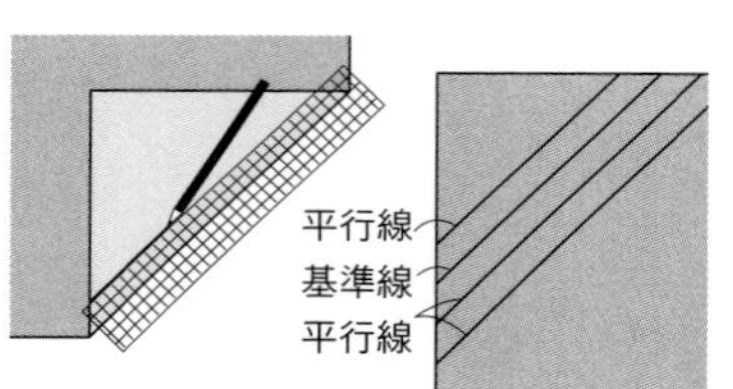

2 沿著摺山以尺畫出指定寬度的直線。再攤開布料，畫平行線。

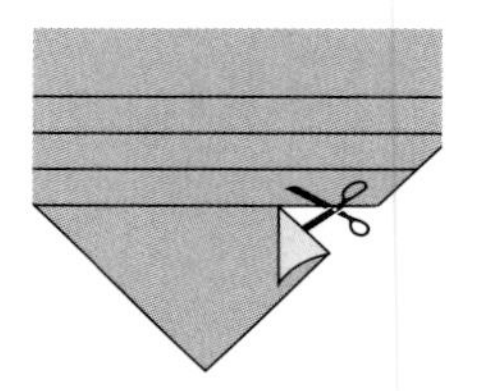

3 沿線裁剪。

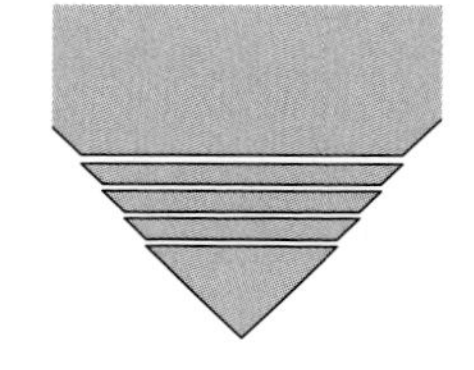

4 斜布條完成。

斜布條的連接方法

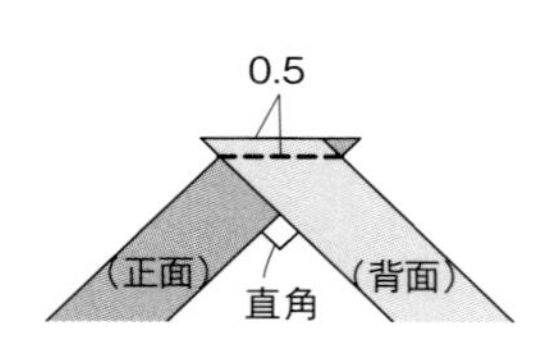

1 將兩片斜布條背面相對疊合，使其呈直角重疊。車縫縫份0.5cm。

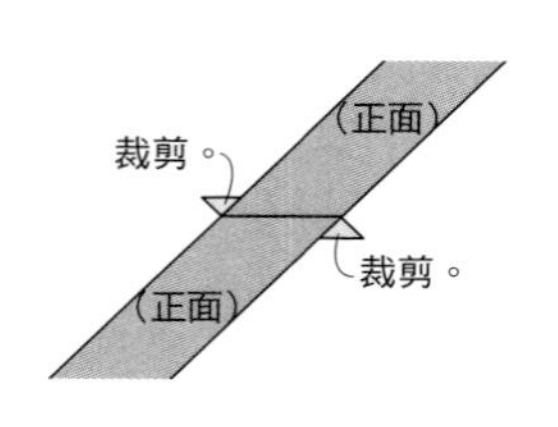

2 燙開縫份，修剪斜布條突出處。

◉錯誤的連接方法

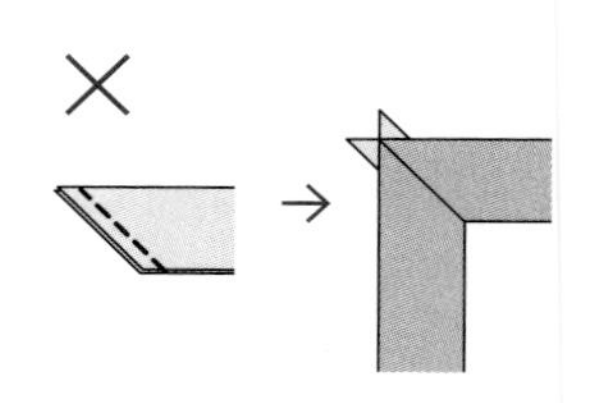

直接兩片重疊車縫

直接重疊兩片斜布條車縫時，會產生框角而不是長條織帶。

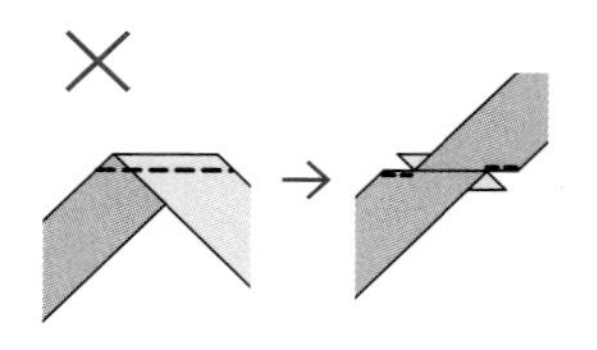

對齊布端車縫

對齊布邊車縫會造成寬度不足&接縫目沒有對齊的狀況。

摺份的作法

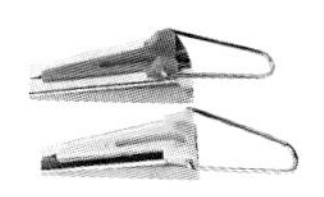

使用滾邊器超便利！

滾邊器有各種不同寬度的規格。上圖中的滾邊器是製作服裝常用的1.2cm（黃色款）和1.8cm（紅色款）。

1 依指定寬度裁剪。請將邊端裁剪成斜角線，以便更加容易穿入滾邊器。

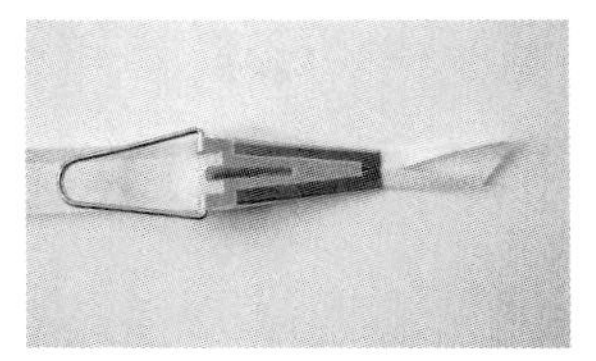

2 將斜布條穿過滾邊器拉出，上下兩端即內摺整齊。

3 一邊拉開滾邊器一邊以熨斗熨燙整理。

斜布條的使用方法

以斜布條處理布邊的代表作法。

斜布條貼邊處理

翻摺布邊、使斜布條倒向內側&二摺邊處理的方法。完成後正面看不到斜布條。

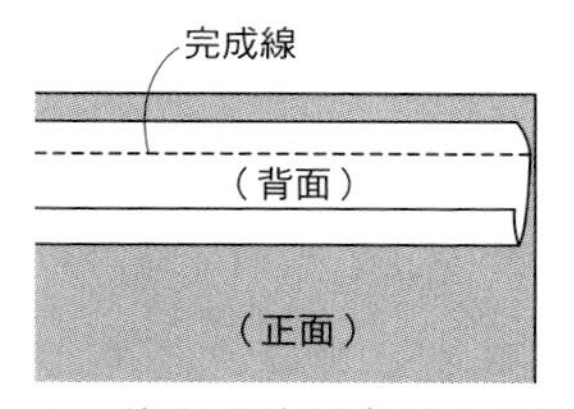

1 使完成線對齊斜布條摺線，進行車縫。

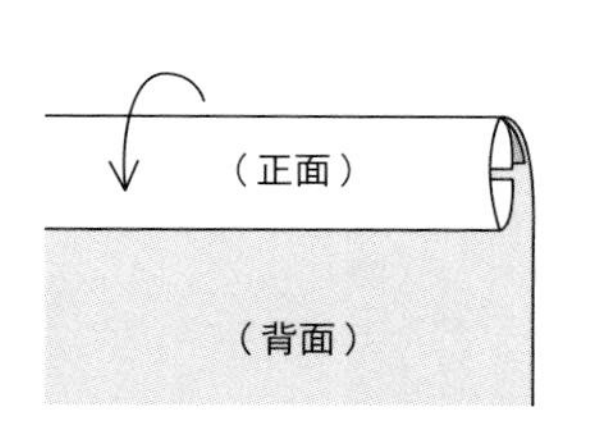

2 翻起斜布條倒向內側，即可使布邊包夾在內。

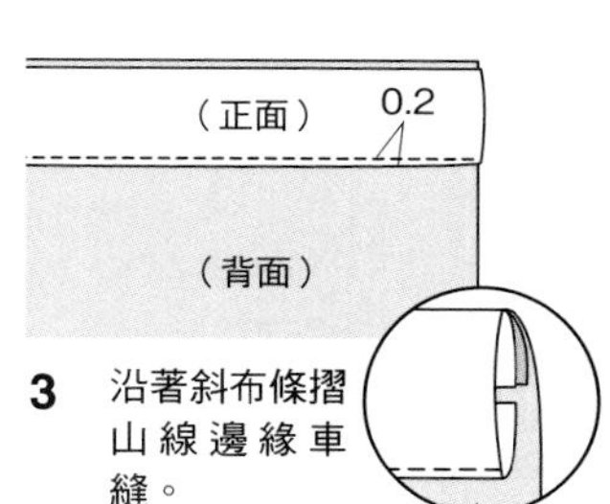

3 沿著斜布條摺山線邊緣車縫。

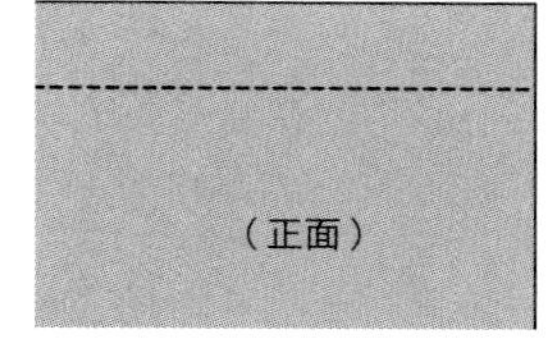

4 完成後正面看不到斜布條，只看到壓線處理。

斜布條包邊處理

以斜布條包捲縫份的方法。以包邊的方式處理，完成後不論正反面都看得到斜布條。領圍或袖口以斜布條包邊時請勿外加縫份（布邊即為完成線）。

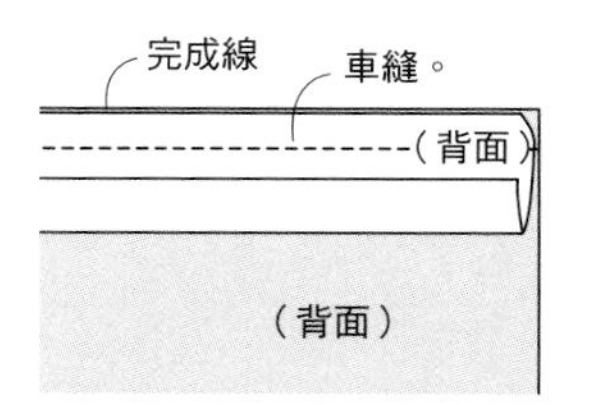

1 摺疊包邊條寬度較窄側和布邊正面相對疊合，再車縫摺線處。此時摺線和布邊貼合。

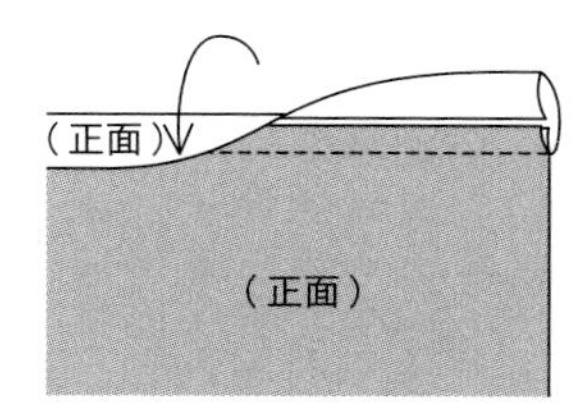

2 翻起包邊條，包夾布邊，並使包邊條需蓋住縫目。

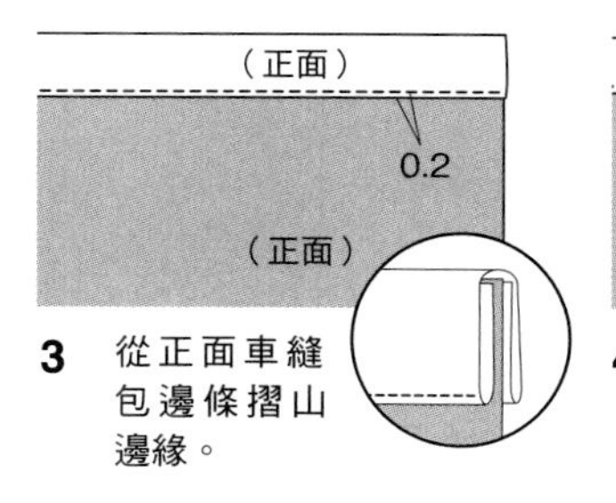

3 從正面車縫包邊條摺山邊緣。

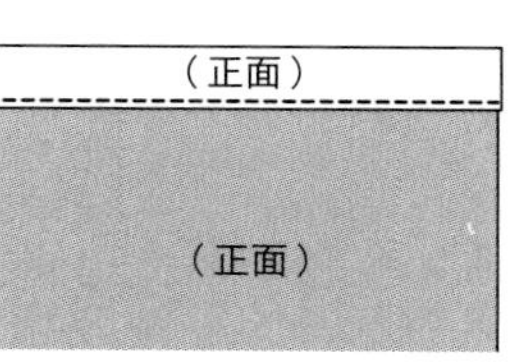

4 完成後正面看得到斜布條。

關於配件

本單元將介紹製作作品需要的釦子或拉鍊等的作法。

釦子

釦子&釦眼的縫製位置

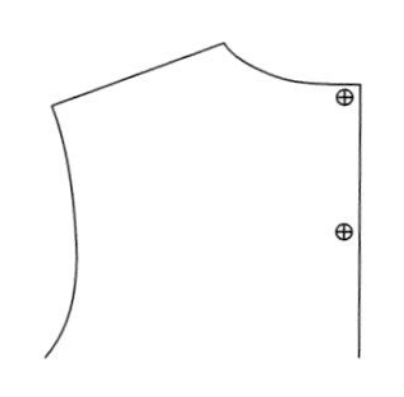

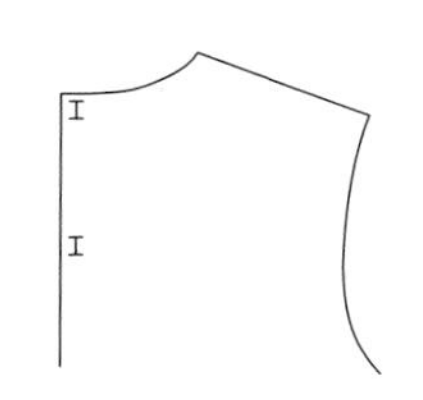

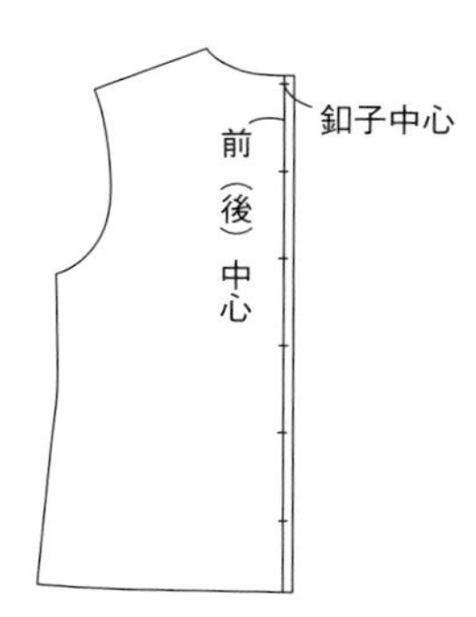

釦子

在一半的身片上標示接縫釦子位置記號（也可以只標上釦子中心位置記號）。

釦眼

在另一半的身片上製作釦眼位置記號。

紙型

紙型也如上記般描繪釦子記號。製作紙型時再添加標示記號即可。

釦眼位置

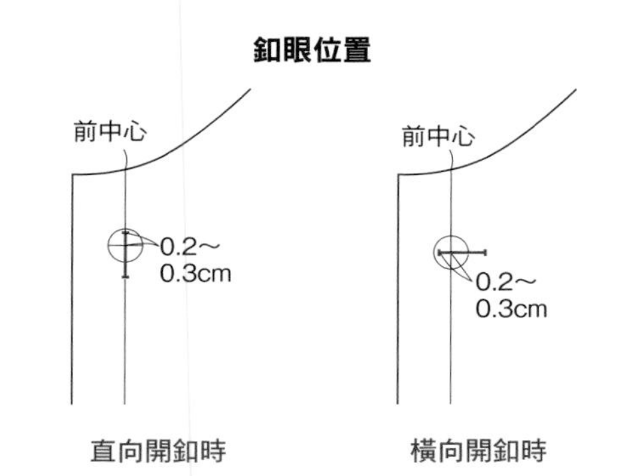

直向開釦時

自釦子中心位置上側0.2至0.3cm處，開始製作釦眼。

橫向開釦時

自釦子中心位置左側0.2至0.3cm處，開始製作釦眼。

釦眼的尺寸

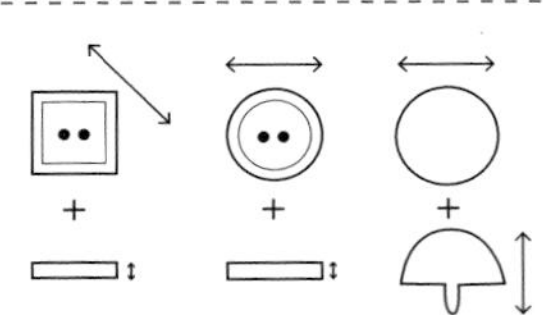

釦眼＝釦子寬度＋釦子厚度

釦子直徑加上厚度即為釦眼正確尺寸。

製作釦眼

在此使用家庭用縫紉機開釦眼專用的壓布腳&專用壓線器。

1 設定機器開釦眼之後，自釦眼位置處開始車縫。

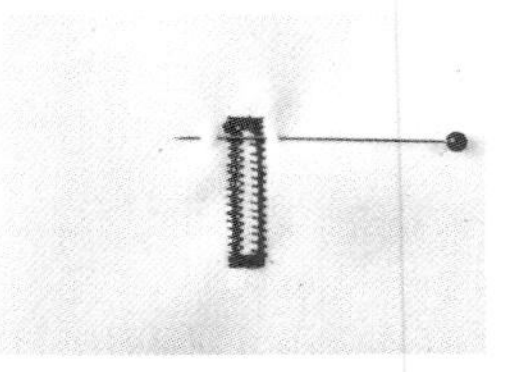

2 車縫完成後，以珠針固定單側，避免拆線時超過釦眼範圍。

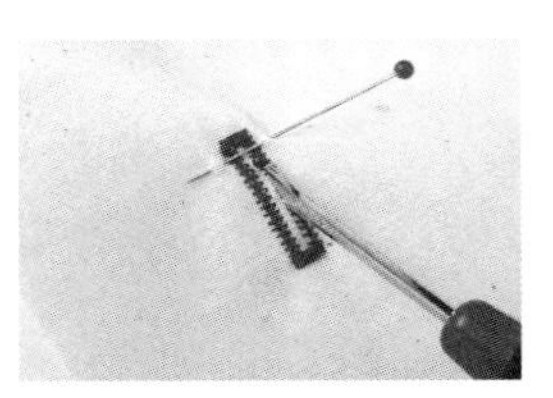

3 使用拆線器插入釦眼處，割開布料，注意請勿割到縫線。

接縫釦子

2孔、4孔釦子基本上縫法相同。

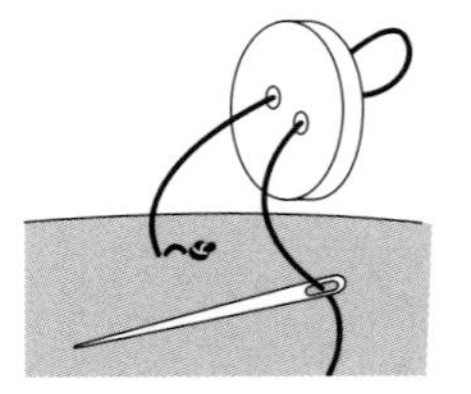

1 打一個線結，再從正面接縫處附近先穿縫2針，再將縫線穿入鈕釦孔。

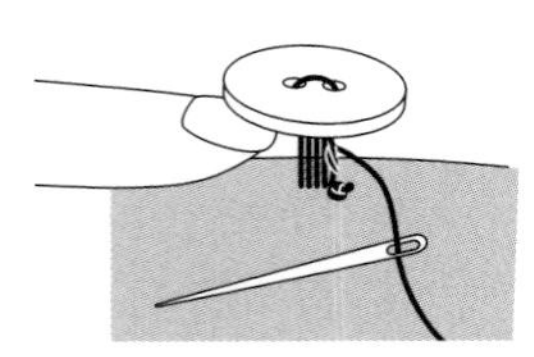

2 手指頂住釦子下方，以此決定線腳高度。縫線穿繞釦孔2至3回，作出線腳高度。

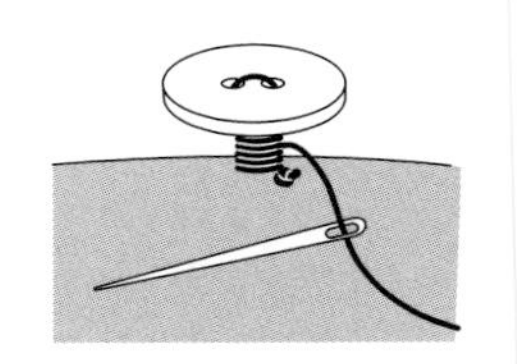

3 保持高度，在線腳處以縫線環繞數回，堅固&好用的釦子完成！

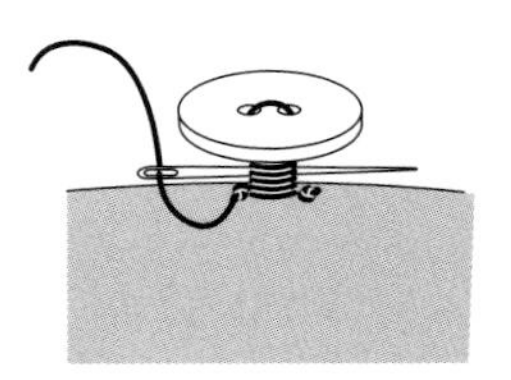

4 打結固定後，將縫針插入線腳處&剪去多餘縫線。

4孔釦子的縫法

各種不同圖案的縫製方法，
也是設計的重點之一。

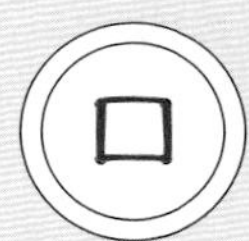

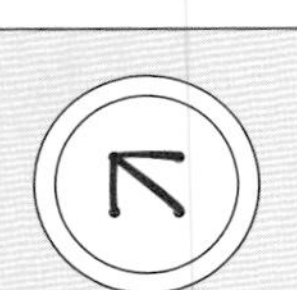

立腳釦

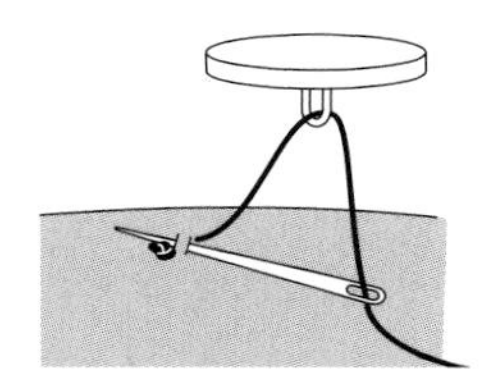

1 打一個線結後，挑起接縫位置正面一點布料出針後，縫針穿過釦腳，再挑起布料。

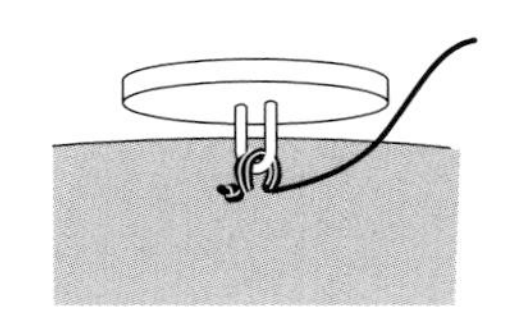

2 將縫線繞縫釦腳3次。

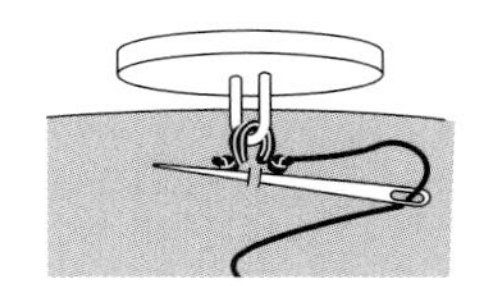

3 從釦腳附近穿出縫線&打結固定。挑起釦腳旁一點布料後裁剪縫線。

鉤釦

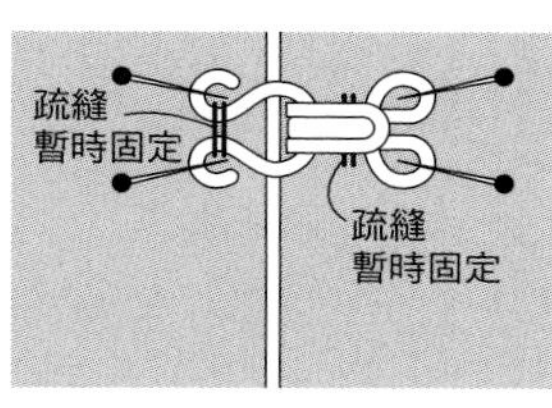

1 鉤釦兩端以珠針固定。鉤子往布邊內縮0.1cm，記住固定時中間不可有空隙。

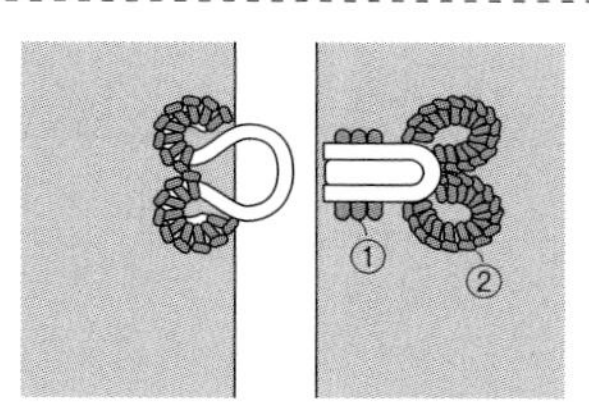

2 先固定住鉤子下方處，再自圓環處出針，參見右圖縫製方法手縫固定。另一側也依相同要領完成。

即使鉤釦種類不同，縫製方法也相同。

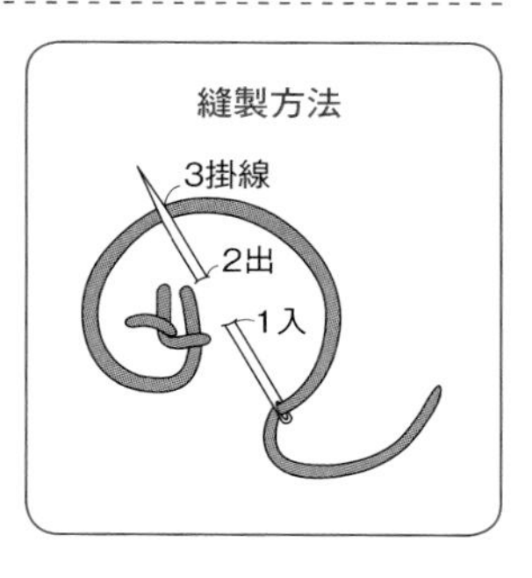

其他種類的釦子

暗釦

暗釦分為凹釦&凸釦。靠近身體的下衣片使用凸釦，較遠的上衣片使用凹釦。

四合釦

釦腳很長，使用在厚實布料或皮革上非常牢固。但若使用輕薄布料，釦腳會太長，請特別注意。

塑膠釦

塑膠製的輕量釦子，適用於輕薄布料&嬰兒用品等。不需使用專用打具也可以輕鬆裝上。

五爪釦

利用尖角抓緊布料，需使用專用打具。

製作包釦

在此使用CLOVER 1.5cm包釦。

1 依指定尺寸裁剪圓片，並將布片周圍縮縫。

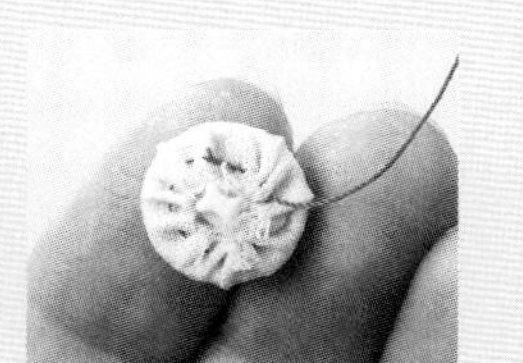

2 放入釦子，抽拉縫線收縮布邊。

3 以另一片有釦腳的組件壓實&固定布料。

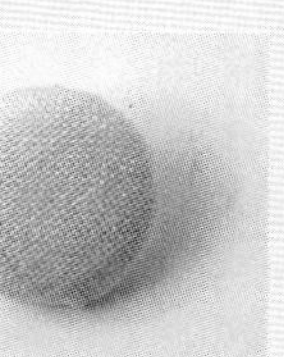

4 完成！

拉鍊

拉鍊の種類

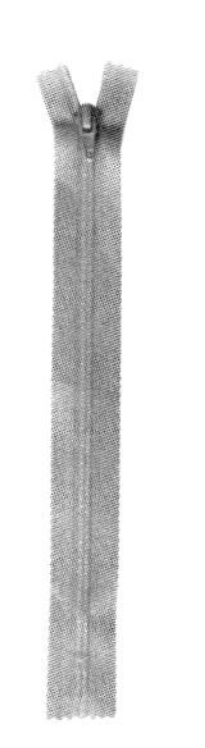

樹脂拉鍊

一般拉鍊

拉鍊齒為樹脂製，柔軟好車縫。可以依自己需要的長度裁剪使用。

隱形拉鍊

主要用在洋裝上。是表面看不見拉鍊齒的款式，車縫時必須使用專用壓布腳處理。

鐵氟龍拉鍊

巨大的拉鍊齒設計，非常穩固。比金屬拉鍊輕盈，顏色種類豐富。

金屬拉鍊

金屬製的拉鍊齒設計。常使用在褲子或包包上。但長短的調節必須請店家幫忙處理。

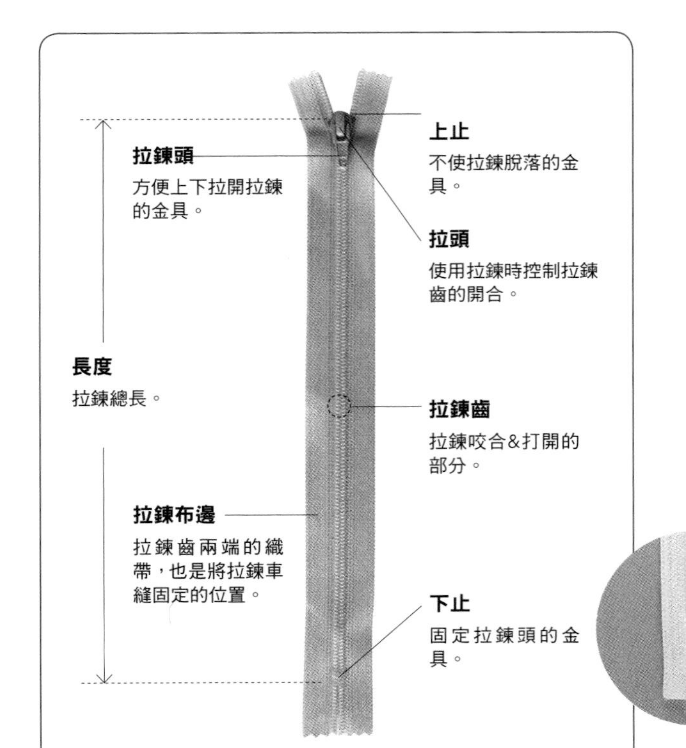

開放式拉鍊

下止分為左右兩部分。使用在外套等可以全部打開的衣物款式。

調節樹脂拉鍊長短

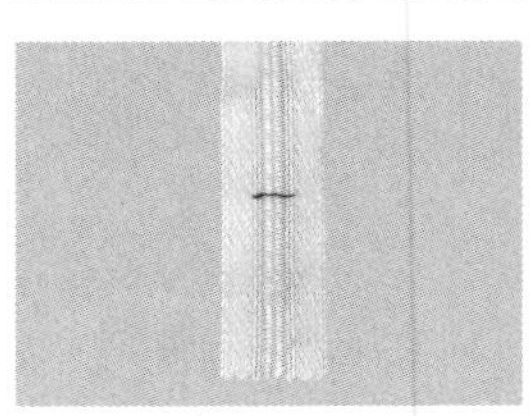

1 在需要的拉鍊齒長度位置車縫2至3次，即有下止的功能。

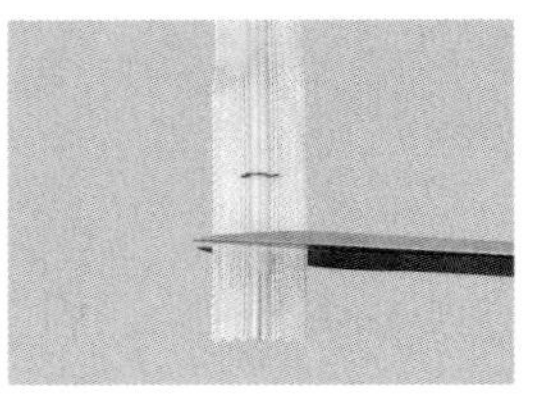

2 車縫完成後，預留1.5cm長，剪去多餘的部分。

開始製作作品

準備好美麗的布料&熟悉了縫紉的基本知識後，開始製作吧！
靠自己力量完成的作品，就算車縫得不是很整齊、形狀不是很美麗，也會充滿成就和感動。
初學者請從「簡單款」作品開始嘗試吧！

簡單款

一日完成款

挑戰款

※裁布圖標示的斜布條均為直接裁剪。

Item 01

A字形連身裙

簡單基本的連身裙款式。
尖褶設計可提高胸腺視覺，更顯修長有型。
此作品並無太難的技巧，
非常適合第一次嘗試製衣的初學者。

・學習重點

☑ 尖褶
☑ 斜布條處理

完成尺寸

	S	M	L	LL
胸圍	93cm	96cm	102cm	108cm
衣長	90.5cm	93.5cm	99.5cm	99.5cm

 布料提供／中商社

材料　左起尺寸 S／M／L／LL

・亞麻布
寬105cm × 220cm／220cm／300cm／300cm

原寸紙型A面【01】

1－前身片、2－接續前身片、3－後身片
4－接續後身片、5－袖子

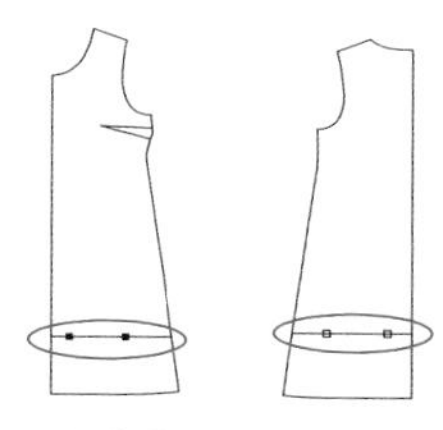

此作品附錄紙型的長度被分割成兩部分，請依各自的記號連接起來，再製作完整的紙型。

裁布圖

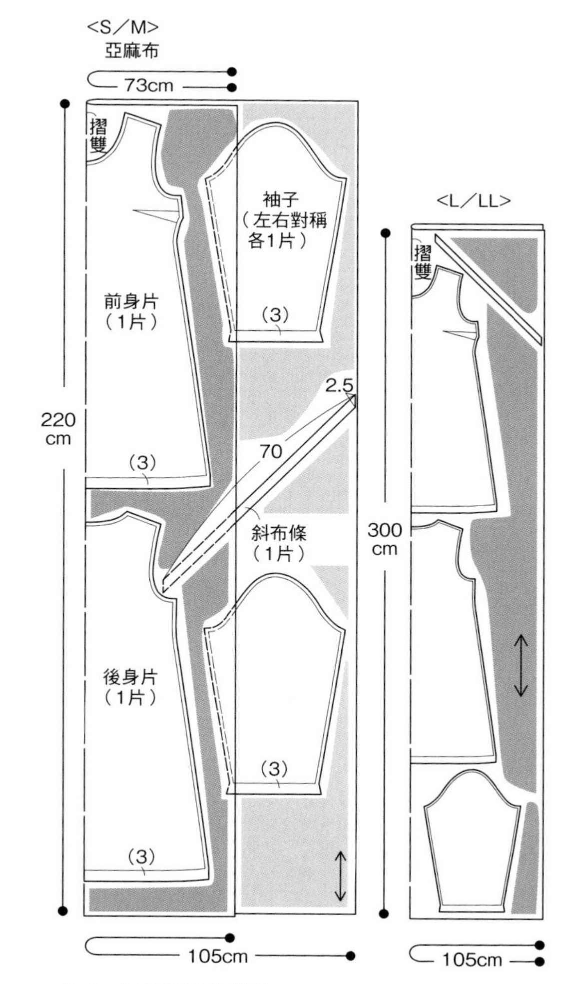

※（　）中的數字為縫份。
除了特別指定處之外，縫份皆為1cm。

製作順序

準備

●製作斜布條

①依指定的斜布條長度裁剪。

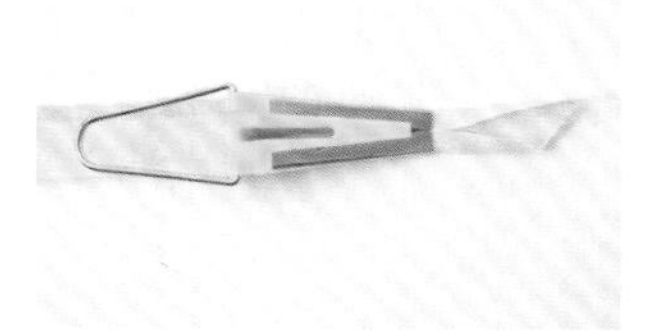
②將斜布條穿過1.2cm滾邊器。

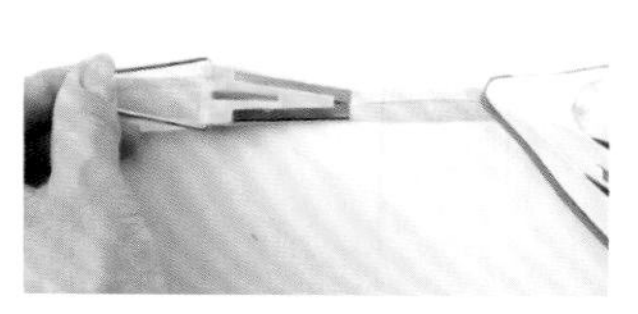
③以熨斗熨燙按壓摺目。

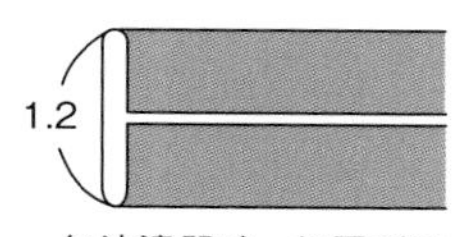

無滾邊器時，如圖所示摺疊＆以熨斗熨燙按壓。

① 車縫尖褶

1　尖褶記號正面相對疊合，以珠針固定。

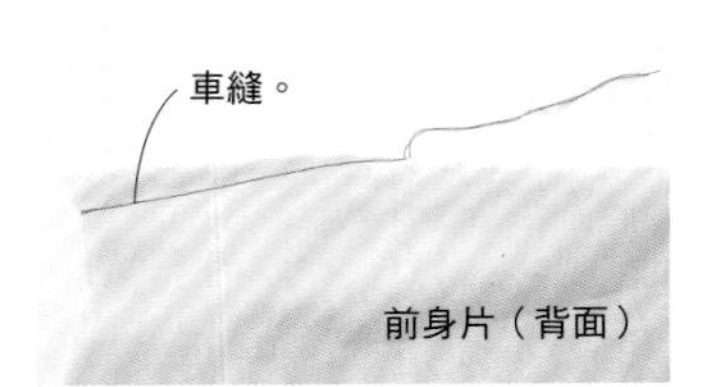

2　車縫尖褶。（車縫方法參閱P.40）

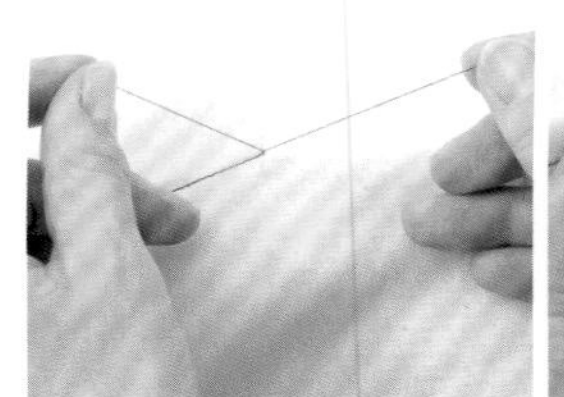

3　上下縫線打結，穿過縫針、回縫一針後固定。

4　完成兩側尖褶車縫，使尖褶倒向下側。

② 車縫肩線

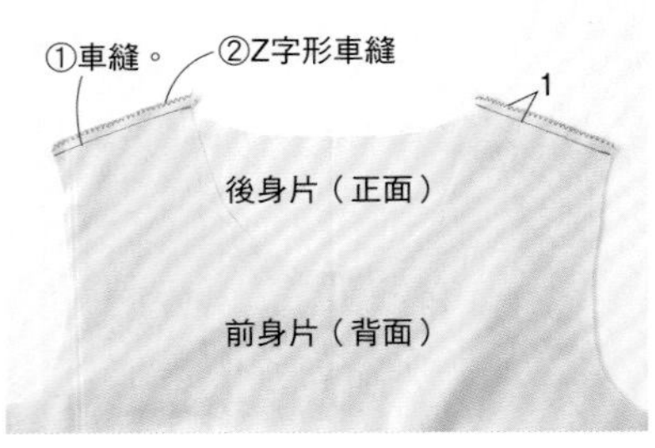

前後身片正面相對疊合，左右肩線在縫份1cm處車縫，再將兩片縫份一起進行Z字形車縫&使縫份倒向後身片側。

③ 接縫袖子

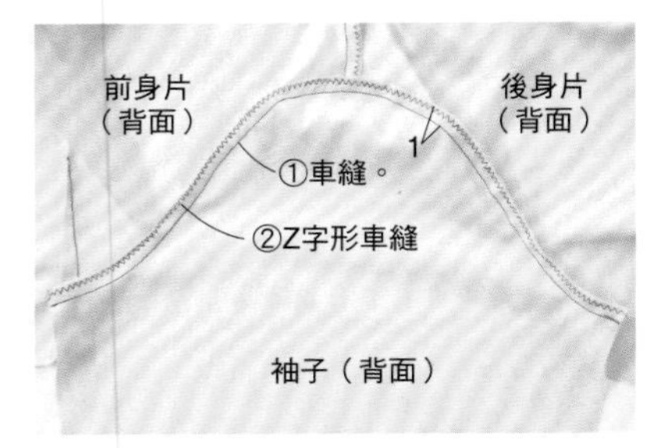

袖片和身片正面相對疊合，在縫份1cm處車縫，再將兩片縫份一起進行Z字形車縫&使縫份倒向身片側。車縫時請注意袖子的前後位置。

④ 車縫領圍

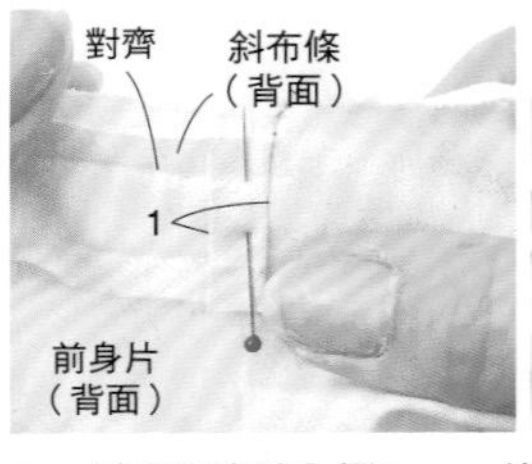

1　斜布條邊端內摺1cm，使領圍完成線和斜布條摺目線對齊後，以珠針固定。再使兩邊端對合於左肩處，注意不要用力拉伸。

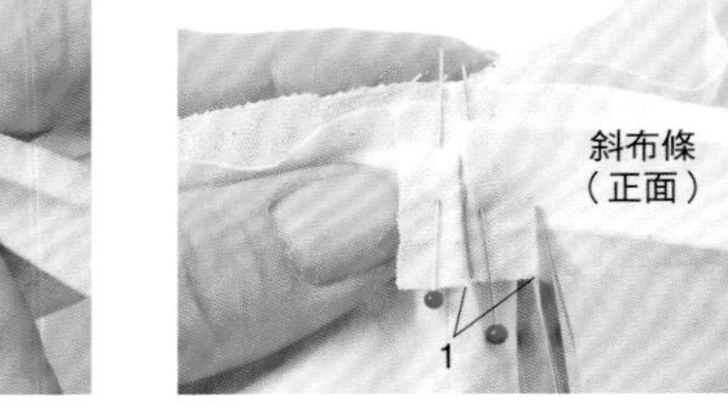

2　預留1cm斜布條，剪去多餘部分。

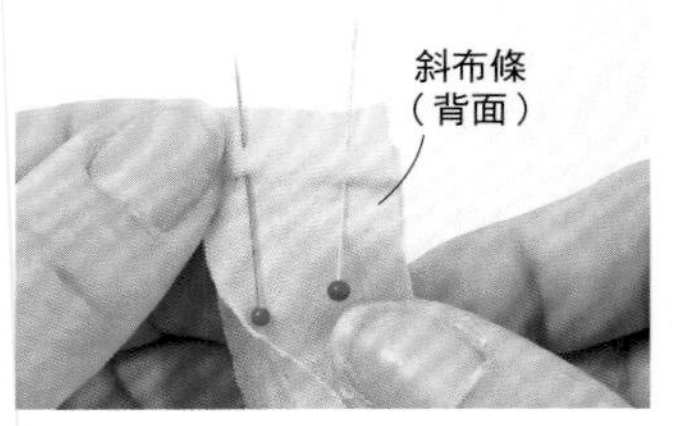

3　斜布條邊端正面相對疊合。

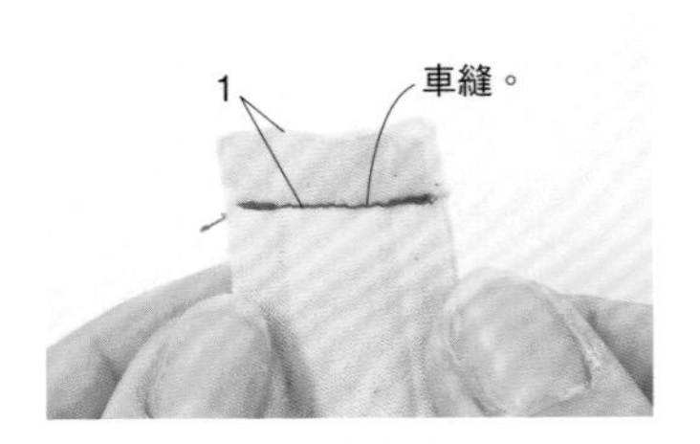

4　在縫份1cm處車縫。

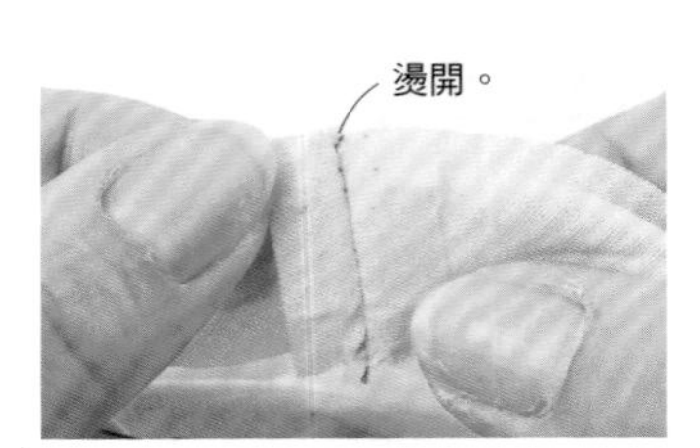

5　燙開縫份，固定至領圍。

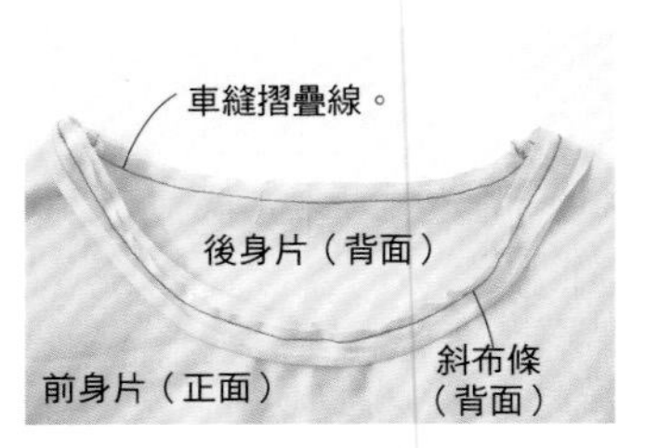

6　車縫斜布條摺疊線一圈。

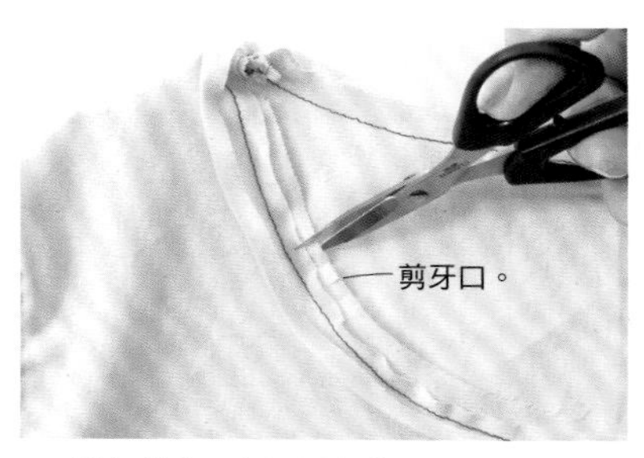

7 避免錯位，在領圍上剪牙口。

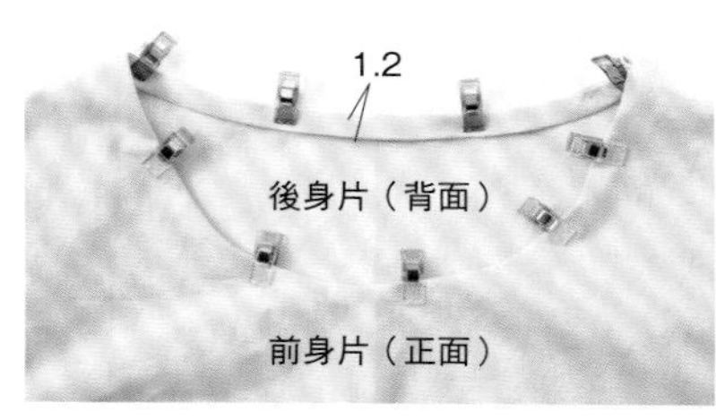

8 斜布條摺疊至完成線翻摺縫份，並倒向內側。

車縫。
0.2
後身片（背面）
前身片（正面）

9 沿著斜布條邊緣車縫。

5 車縫袖下至脇邊

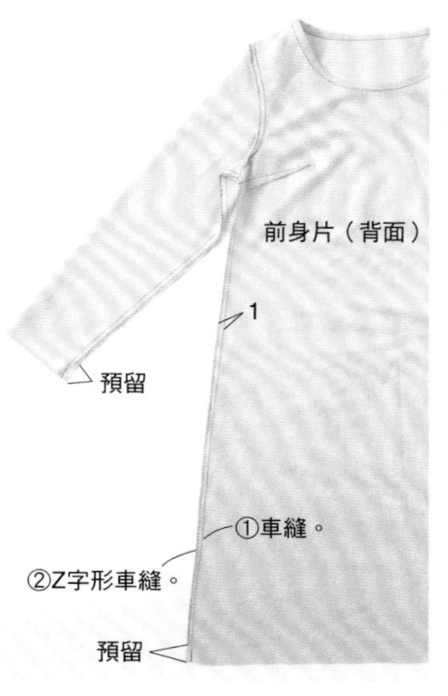

前後身片正面相對疊合，車縫袖下至脇邊。除了袖口和下襬縫份，將兩片縫份一起進行Z字形車縫，並使縫份倒向後身片側。

6 車縫袖口

車縫時翻至正面，一邊注意背面一邊進行車縫。

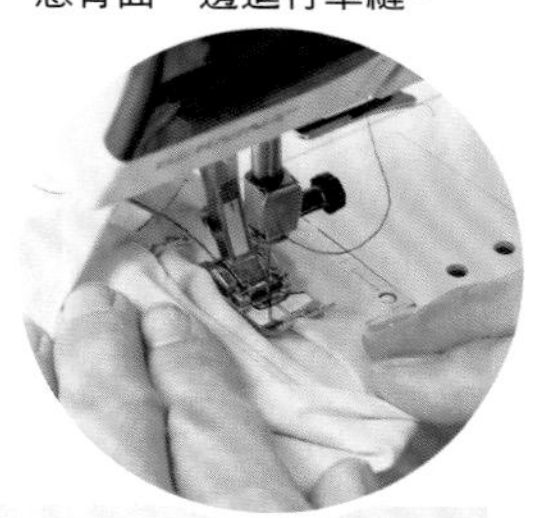

1 在袖口縫份上剪牙口&燙開縫份。

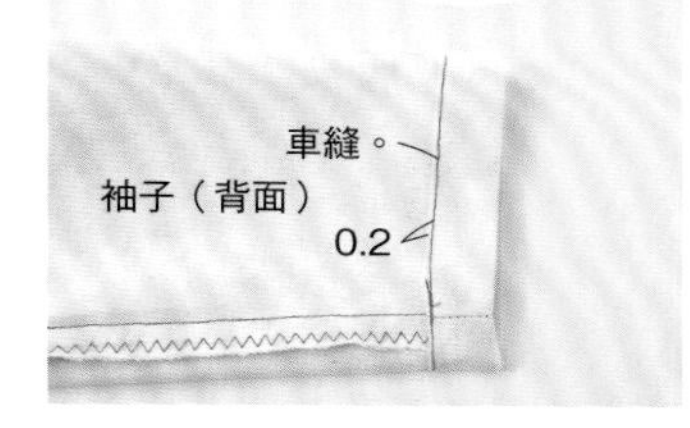

2 依1cm→2cm寬度，三摺邊後車縫。

7 車縫下襬

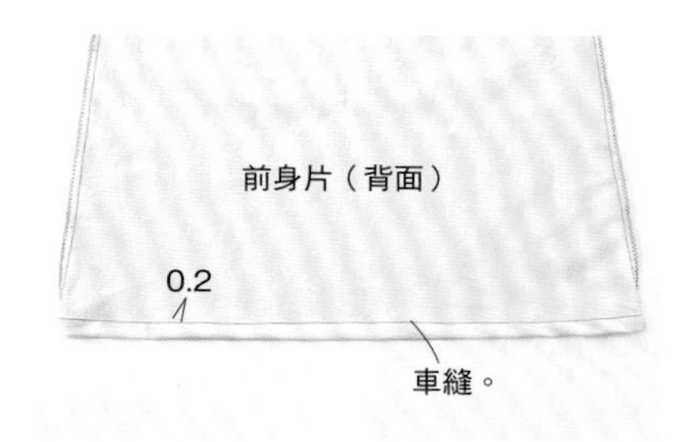

下襬依1→2cm寬度，三摺邊後車縫。

完成！

Arrange

腰部鬆緊帶連身裙

增加A字形連身裙長度&搭配細繩綁帶設計。
收束的腰線，既可突顯纖細腰圍，更有修長的效果。

・學習重點

☑ 穿繩製作方法

完成尺寸

	S	M	L	LL
胸圍	93cm	96cm	102cm	108cm
衣長	106cm	108.5cm	114.5cm	114.5cm

 布料提供／MERCI

材 料　左起尺寸 S／M／L／LL

・LIBERTY　印花布（Capel）
寬110cm × 320cm／320cm／340cm／340cm

原寸紙型A面【02】

1－前身片、2－接續前身片、3－後身片、4－接續後身片
5－袖子、6－前綁繩襠布、7－後綁繩襠布

※綁繩未附原寸紙型，請依裁布圖標示的尺寸直接裁剪。

製作順序

❶至❼步驟同P.50的
A形連身裙作法。

❾ 接縫綁繩襠布。

❽ 製作綁繩。

裁布圖

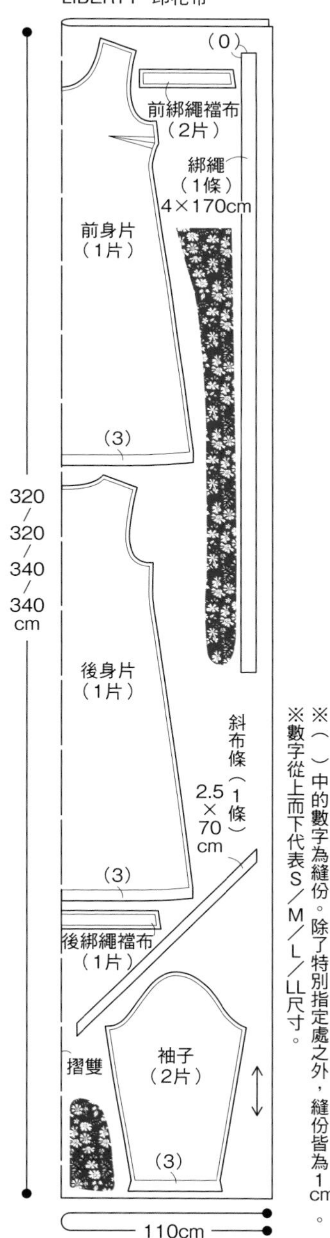

※（ ）中的數字為縫份。除了特別指定處之外，縫份皆為1cm。
※數字從上而下代表S/M/L/LL尺寸。

❽ 製作綁繩

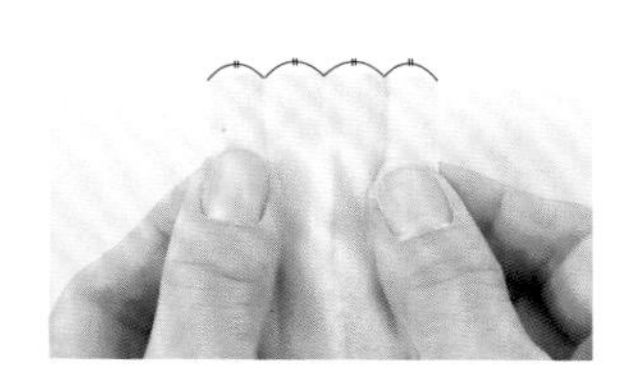

1　以1cm等間距摺疊綁繩。

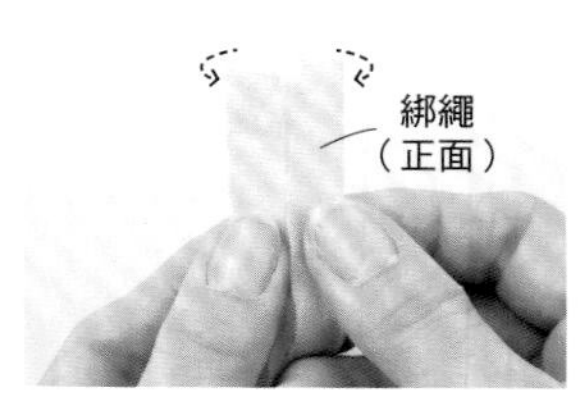

2　內摺兩脇邊。

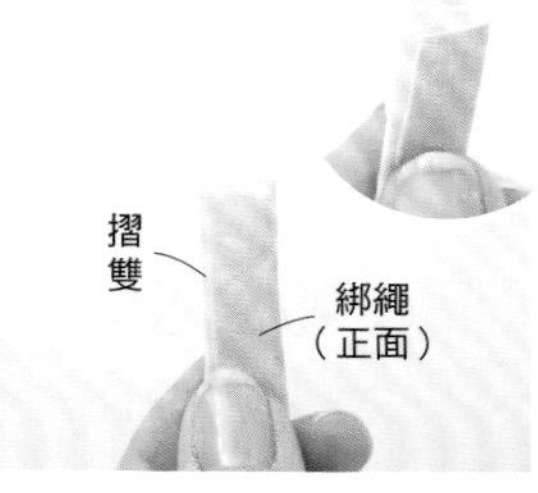

3　使摺疊側正面相對疊合對摺。

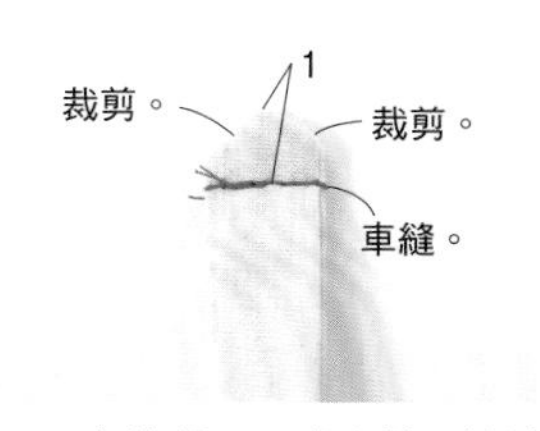

4　在縫份1cm處車縫，並斜剪兩邊角。

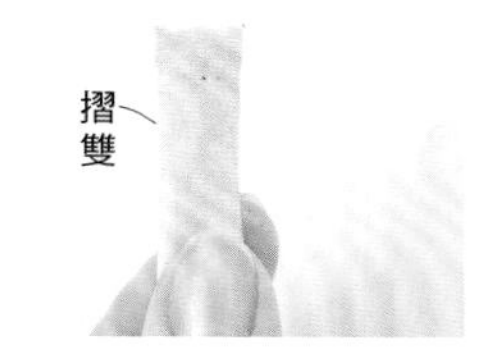

5　將縫份翻至內側。

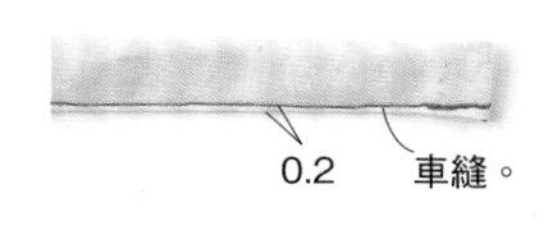

6　車縫下緣。

❾ 接縫綁繩襠布

後綁繩襠布
（背面）
前綁繩襠布
（背面）
前綁繩襠布
（背面）

1　前後綁繩襠布正面相對疊合&車縫脇邊，再燙開縫份。

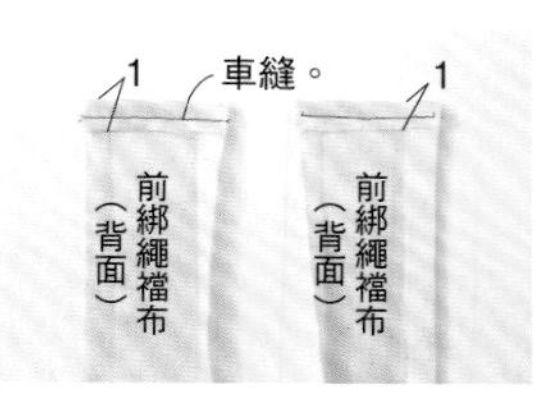

2　兩端內摺1cm後車縫固定。

3　固定至綁繩襠布位置。

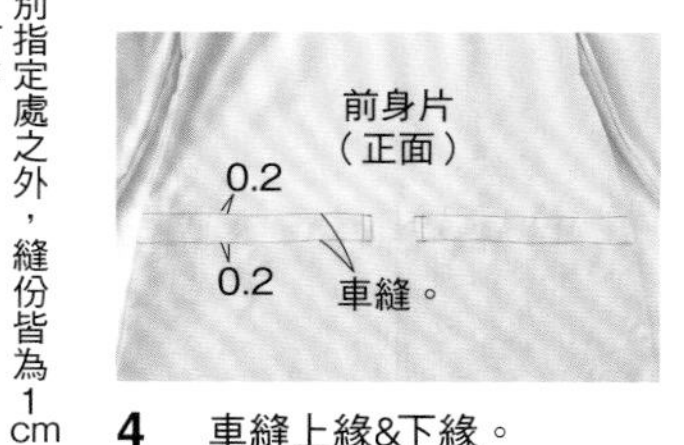

4　車縫上緣&下緣。

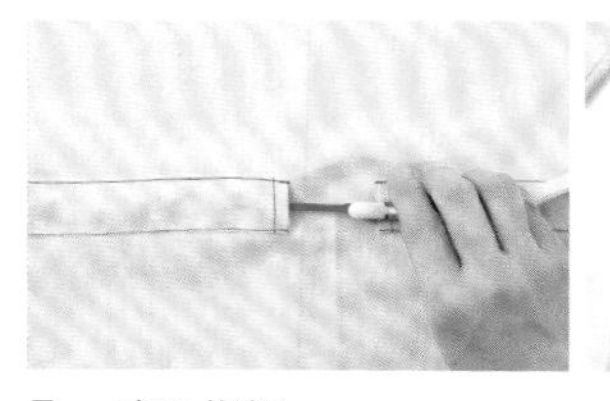

5　穿入綁繩。

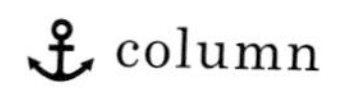

連身裙的衣長比例

「本書刊載的連身裙款式，自己實際試穿時是什麼樣子呢？」
參照以下插圖，檢視並對照自己希望的長度設計吧！
找到自己喜歡、適合自己的長度，一定可以製作出理想的款式。

	身高150cm	身高160cm	身高170cm
衣長90cm	膝下長度	齊膝長度	膝上長度
衣長100cm	小腿肚長度	膝下長度	齊膝長度
衣長120cm	超長度	腳踝長度	小腿肚下長度

column

有趣的彩色印花布

這四款看似完全不一樣的連身裙，其實全都是以P.50「A字形連身裙」紙型製作的。
越是簡單基本的款式，只要改變顏色或印花就可以令印象煥然一新。
試著使用各種不同布料，享受手作帶來只屬於自己的穿搭樂趣吧！

清爽的藍色系活潑大方款式

丹寧×休閒鞋，日常的簡單穿搭造型。搭配上個性化別針，每天穿搭也不會厭倦。

搶眼的美麗印花款式

有時候也可以選擇搶眼的印花圖案，作出非常有存在感的款式。搭配印花布中的顏色穿搭，整體看起來更加時尚。

直條紋款式更顯修長身形

圓領的設計，內搭多層次穿搭也很適合。直條紋圖案則可突顯纖瘦的效果。

以成熟的灰紫色展現優雅氛圍

選擇高雅的灰紫色，成熟又可愛的裝扮。內搭網紗素材的裙子&纖細的花朵別針更增添華麗感。

布料提供／中商社（右上除外）

Item 03

落肩長版上衣

帶點落肩設計，
休閒風的長版上衣。
使用貼邊處理。

・學習重點

☑ 貼邊處理

完成尺寸

	S	M	L	LL
胸圍	126m	129cm	135cm	141cm
衣長	76cm	79cm	85cm	85cm

 布料提供／Linen Dolce

材 料　左起尺寸 S／M／L／LL

・**人字紋亞麻布**
寬110cm × 230cm／230cm／240cm／240cm

・**黏著襯** 40×30cm

原寸紙型B面【03】

1－前身片、2－後身片、3－袖子、4－前貼邊
5－後貼邊

製作順序

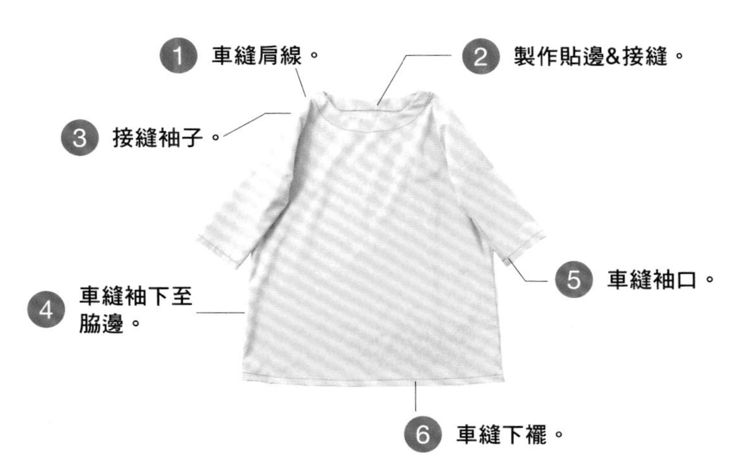

裁布圖

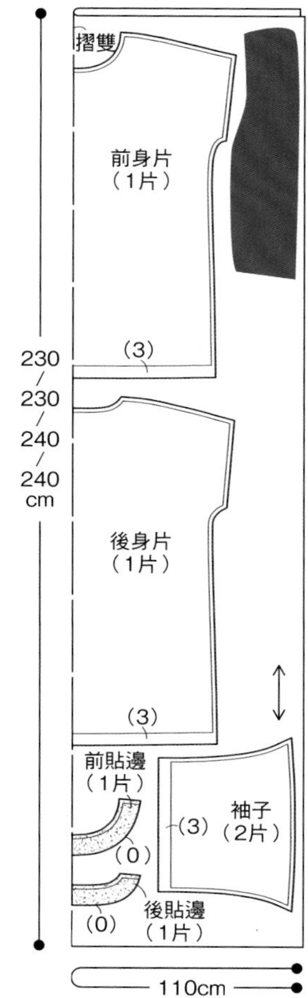

※（　）中的數字為縫份。
除了特別指定處之外，縫份皆為1cm。
※數字從上而下代表S／M／L／LL尺寸。
※在▭的背面貼上黏著襯。

準 備

●將前貼邊&後貼邊貼上黏著襯。

●肩線進行Z字形車縫。

前、後身片肩線一起進行Z字形車縫。

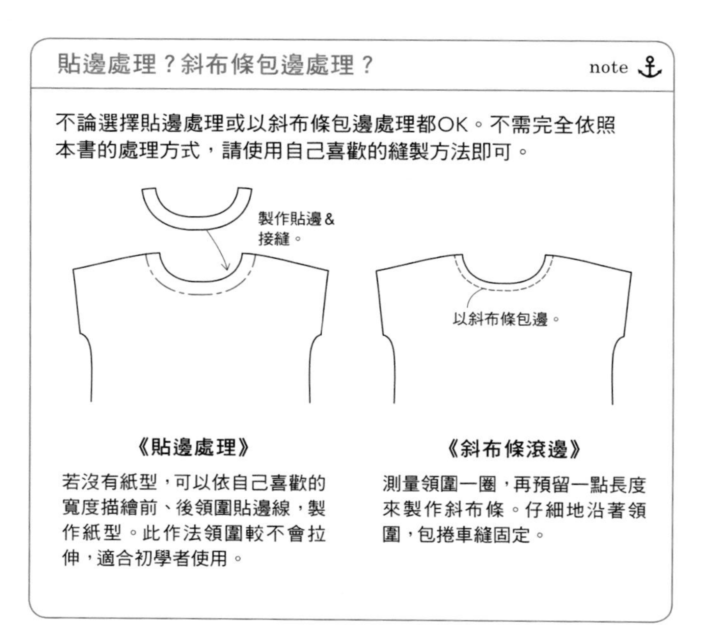

① 車縫肩線

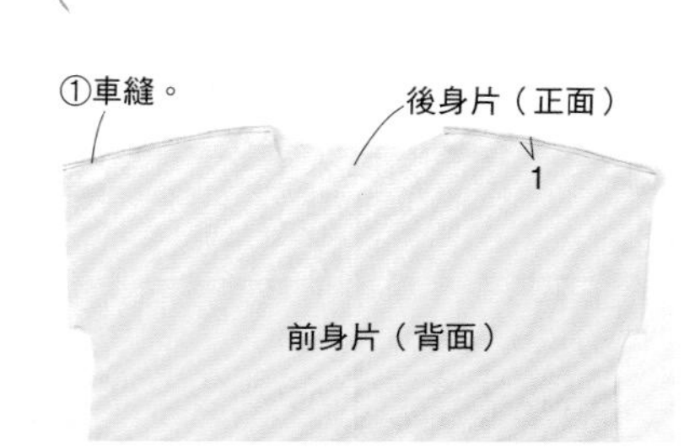

前後身片正面相對疊合，車縫肩線縫份1cm，燙開縫份。

② 製作貼邊&接縫。

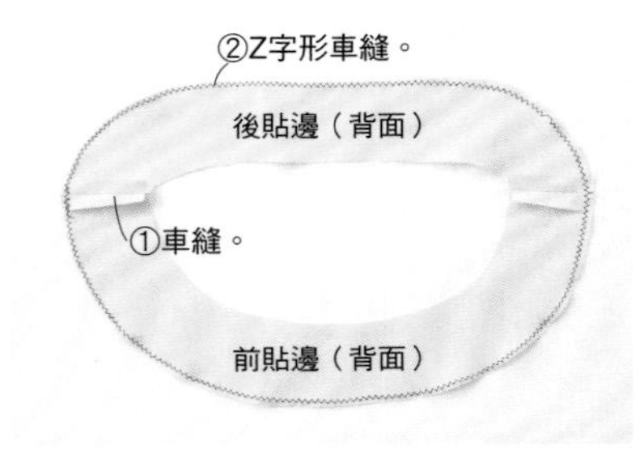

1 前後貼邊正面相對疊合，車縫肩線縫份1cm後，燙開縫份。在外圍以Z字形車縫一圈。

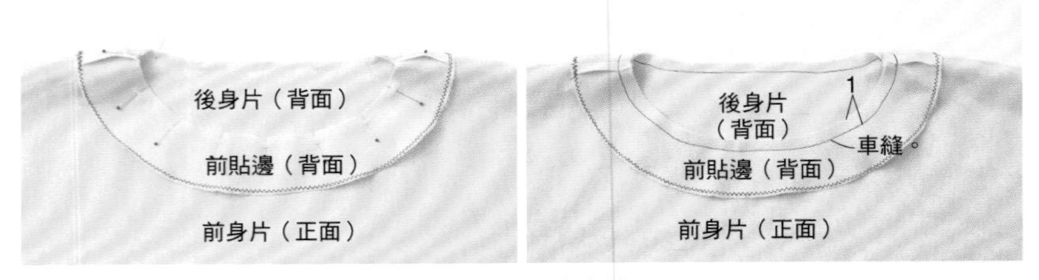

2 身片和貼邊正面相對疊合，在領圍縫份1cm處車縫。

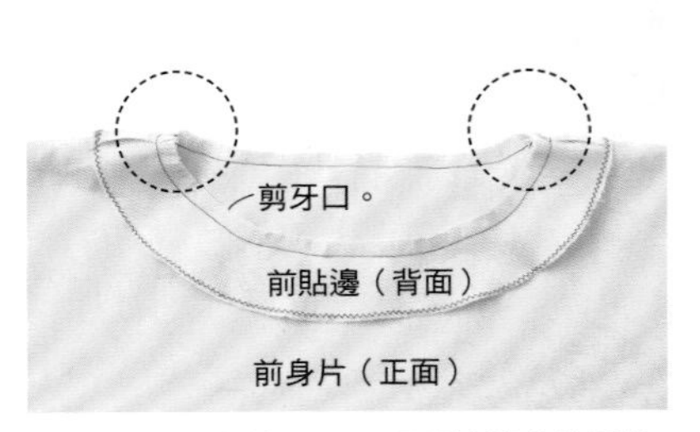

3 在縫份上剪牙口。兩肩較彎曲的弧線處需剪多一點牙口，肩線才會漂亮。

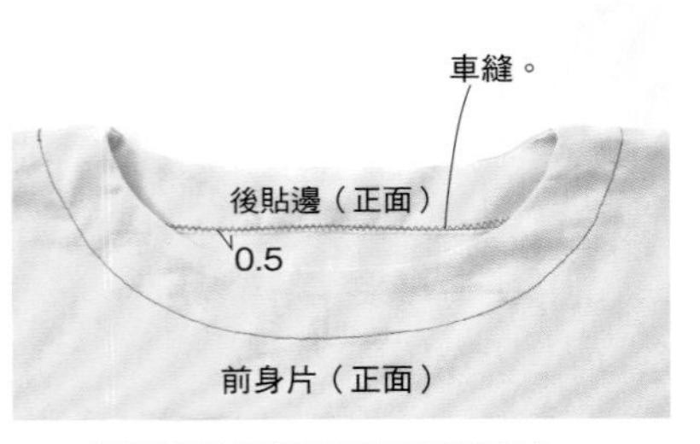

4 將貼邊往裡翻至正面車縫固定。

③ 接縫袖子

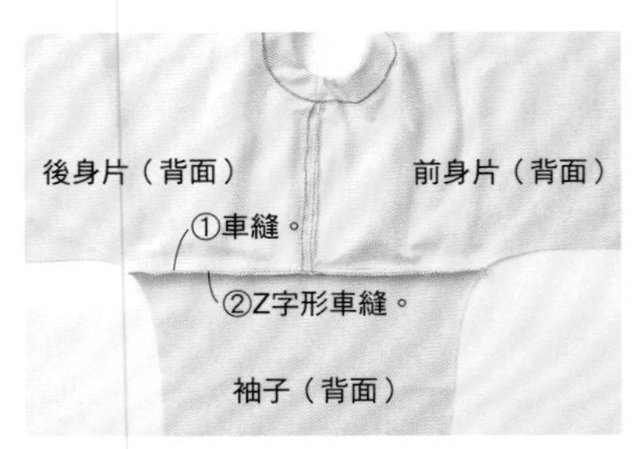

身片和袖子正面相對疊合，在縫份1cm處車縫。將兩片縫份一起進行Z字形車縫，並使縫份倒向袖側。

4 車縫袖下至脇邊

前後身片正面相對疊合，在袖下至脇邊縫份1cm處車縫。避開袖口和下襬，將兩片縫份一起進行Z字形車縫，並使縫份倒向後身片側。

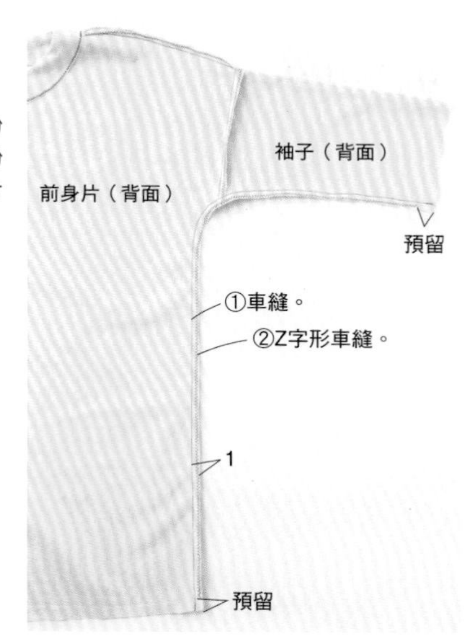

5 車縫袖口

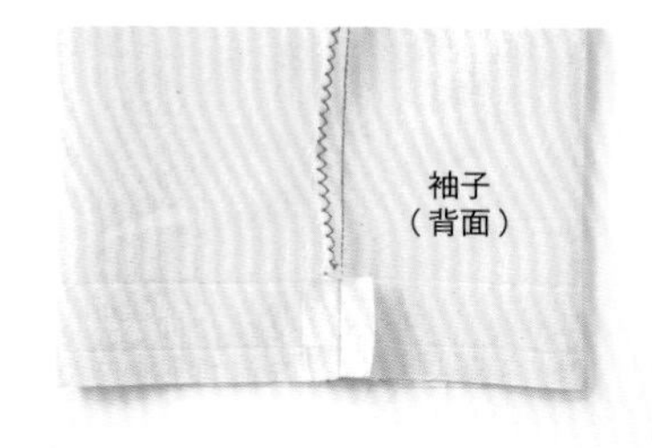

1 在袖口縫份上剪牙口，並燙開縫份。

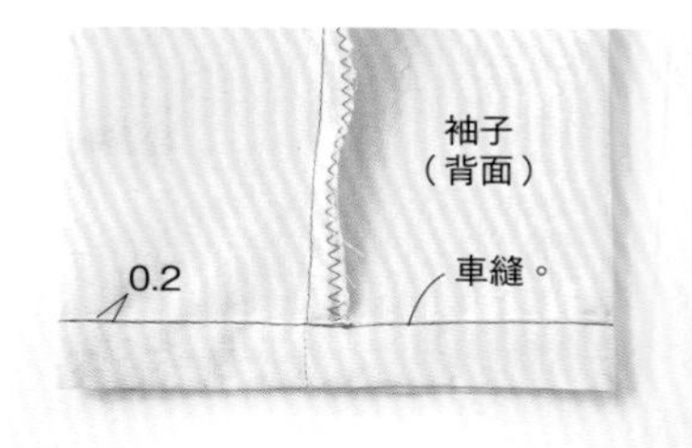

2 依1cm→2cm寬度，三摺邊後車縫。

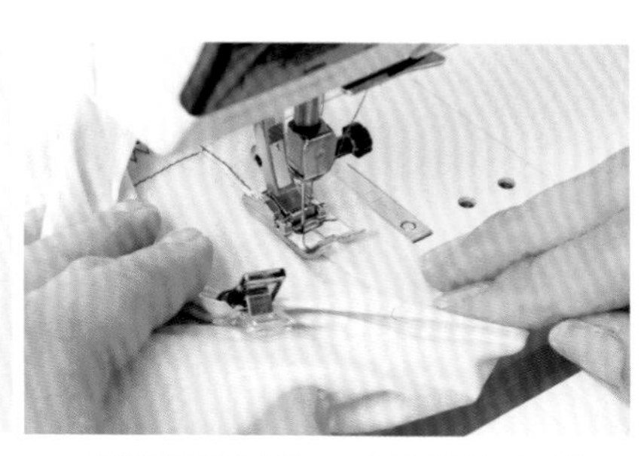

車縫時翻至正面，一邊注意背面一邊進行車縫。

6 車縫下襬

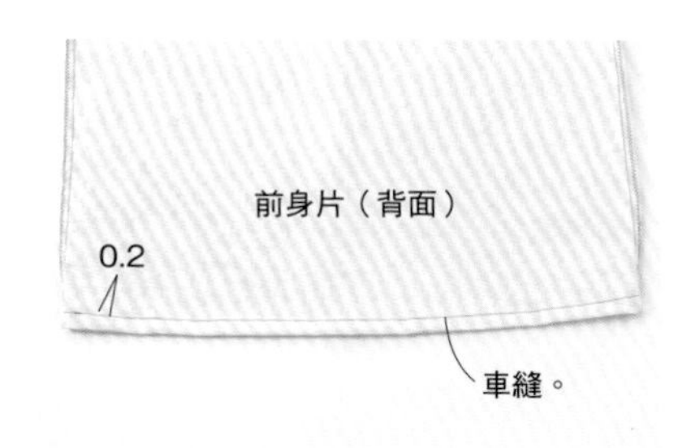

下襬依1cm→2cm寬度，三摺邊後車縫。

完成！

Item 04

Arrange

前襟開叉
長版上衣

落肩款式的長版上衣
搭配前襟開叉的設計。
反摺印花的貼邊布，
可以看到不一樣風格的款式。

・學習重點

☑ 前襟開叉

完成尺寸

	S	M	L	LL
胸圍	126cm	129cm	135cm	141cm
衣長	76.5cm	79cm	85cm	85cm

 布料提供／Linen Dolce

材 料　左起尺寸 S／M／L／LL

- 人字紋亞麻布
  寬110cm × 210cm／220cm／230cm／230cm
- LIBERTY 印花布　50×40cm
- 黏著襯　80×30cm

原寸紙型B面【04】

1－前身片、2－後身片、3－袖子、4－前貼邊
5－後貼邊

裁布圖

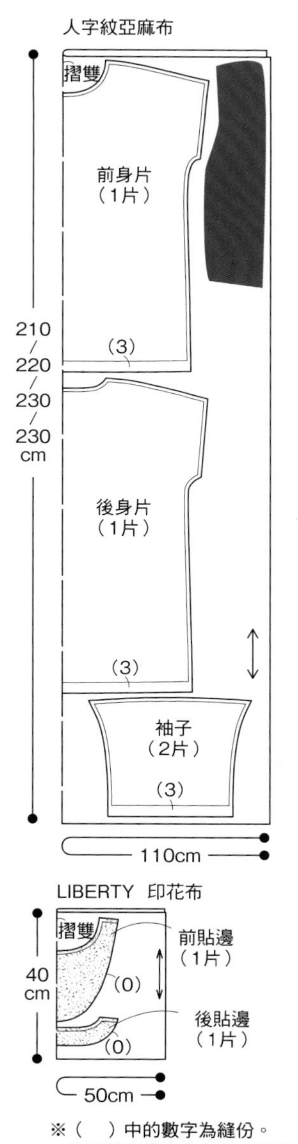

※（　）中的數字為縫份。
除了特別指定處之外，縫份皆為1cm。
※數字從上而下代表S／M／L／LL尺寸。
※在▒的背面貼上黏著襯。

製作順序

步驟同P.62長版上衣。
前襟開叉作法參見下記圖解。

2 製作&接縫貼邊・製作前襟開叉

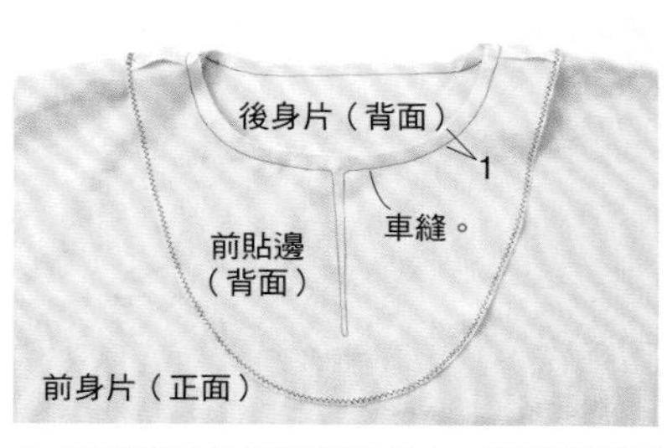

1 貼邊和身片正面相對疊合，沿著領圍至前襟開叉處連接車縫。

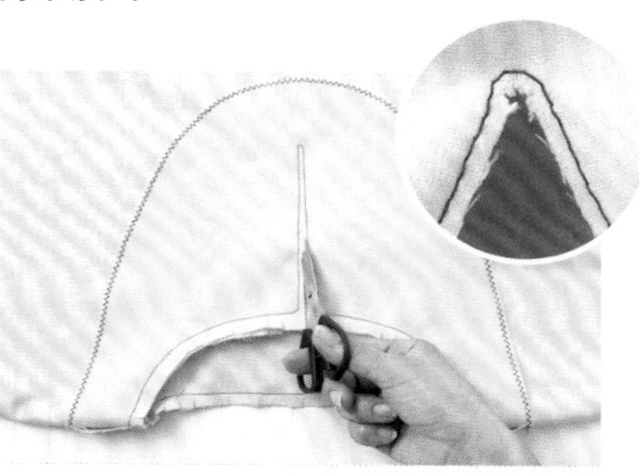

2 在領圍和開叉部分剪牙口，尖端處請多裁剪幾道牙口。

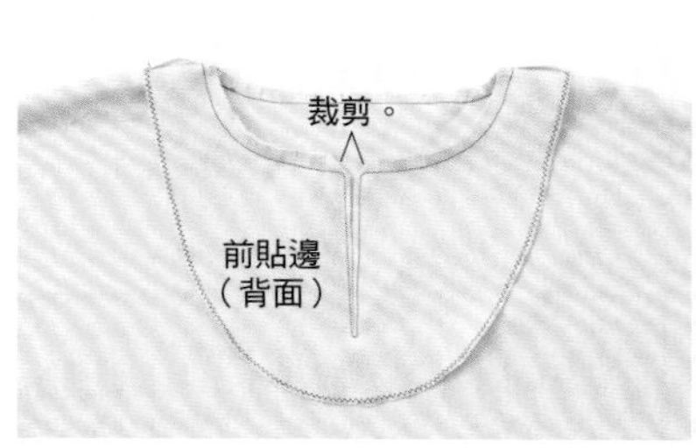

3 剪去兩邊角的縫份。

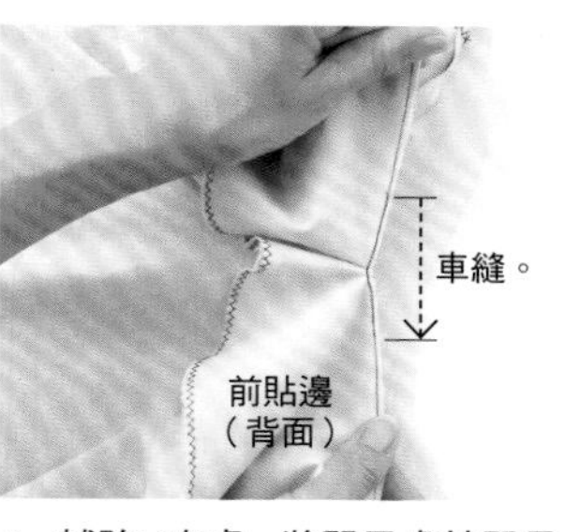

4 補強U字處，將開叉處拉開呈一直線，進行第二次車縫。

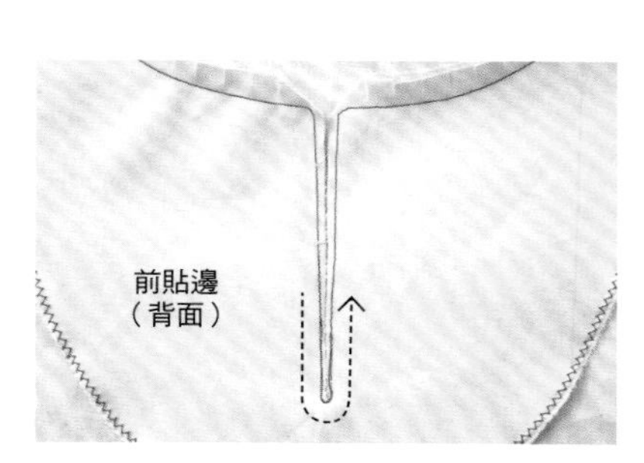

車縫結束。

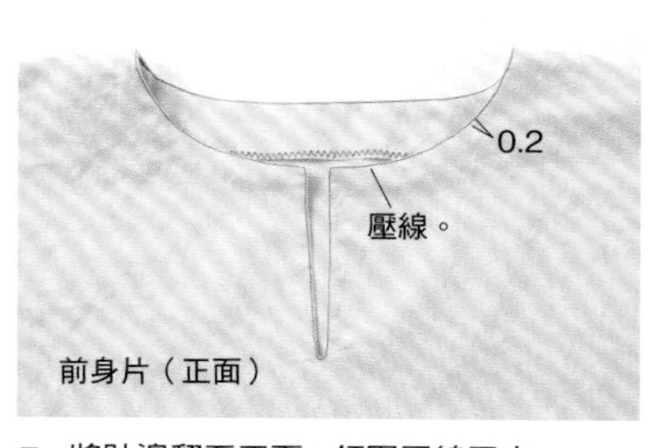

5 將貼邊翻至正面，領圍壓線固定。

Item 05

傘狀剪接上衣

腰線剪接設計，搭配細褶傘狀剪接。
突顯腰部纖細效果的成熟魅力。
依據細褶分量不同，給人的印象也不一樣，
請依自己喜歡的款式進行製作吧！

・學習重點

☑ 細褶

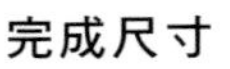

完成尺寸

	S	M	L	LL
胸圍	91cm	94cm	100cm	106cm
衣長	61.5cm	62cm	63cm	64cm

材 料　左起尺寸 S／M／L／LL

・柔軟亞麻布
寬110cm × 190cm／190cm／210cm／210cm

原寸紙型A面【05】

1－前身片、2－後身片、3－袖子

※傘狀剪接未附原寸紙型，請依裁布圖標示的尺寸直接裁剪。

裁布圖

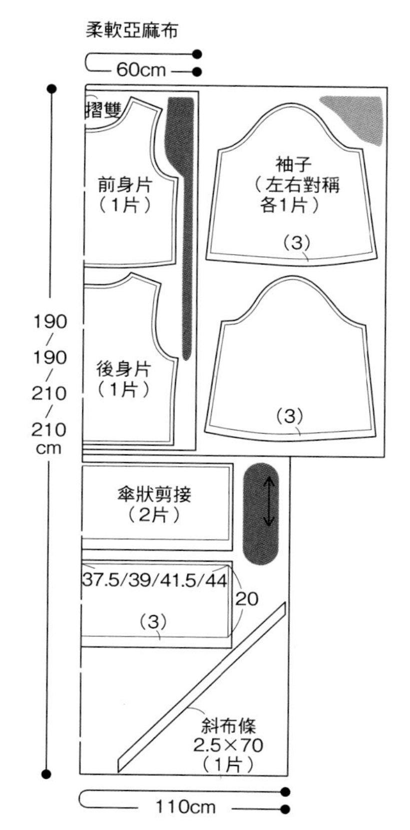

※（　）中的數字為縫份。
除了特別指定處之外，縫份皆為1cm。
※數字從上而下代表S／M／L／LL尺寸。

製作順序

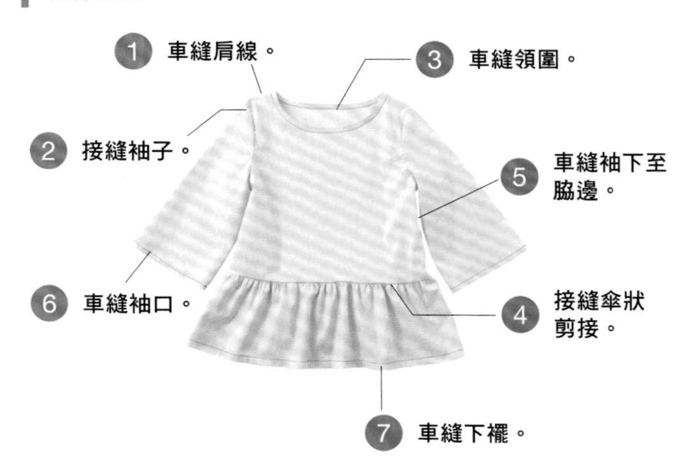

準 備

●製作寬1.2cm斜布條（參見P.51）。

1 車縫肩線

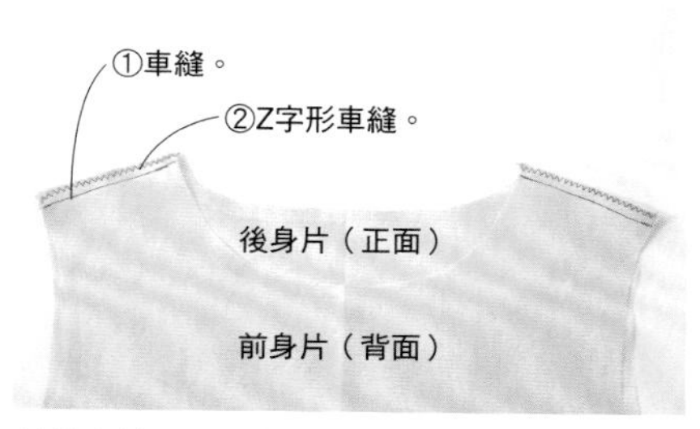

前後身片正面相對疊合，在肩線縫份1cm處進行車縫，將兩片縫份一起進行Z字形車縫，並使縫份倒向後身片側。

2 接縫袖子

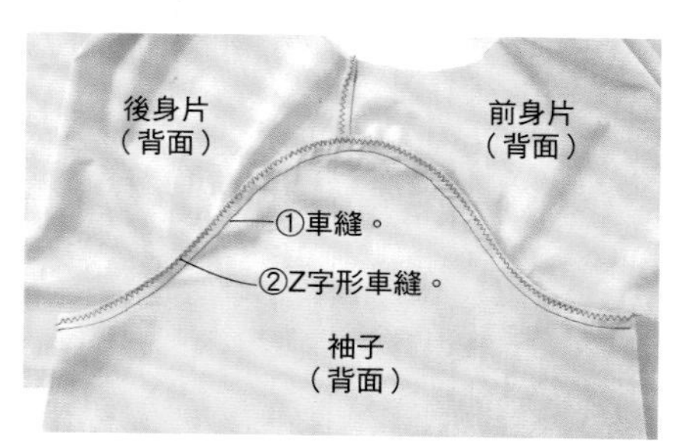

身片和袖子正面相對疊合，車縫肩線縫份1cm，將兩片縫份一起進行Z字形車縫，並使縫份倒向身片側。

3 車縫領圍

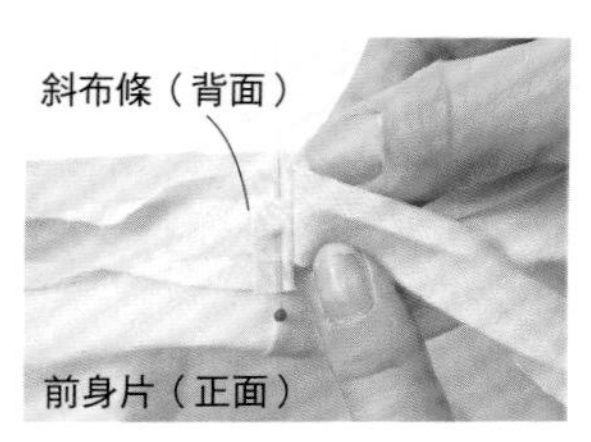

1 斜布條摺疊邊端1cm對齊左肩線，再使領圍完成線和斜布條摺線正面相對疊合，車縫一圈。

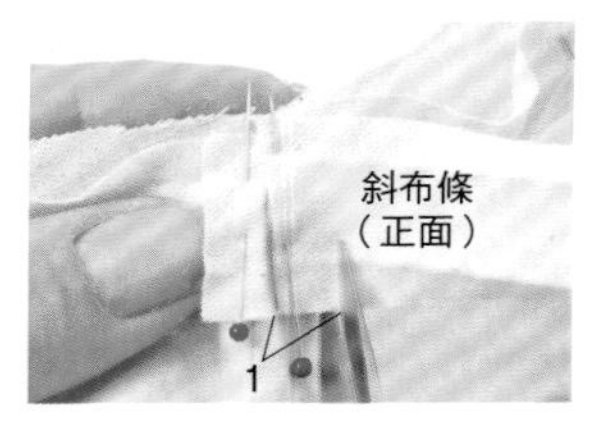

2 最後預留1cm後裁剪。

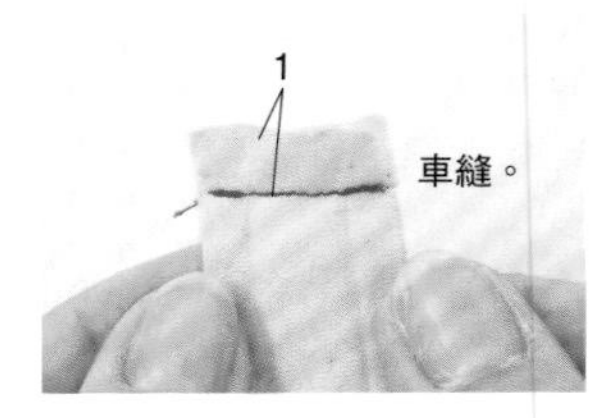

3 斜布條邊端正面相對疊合，在縫份1cm處車縫。

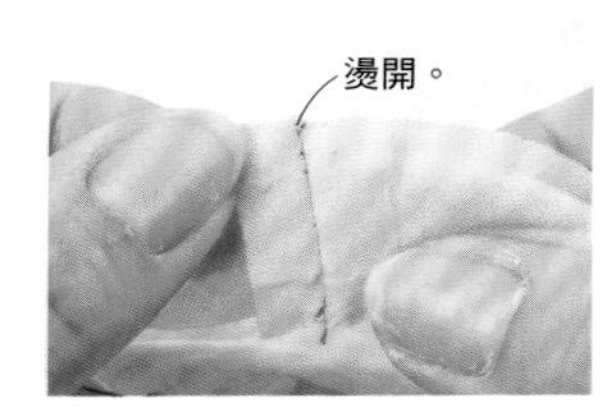

4 燙開縫份。

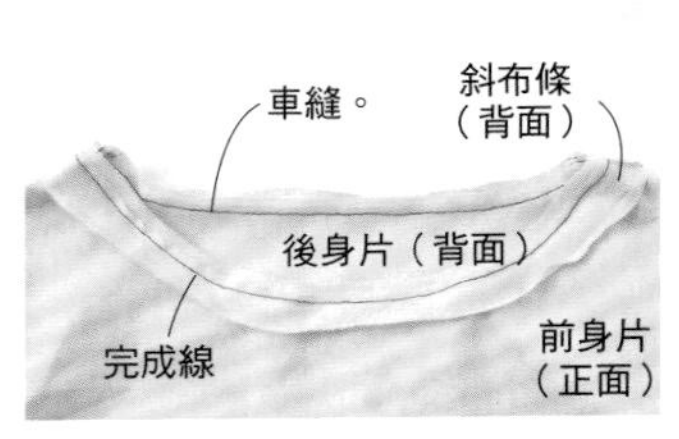

5 車縫領圍一圈。

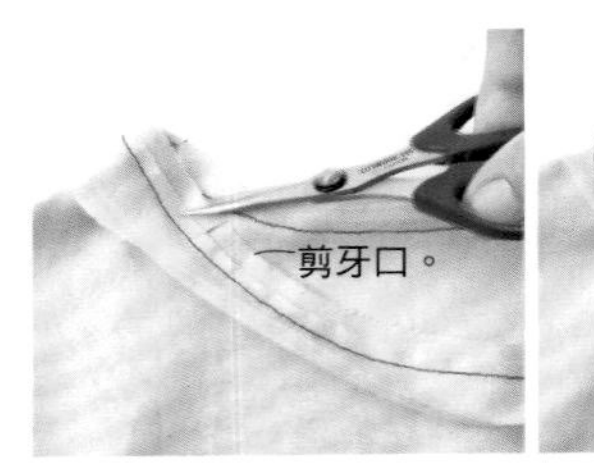

6 領圍剪牙口。弧度較大的肩線處請多剪一些牙口。

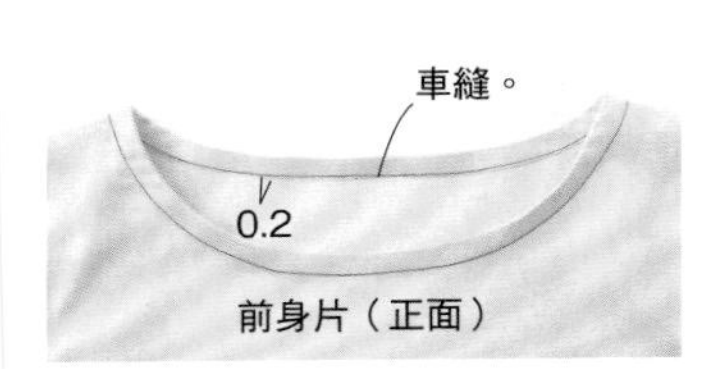

7 將斜布條摺疊至完成線、翻摺縫份，倒向內側車縫。

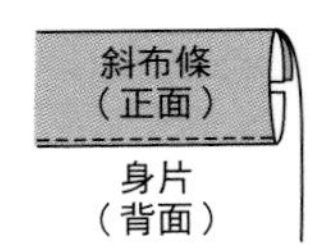

4 接縫傘狀剪接

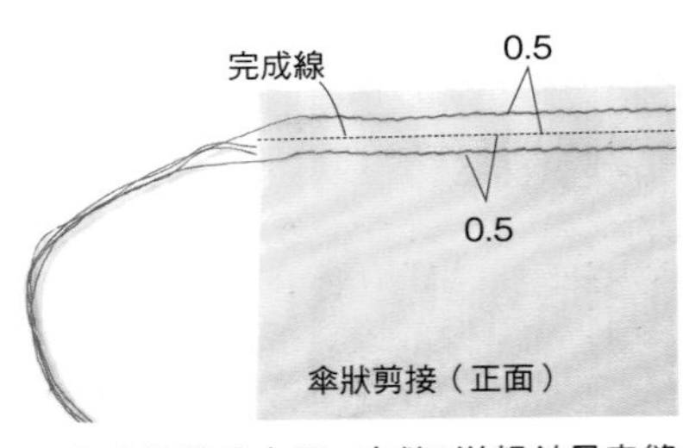

1 在傘狀剪接上側，車縫2道粗針目車縫線。沿著距離完成線上下兩側約0.5cm處進行車縫。

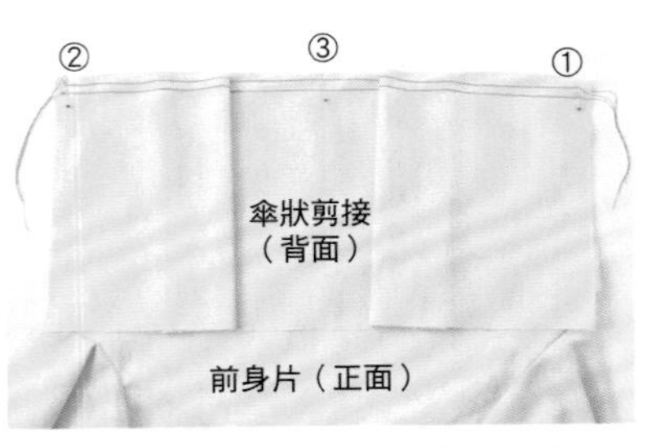

2 身片和傘狀剪接正面相對疊合，依兩脇邊→中心的順序，以珠針固定。

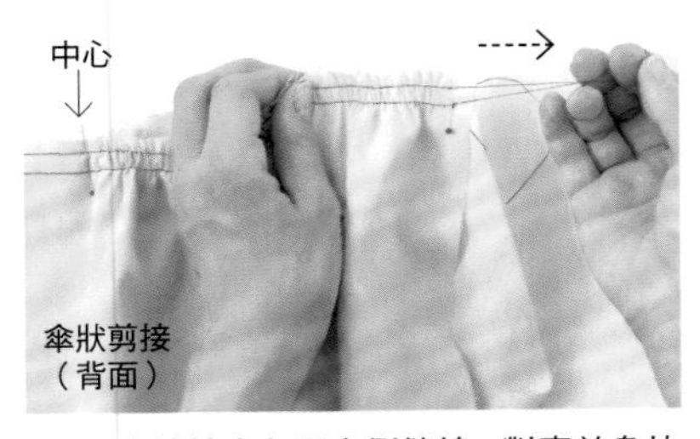

3 首先抽拉中心至右側縫線。對齊前身片尺寸，上下線一起抽拉，製作細褶。

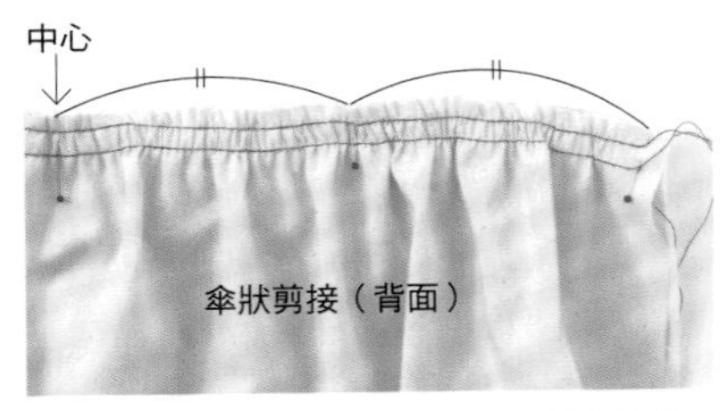

使抽拉細褶的傘狀剪接中心對齊身片&以珠針固定，均勻調整細褶分量。

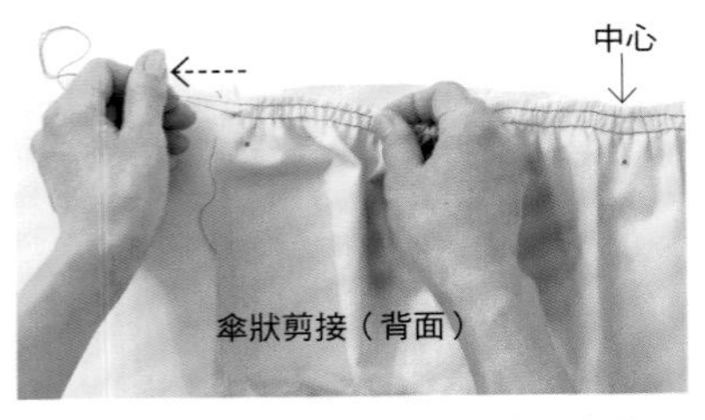

5 抽拉中心至左側縫線。對齊前身片尺寸，上下線一起抽拉，製作細褶。

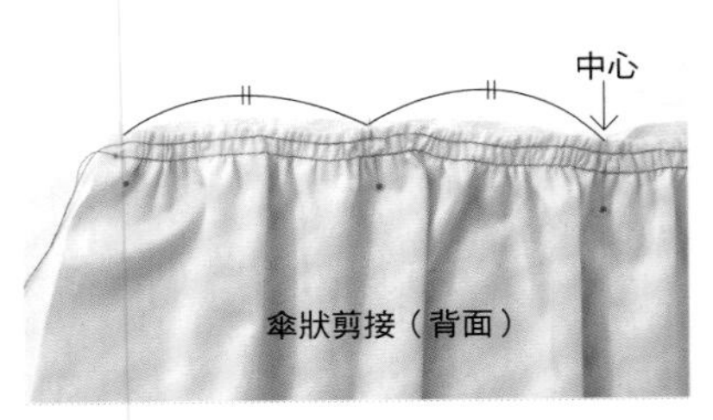

6 將同樣細褶的傘狀剪接中心對齊身片&以珠針固定，均勻調整細褶分量。

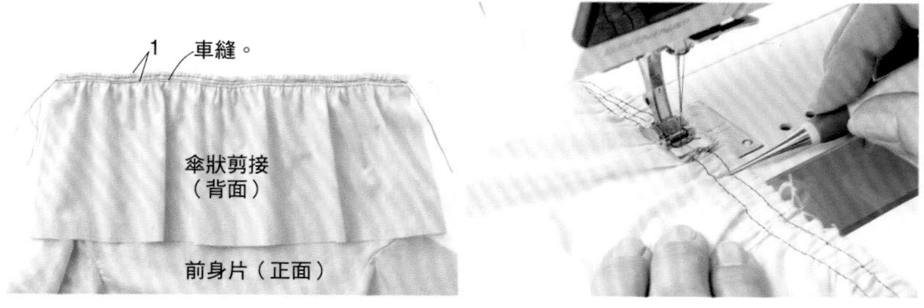

7 在前身片&傘狀剪接縫份1cm處車縫。車縫時，以錐子輔助前進，避免破壞細褶分量。

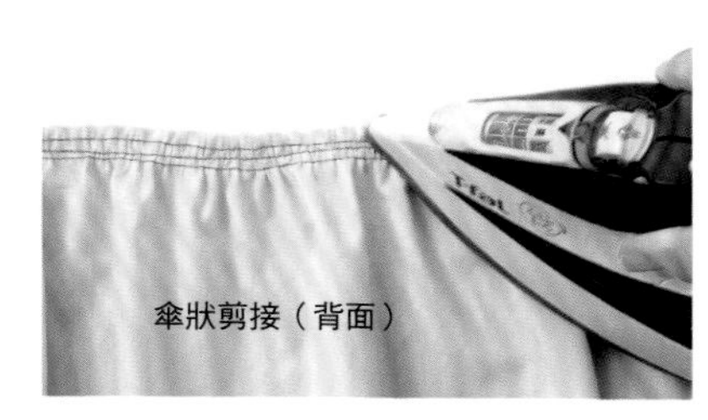

8 以熨斗熨壓細褶部分。

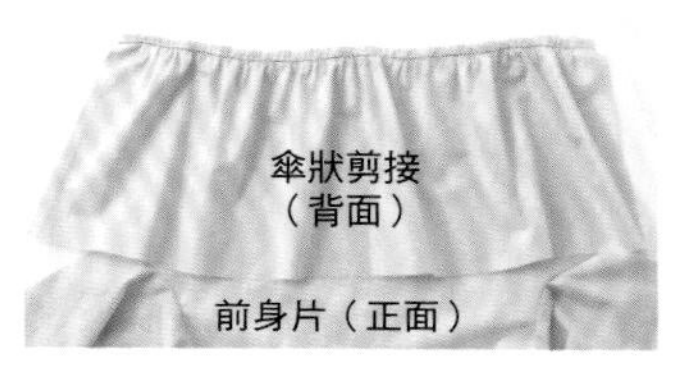

9 拆除粗針目縫線。

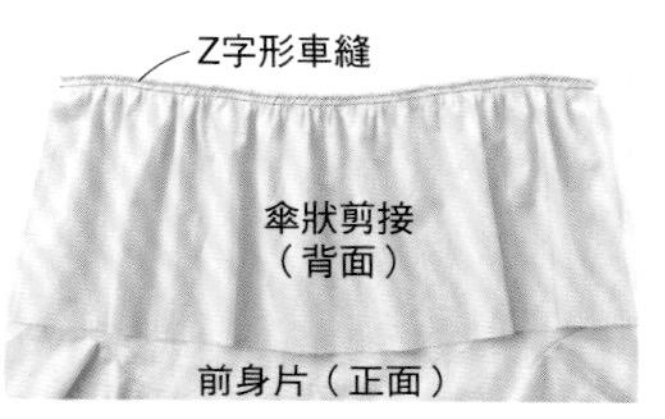

10 兩片縫份一起進行Z字形車縫，並使縫份倒向衣身側。後身片作法亦同。

5 車縫袖下至脇邊

前後身片正面相對疊合，在縫份1cm處車縫。除了袖口和下襬縫分之外，將兩片縫份一起進行Z字形車縫，並使縫份倒向後身片側。

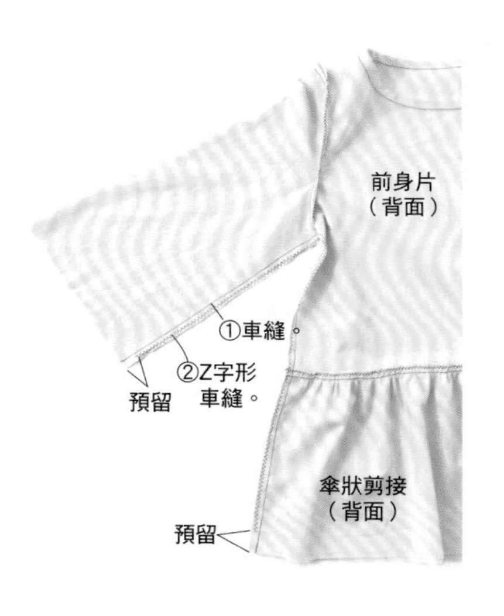

6 車縫袖口

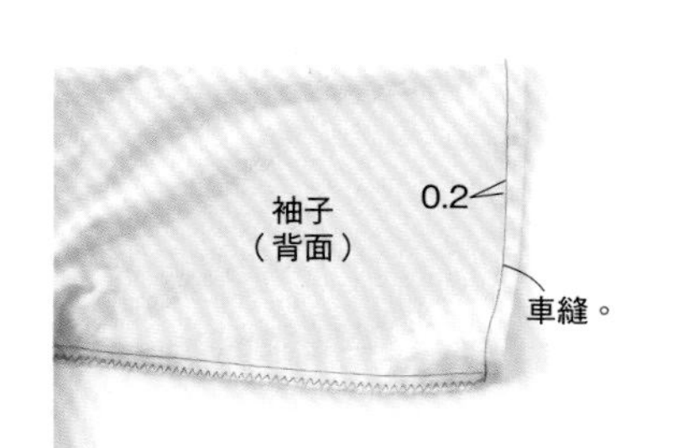

袖口縫份依1cm→2cm寬度，三摺邊後車縫。

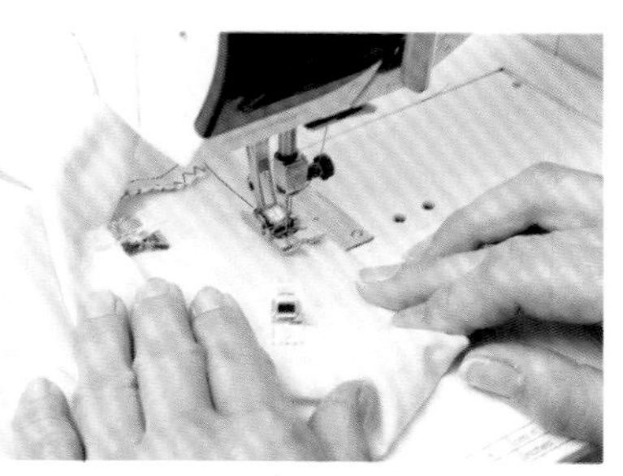

車縫時翻至正面，一邊看著袖子背面一邊進行車縫。

7 車縫下襬

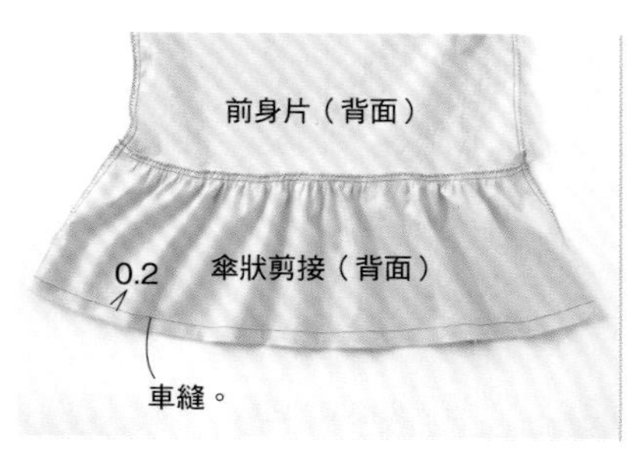

下襬縫份依1cm→2cm寬度，三摺邊後車縫。

Item 06

Arrange

褶襉傘狀剪接上衣

褶襉設計的傘狀剪接下襬。
柔軟又顯清爽，
是讓人眼睛一亮的款式。

・學習重點

☑ 褶襉

完成尺寸

	S	M	L	LL
胸圍	91cm	94cm	100cm	106cm
衣長	61.5cm	62cm	63cm	64cm

 布料提供／中商社

材 料　左起尺寸 S／M／L／LL

・柔軟亞麻布
寬110cm × 190cm／190cm／210cm／210cm

原寸紙型A面【06】

1—前身片、2—後身片、3—袖子

※傘狀剪接未附原寸紙型，請依製圖標示的尺寸直接裁剪。

製作順序

步驟同P.64傘狀剪接上衣。
傘狀剪接作法參見下記圖解。

・傘狀剪接的尺寸

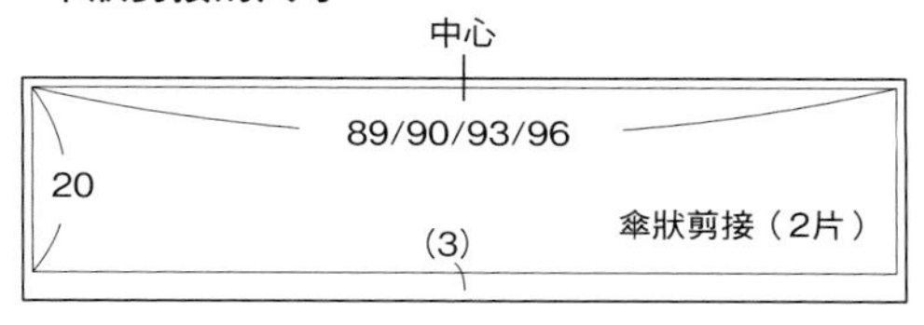

・褶襇的尺寸
※記號左右對稱

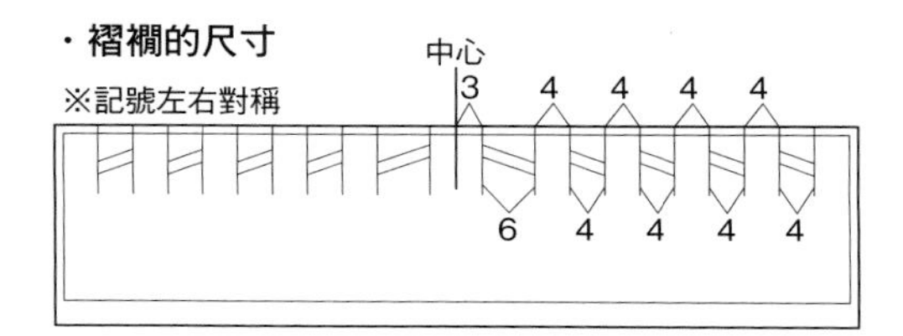

4 接縫傘狀剪接

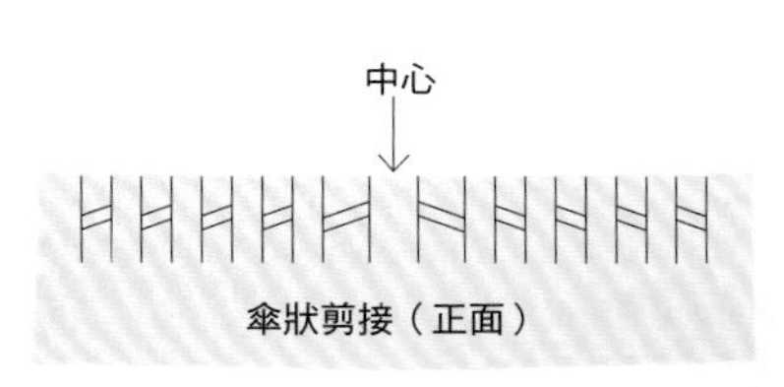

1 在傘狀剪接片上描繪褶襇的記號。

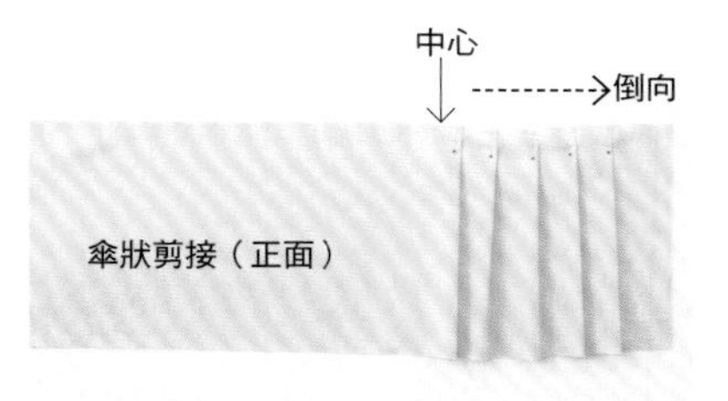

2 摺疊中心至右側褶襇。同標示記號，使摺山朝向右側摺疊褶襇。

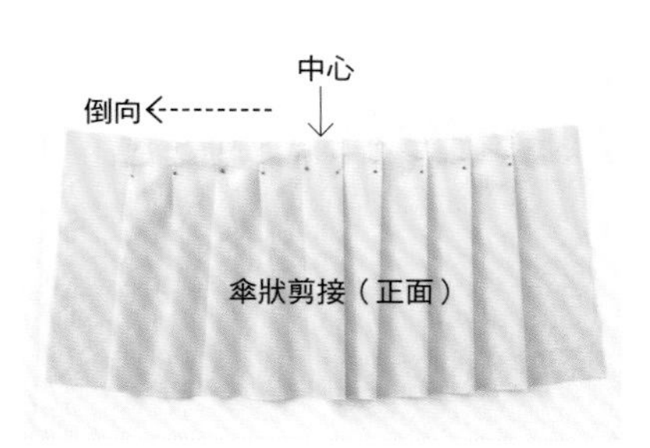

3 摺疊中心至左側褶襇。同標示記號，使摺山朝向左側摺疊褶襇。

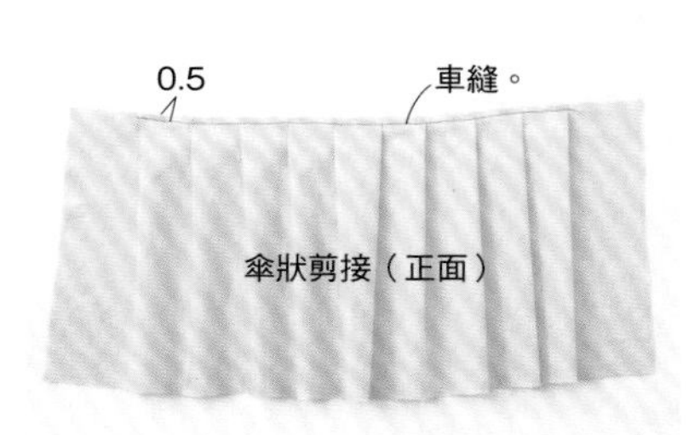

4 疏縫固定縫份內側的褶襇。

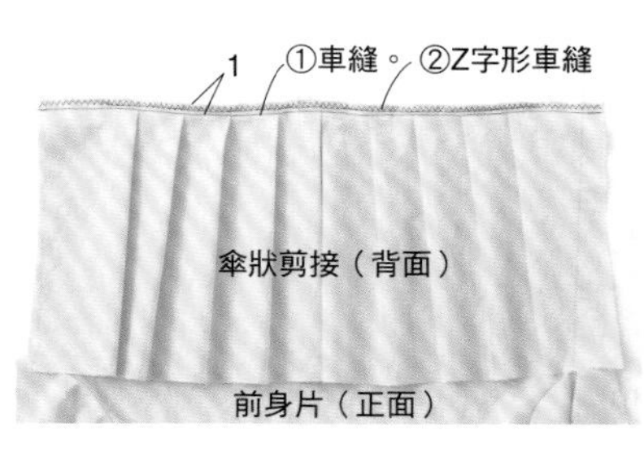

5 前身片和傘狀剪接片正面相對疊合，在縫份1cm處車縫。兩片縫份一起進行Z字形車縫，並使縫份倒向衣身側。後身片作法亦同。

⚓ column

因細褶分量影響輪廓款式的差異性

就算版型款式相同，改變不同的細褶分量就會讓人感到耳目一新。
本書刊載的傘狀款式，也可以當作連身裙傘狀剪接的作法參考。
請依自己喜歡的風格製作吧！

1.5倍

身片尺寸＋身片尺寸×1.5

大量的細褶凹凸分明，形成的陰影更凸顯立體的輪廓。使用厚布料時，縫份會變厚不好處理，請多加注意。

0.7倍

身片尺寸＋身片尺寸×0.7

細褶看起來較均衡。不論是細褶或下襬波度都恰到好處。

0.4倍

身片尺寸＋身片尺寸×0.4

細褶分量稀少，比較像一般的剪接設計。整體呈現I字形輪廓，更顯清爽。

更加了解

斜布條的基本常識

雖然只要常常製作就可以慢慢熟練，但一開始還是會對斜布條有很多疑問。本單元收集了很多非常有用的知識喔！

製作時的重點

斜裁邊角

斜布條邊角如果採直角裁剪其實不利製作。斜向裁剪邊角，除了萬一長度不足可以立刻接縫，也有利於順利穿過滾邊器！

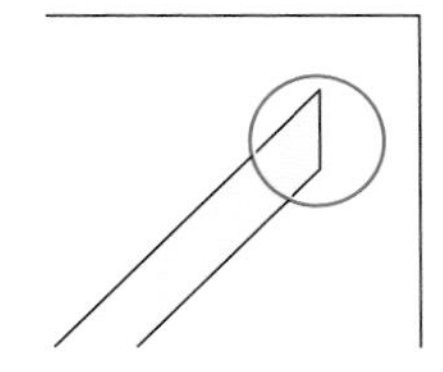

取布的裁剪方式

需要很長長度的斜布條時可採用此方式。但若可以在寬闊的地方裁剪，不使用如圖示般的方式裁剪也OK。善用摺雙的布料進行裁剪相當方便。

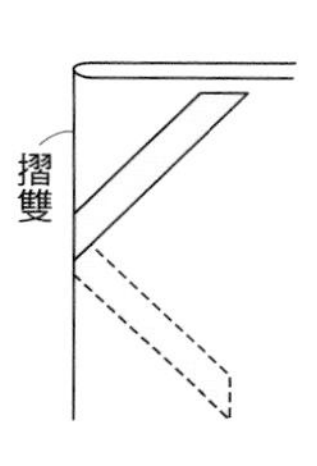

用量

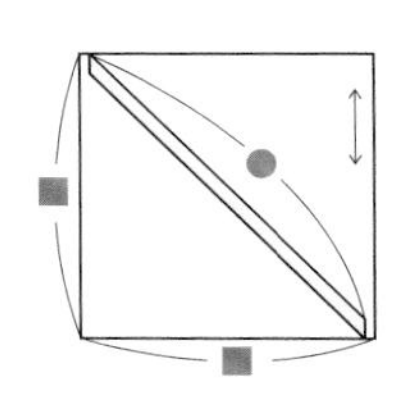

製作所需的斜布條需要多少布料呢？

■=●×0.7

例）想要製作70cm的斜布條

70×0.7＝50　需要的布料50×50cm

手邊的布料可以製作多長的斜布條？

●=■×1.4

例）40×40cm的布料

40×1.4＝56　可以製作56cm的斜布條

一般的用量　領圍…約60至70cm
袖襱…約45至55cm（一片袖子）

該測量哪裡的長度？

基本而言，應測量完成線

基本上準備完成線長度（＋縫份），接縫時避免拉伸&使長度完全吻合是最理想的狀況。但是初學者車縫時常常會變得過短或過長。所以建議準備略長的斜布條比較安心。

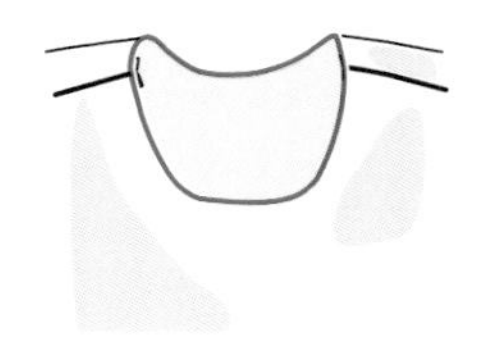

漂亮接縫的技巧

完成線對齊斜布條，外圍長度一定會不夠長。所以一定要善用斜布條的特性！內側對齊完成線，外圍則需要稍稍拉扯長度接上。包捲弧度處時不可鬆鬆的、需拉緊完全包合，才能縫製出完美的作品。

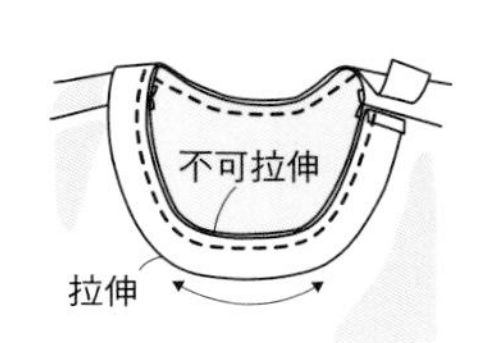

寬度的尺寸

斜布條包邊處理

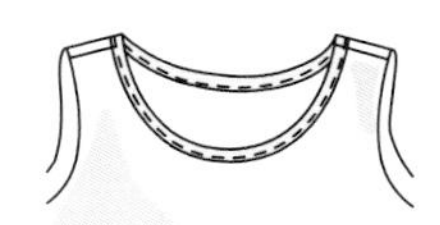

想要的寬度×4

使用包邊處理時，將表面的斜布條寬度×2，並附上縫份寬度。太寬的斜布條既不美觀也不好處理，建議取2cm寬以內的斜布條即可。

斜布條貼邊處理

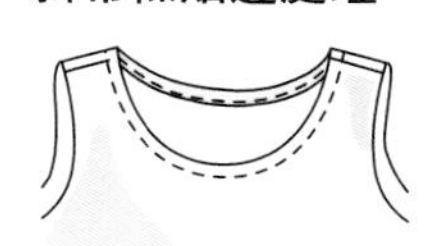

從正面看不到斜布條，只看的到針趾。最好處理的寬度約1至1.5cm。

取1.2cm寬時

請準備2.5cm的斜布條。

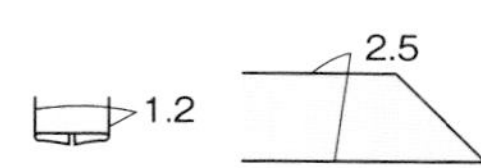

取1.5cm寬時

請準備3.1cm的斜布條。

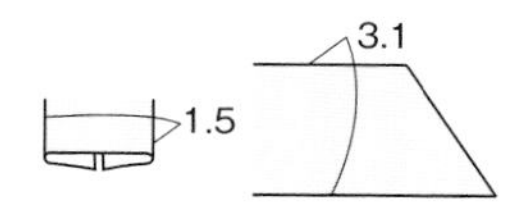

Item 07

細針形褶襇連身裙

前身片的細針形褶襇設計，
可以適度修飾身材，並增添柔和的女性魅力。
不但設計精緻，車縫起來也很簡單，
請一定要挑戰看看！

・學習重點

☑ 細針形褶襇

完成尺寸

	S	M	L	LL
胸圍	89.5cm	93cm	99cm	105cm
衣長	93.5cm	96.5cm	102.5cm	102.5cm

 布料提供／Linen Dolce

材 料　左起尺寸 S／M／L／LL

・藍染亞麻布
寬110cm × 220cm／230cm／300cm／300cm

原寸紙型C面【07】

1－前身片、2－接續前身片、3－後身片
4－接續後身片、5－袖子

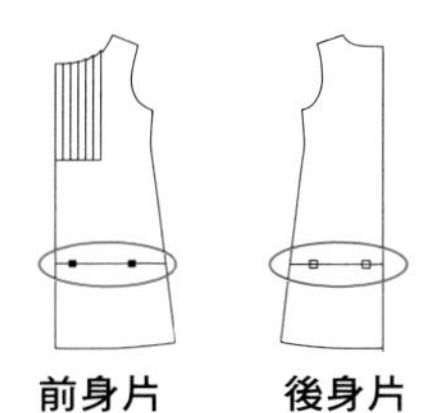

此作品附錄紙型的長度被分割成兩部分，請依各自的記號連接起來，再製作完整的紙型。

裁布圖

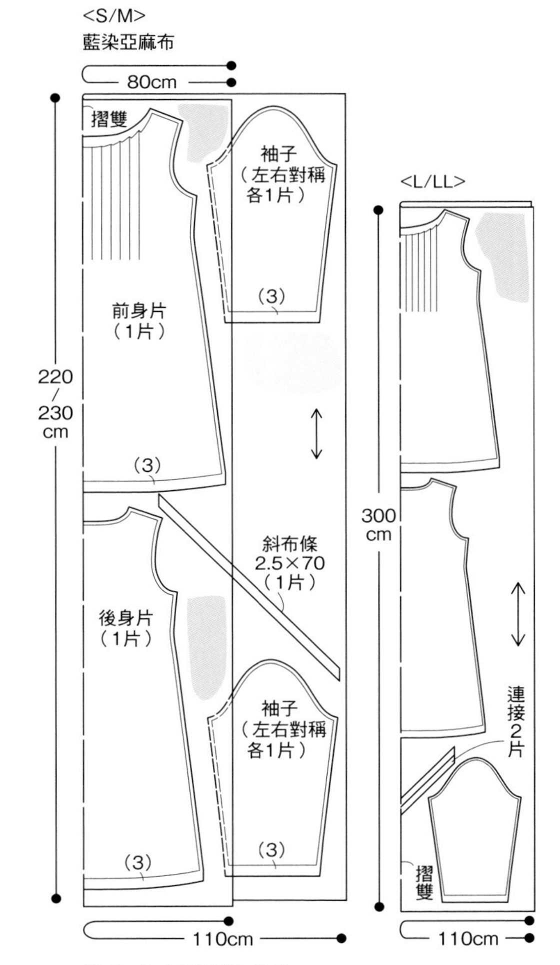

※（　）中的數字為縫份。
除了特別指定處之外，縫份皆為1cm。
※數字從上而下代表S／M尺寸。

製作順序

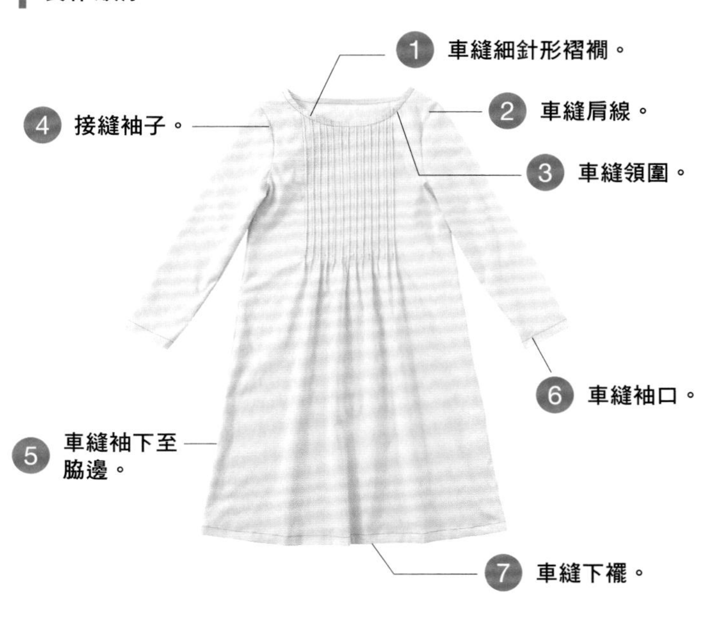

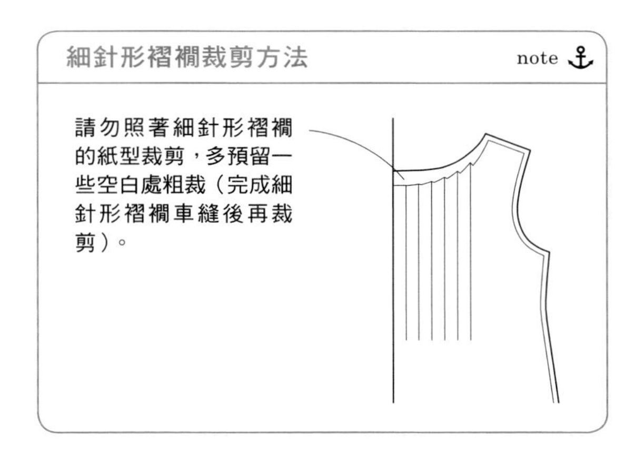

準 備

●製作寬1.2cm斜布條（參見P.51）。

●在前身片上描繪細針形褶襉記號。

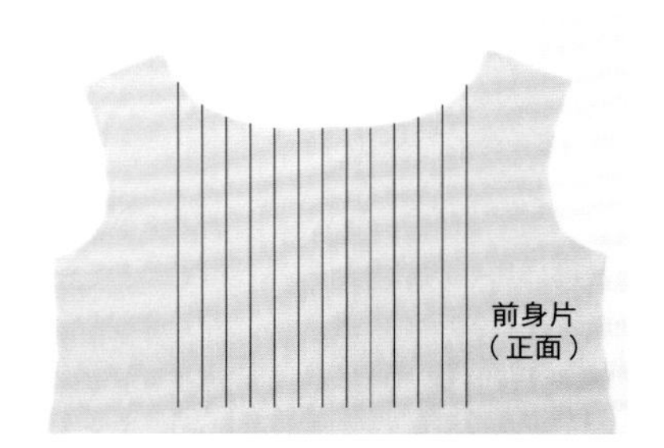

① 車縫細針形褶襉

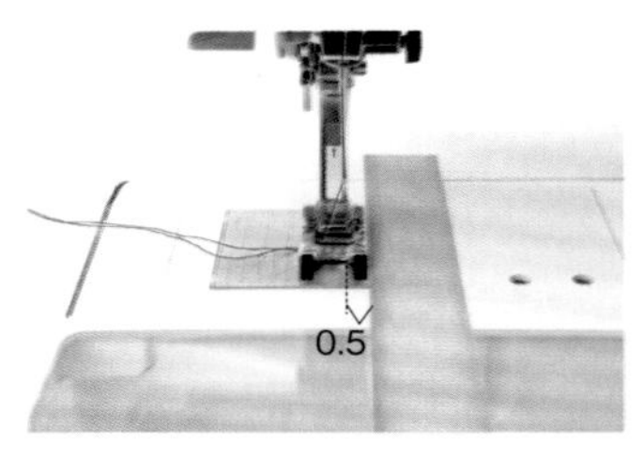

為了保持一樣的車縫寬度，建議在縫紉機上作記號會便利許多。此作品必須車縫0.5cm細針形褶襉，因此在距離縫針落下的0.5cm處貼上紙膠帶。

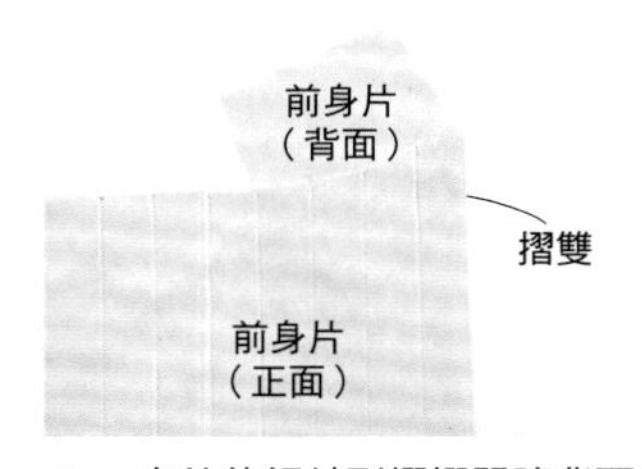

1 身片依細針形褶襉記號背面相對對摺。

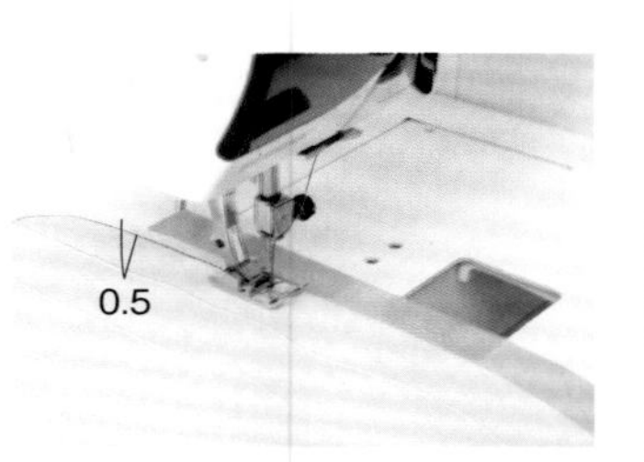

2 在距離摺山0.5cm處車縫至止縫點。

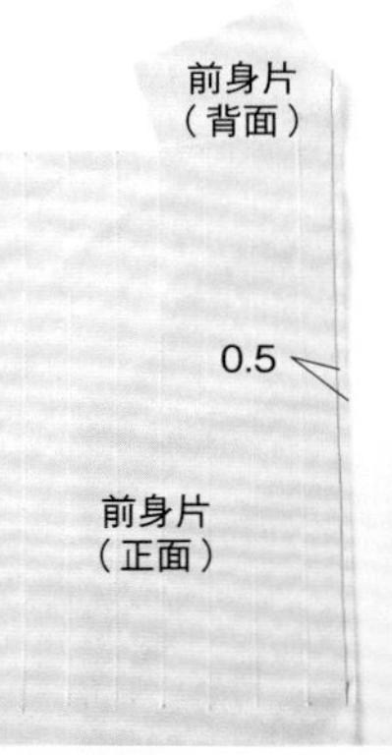

車縫完一條之後，其它細針形褶襉也依相同方法車縫。

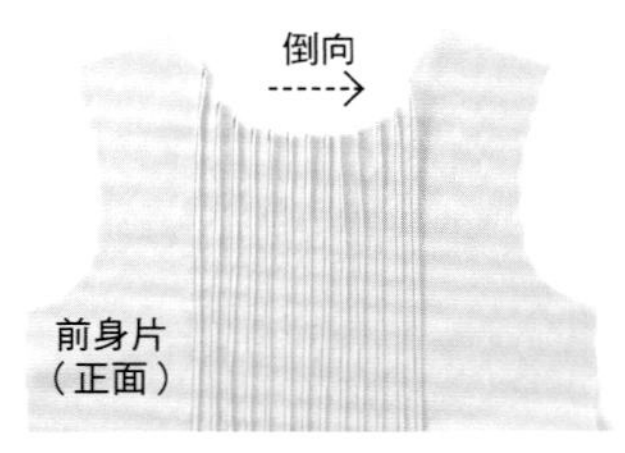

3 車縫完成後，使細針形褶襉全部倒向右側，並以熨斗熨燙。

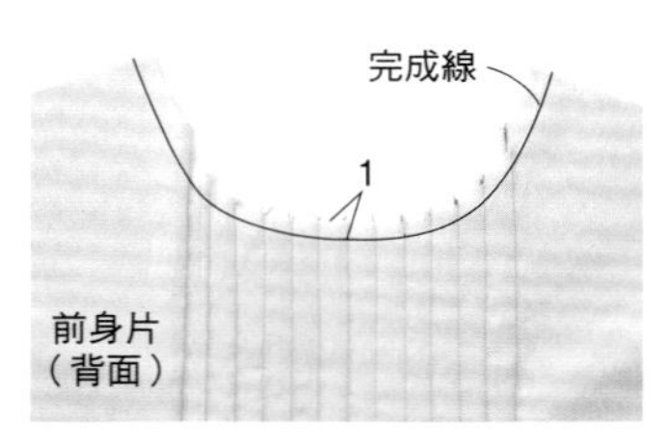

4 畫上領圍完成線。

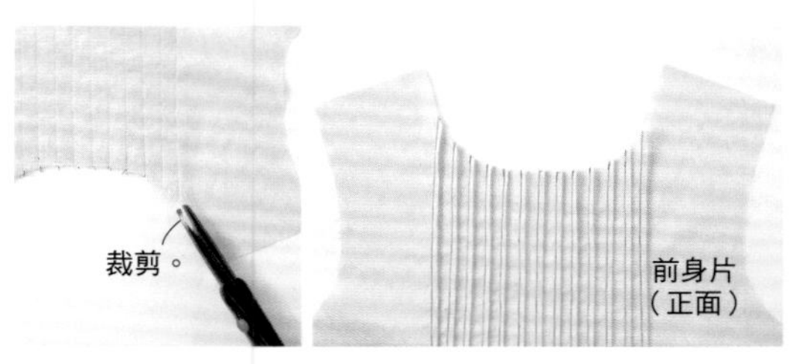

5 裁剪縫份線外的多餘部分。右圖為裁剪完成的模樣（從正面看的情況）。

② 車縫肩線

前後身片正面相對疊合，在縫份1cm處車縫。兩片縫份一起進行Z字形車縫，並使縫份倒向後身片側。

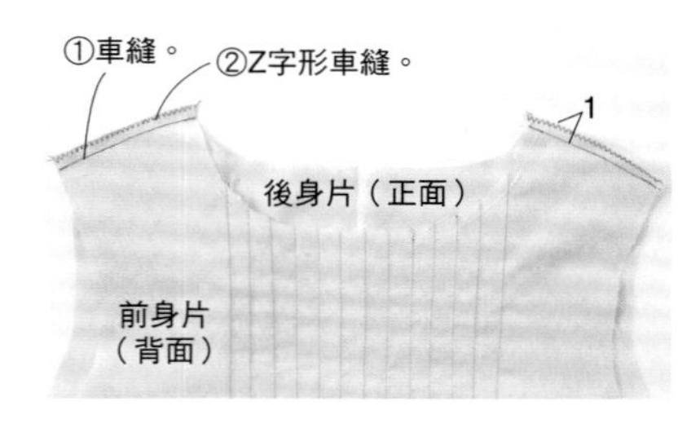

③ 車縫領圍

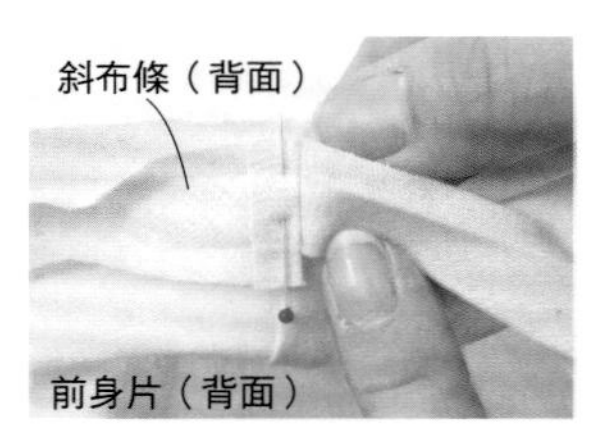

1 斜布條單邊摺疊1cm對齊左肩後，使領圍完成線&斜布條摺疊線正面相對疊合車縫一圈。

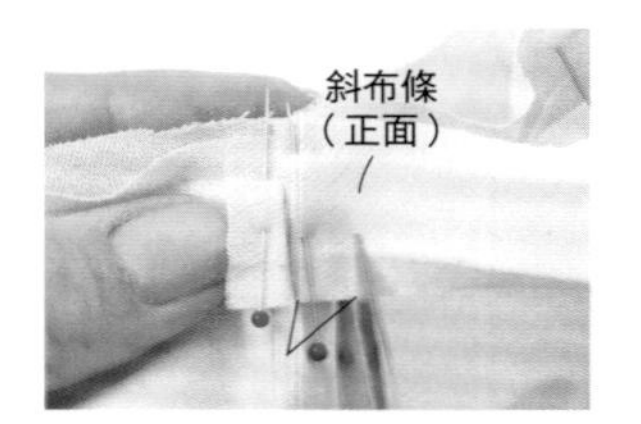

2 最後預留1cm後裁剪。

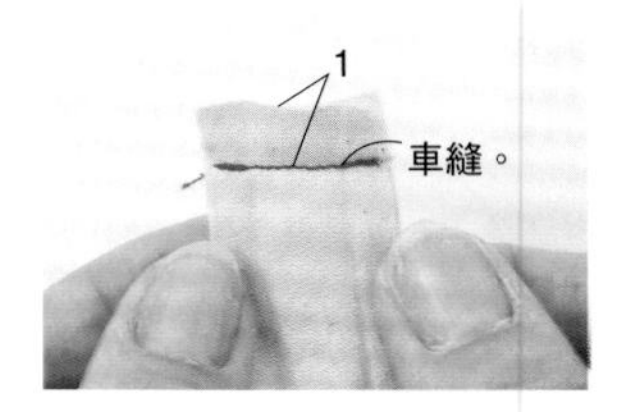

3 斜布條邊端正面相對疊合，在縫份1cm處車縫。

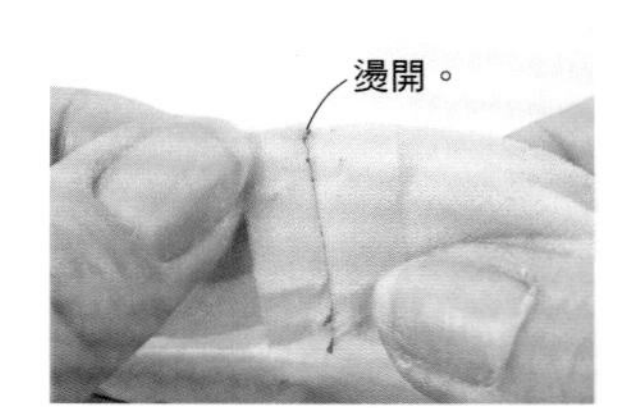

4 燙開縫份。

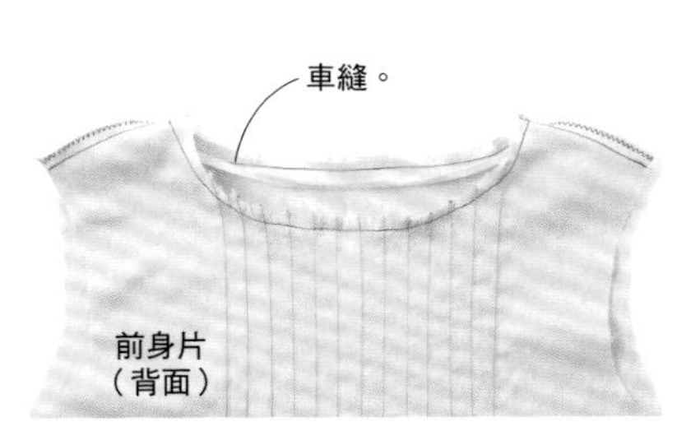

5 車縫領圍完成線一圈。

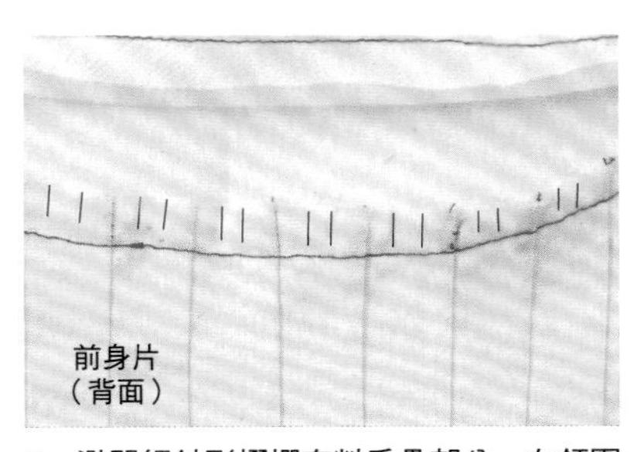

6 避開細針形褶襉布料重疊部分，在領圍剪牙口。

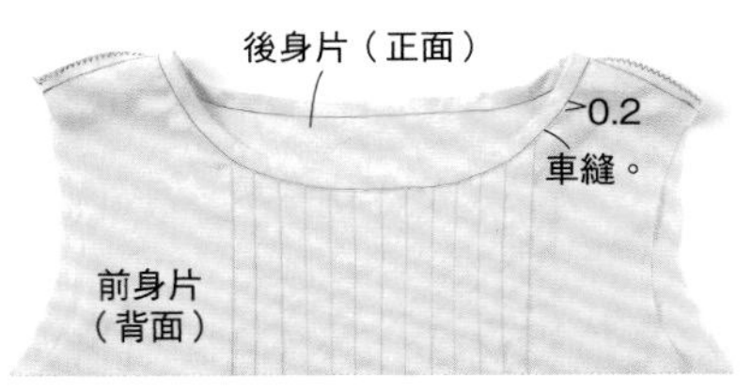

7 摺疊斜布條對齊完成線，使縫份連帶倒向內側進行車縫。

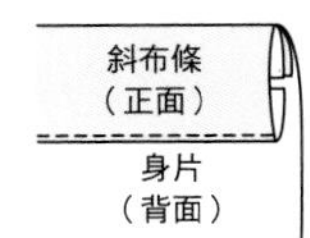

4 接縫袖子

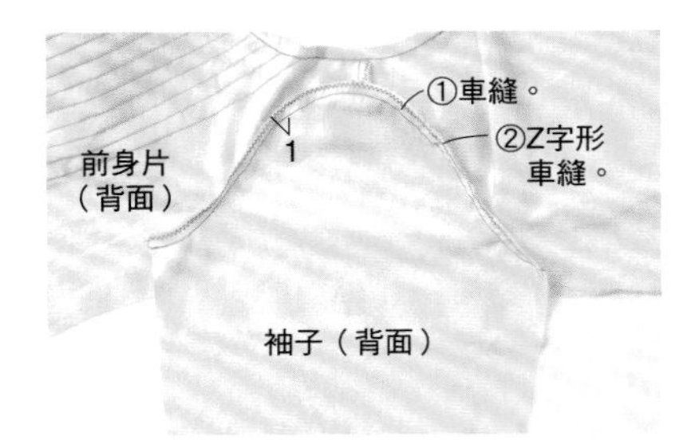

身片和袖子正面相對疊合，在縫份1cm處車縫。兩片縫份一起進行Z字形車縫，並使縫份倒向衣身側。

5 車縫袖下至脇邊

前後身片正面相對疊合，在袖下至脇邊縫份1cm處車縫。避開袖口和下襬縫份，兩片縫份一起進行Z字形車縫，並使縫份倒向後身片側。

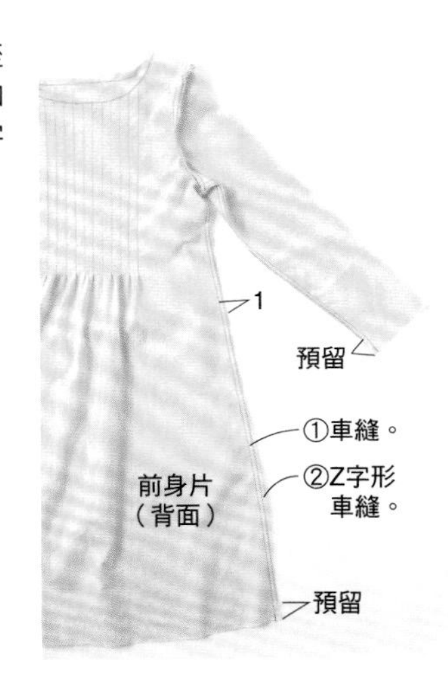

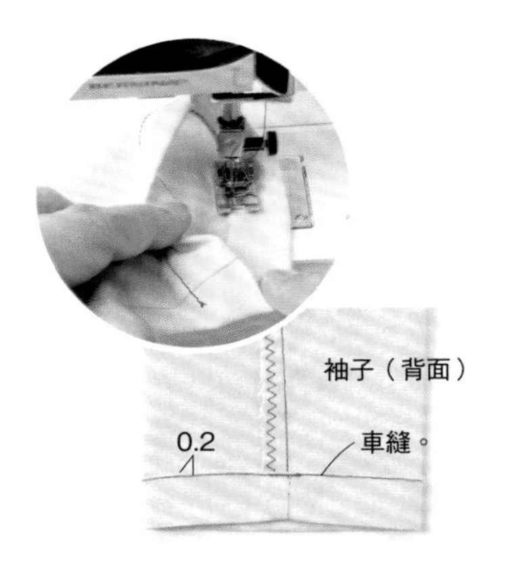

6 車縫袖口

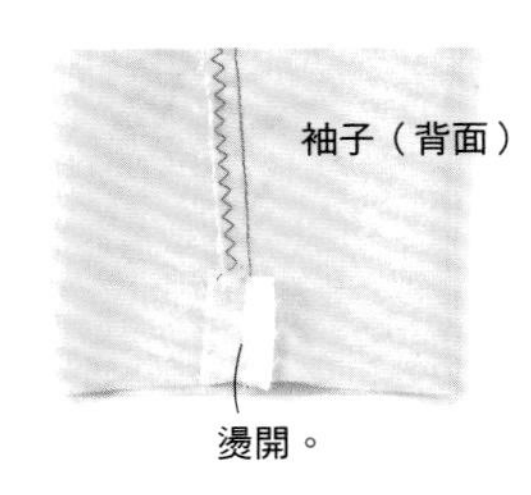

1 袖口縫份剪牙口，燙開縫份。

2 依1cm→2cm寬度，三摺邊後車縫。車縫時翻至正面，一邊注意袖子背面一邊進行車縫。

7 車縫下襬

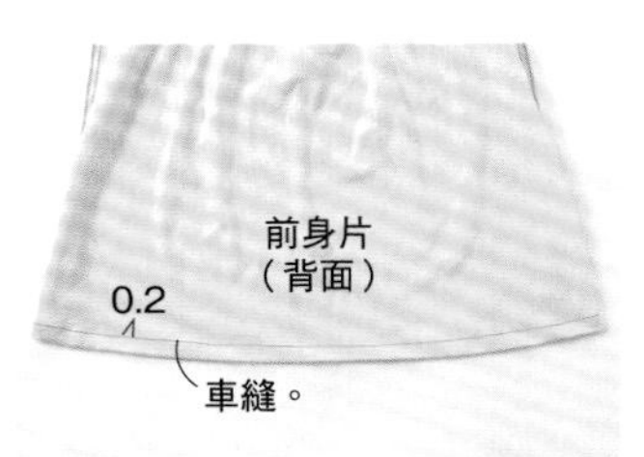

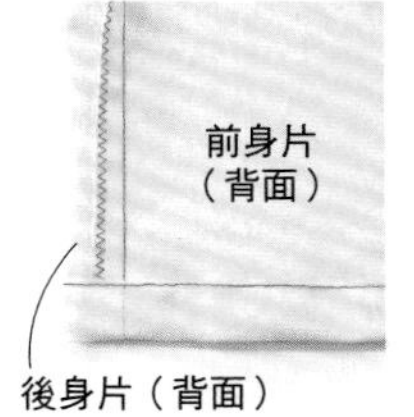

下襬依1cm→2cm寬度，三摺邊後車縫。

Item 08

上衣

充滿洗練感的領圍設計。
給人正式、優雅的感覺。
背後開口的設計，穿脫非常方便。
袖口處的細褶則增添可愛俏皮感。

・學習重點

☑ 後開叉處理
☑ 斜布條包邊處理

完成尺寸

	S	M	L	LL
胸圍	90cm	93cm	99cm	105cm
衣長	58cm	59cm	61cm	62cm

 布料提供／安田商社

材 料　左起尺寸 S／M／L／LL

・亞麻布
寬110cm × 160cm／160cm／170cm／170cm

・黏著襯　15×10cm

・直徑1.1cm的包釦　1個
＊使用配布製作包釦時，
請準備10×10cm配布。

原寸紙型B面【08】

1－前身片、2－後身片、3－袖子、4－貼邊

※袖口布未附原寸紙型，
請依裁布圖標示的尺寸直接剪裁布料。

裁布圖

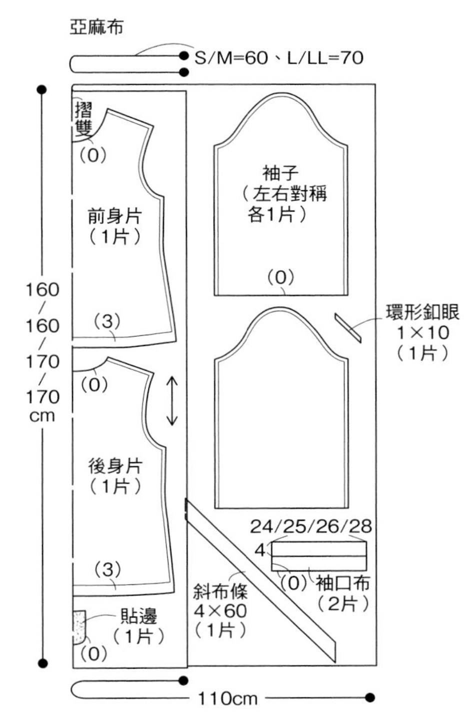

※（　）中的數字為縫份。
除了指定處之外，其餘縫份皆為1cm。
※數字從上而下代表S／M／L／LL尺寸。
※在 ▒ 的背面貼上黏著襯。

製作順序

準 備

●貼上黏著襯

在貼邊背面貼上黏著襯，
周圍Z字形車縫。

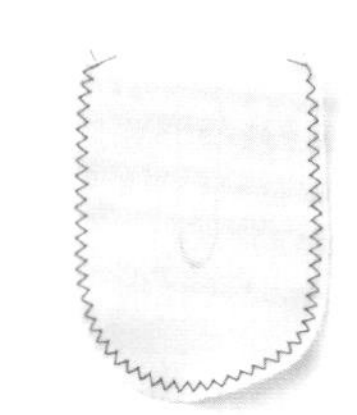

1 製作環形釦眼

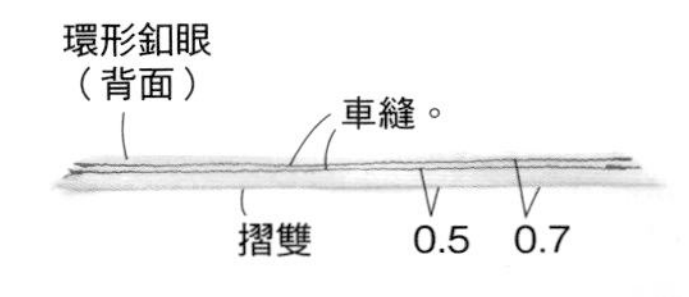

1　環形釦眼布正面相對對摺，在距離摺雙邊0.5cm、0.7cm處進行車縫。

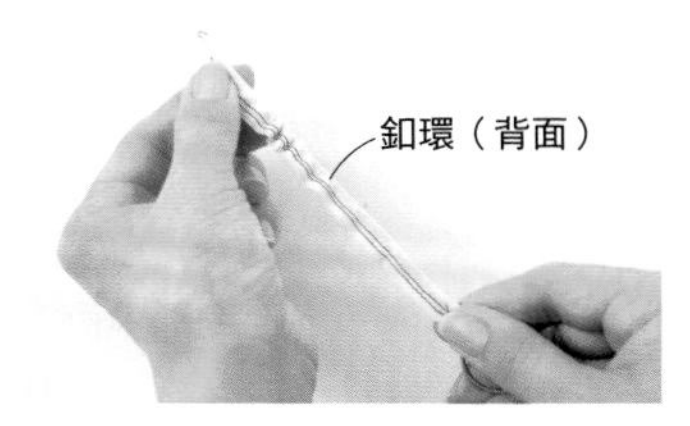

2　以返裡針穿過環形釦眼。

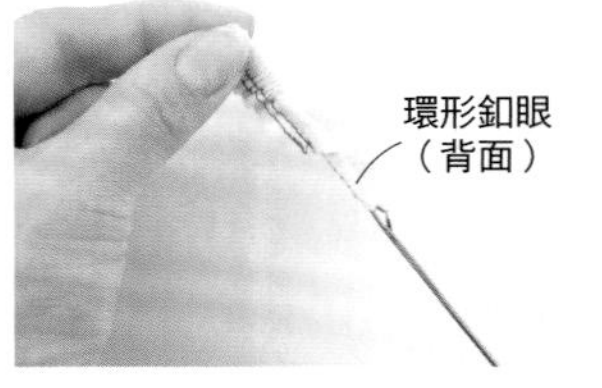

3　拉出環形釦眼的布端，翻至正面。

4　翻至正面即完成。

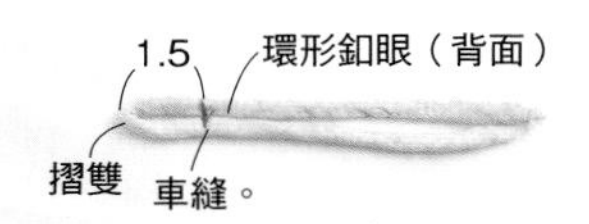

5

對摺後，在距離摺雙邊1.5cm處疏縫固定。

② 接縫貼邊

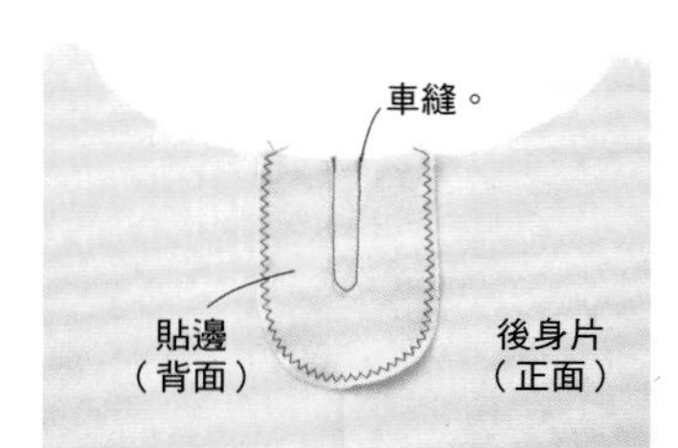

1 貼邊和後中心正面相對疊合車縫。

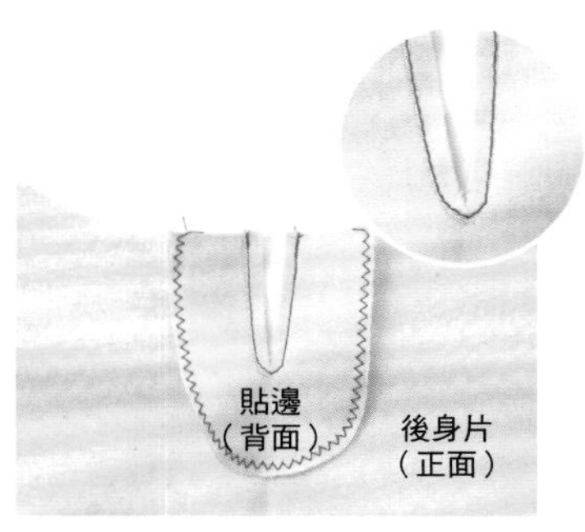

2 自中心處剪牙口。為免開叉尖端處翻至正面時無法平整，請多剪一些牙口。

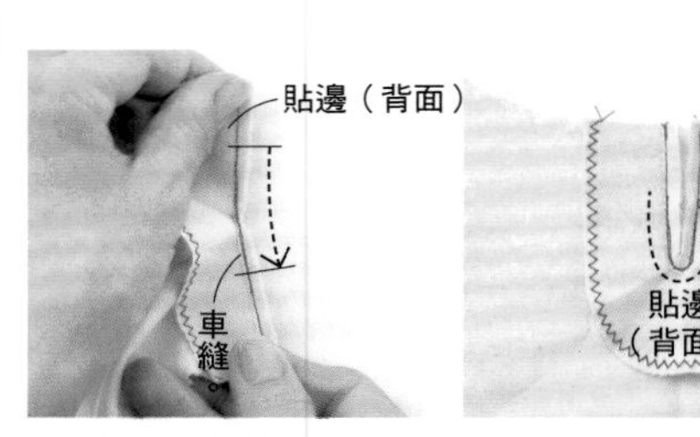

3 將開叉處拉成直線，在U字形6至7cm處重複車縫2次作為補強。

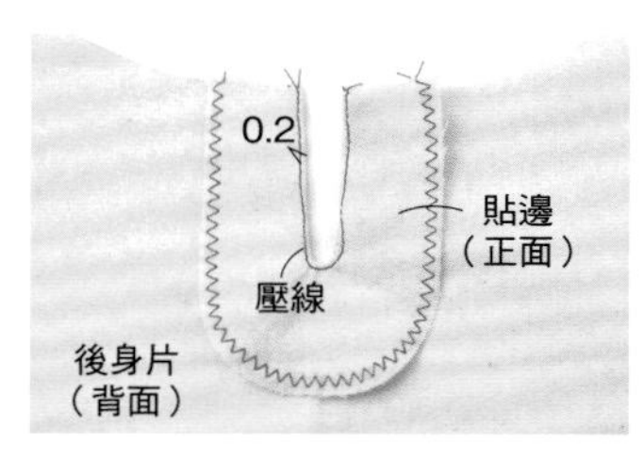

4 將貼邊翻至正面，壓車縫線。

③ 車縫肩線

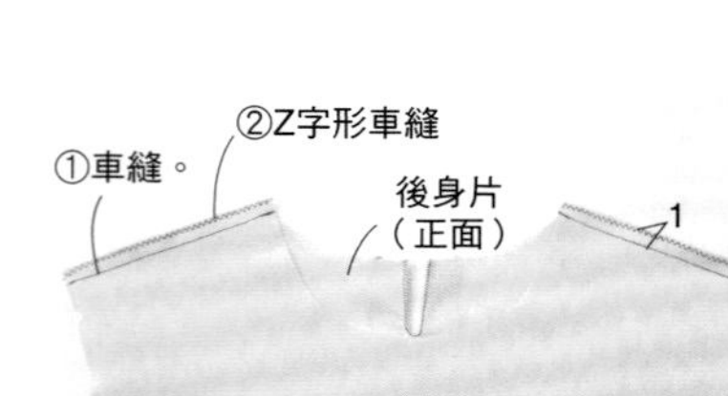

前後身片正面相對疊合，在肩線縫份1cm處車縫。兩片縫份一起進行Z字形車縫，並使縫份倒向後身片側。

④ 車縫領圍

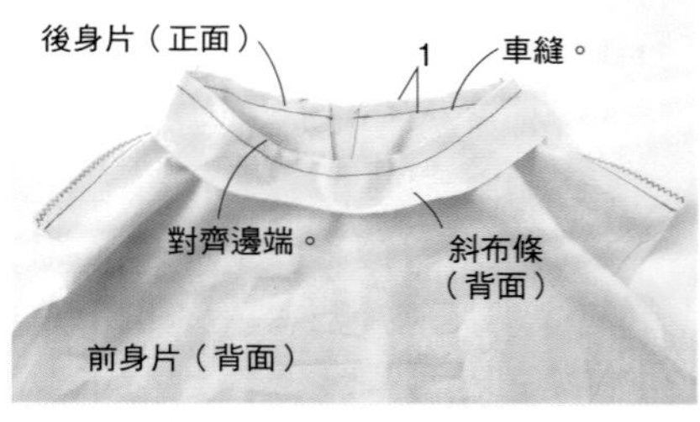

1 對齊&重疊領圍和斜布條邊端，在領圍處車縫一圈。請留下斜布條的始縫處和止縫處的多餘部分。

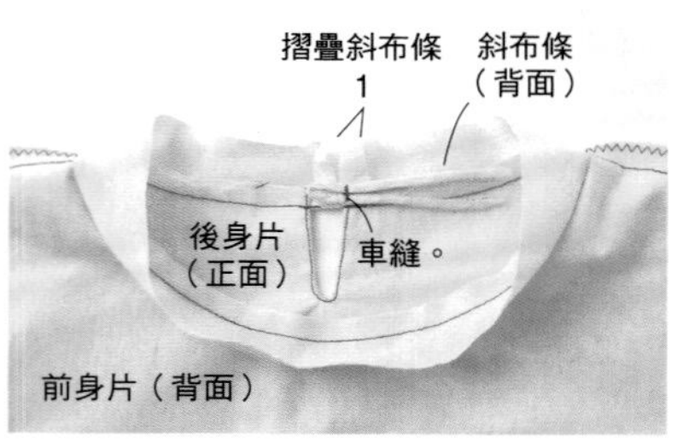

2 右邊斜布條內摺1cm、裁剪多餘部分後，車縫上環形釦眼。另一側同樣預留1cm後，裁剪多餘部分。

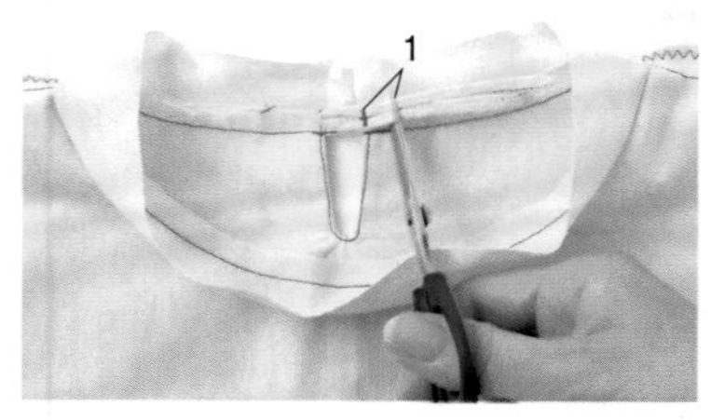

3 環形釦眼預留1cm後，裁剪多餘部分。

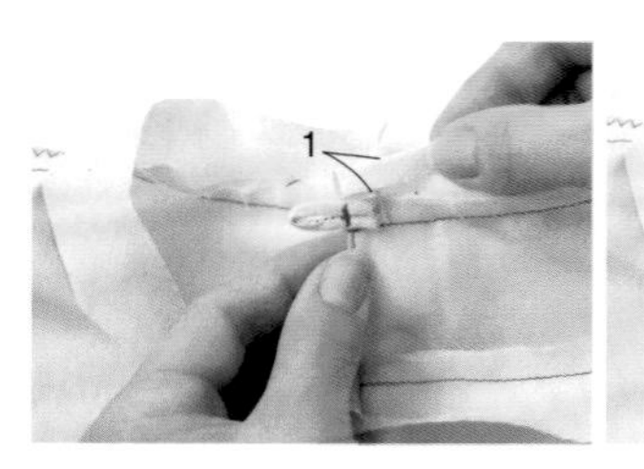

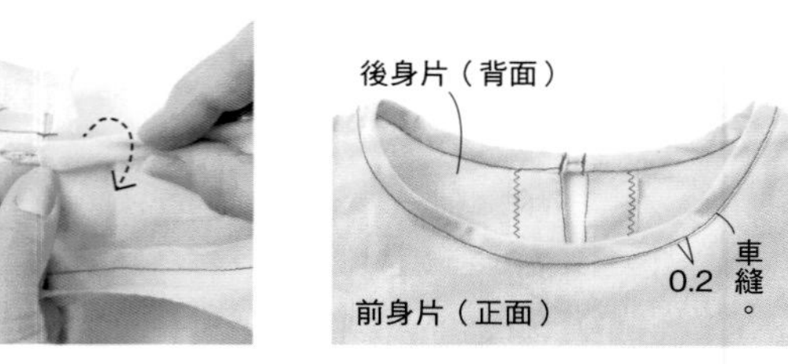

4 斜布條依1cm→1cm寬度，摺疊&包捲縫份。

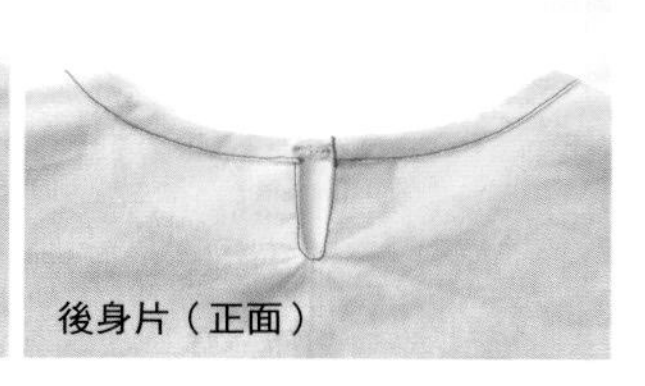

5 從正面沿斜布條邊緣車縫。

5 接縫袖子

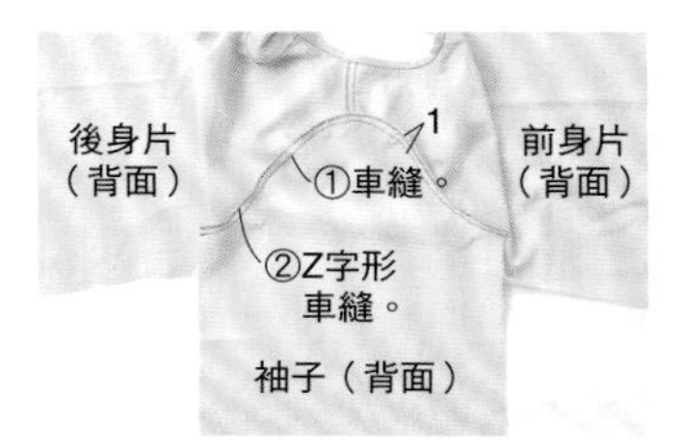

身片和袖子正面相對疊合，在縫份1cm處車縫。兩片縫份一起進行Z字形車縫，並使縫份倒向衣身側。

6 車縫袖下至脇邊

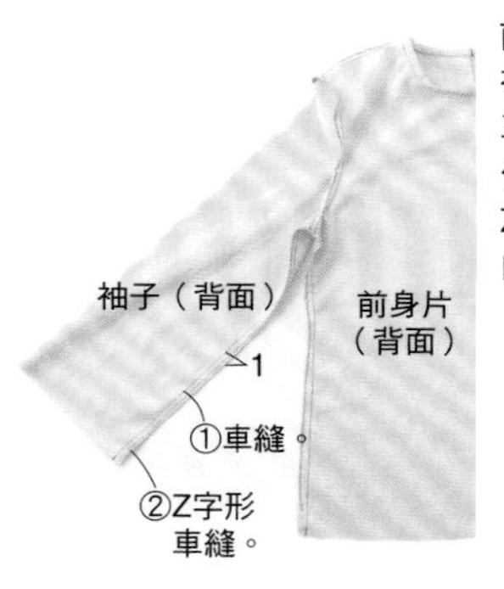

前後身片正面相對疊合，在袖下至脇邊縫份1cm處車縫。避開袖口和下襬縫份，將兩片縫份一起進行Z字形車縫，並使縫份倒向後身片側。

7 車縫袖口

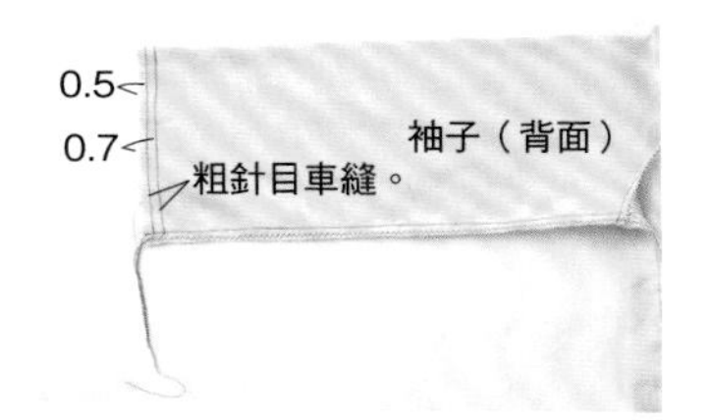

1 袖口車縫2道粗針目車縫線。一邊注意袖子背面一邊進行車縫。

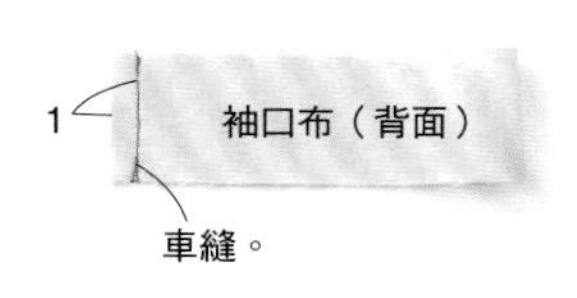

2 袖口布正面相對對摺，在縫份1cm處車縫後，燙開縫份。

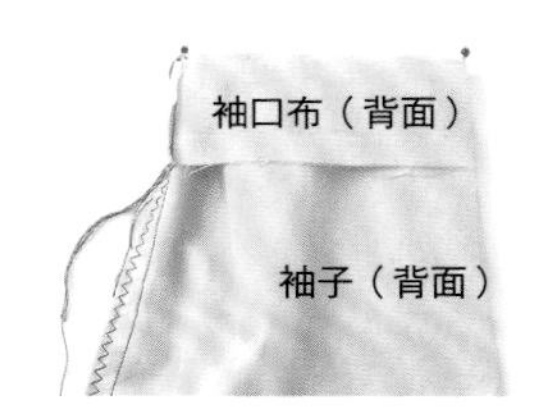

3 對齊袖口和袖子。對齊袖下縫線和袖口布縫線、袖褶線和袖口布褶線。

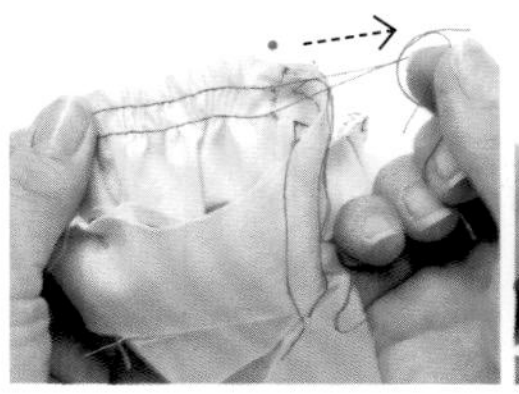

4 抽拉2條粗針目的上線，製作細褶，並使袖口尺寸對齊袖口布尺寸。調節整體比例，均等配置。

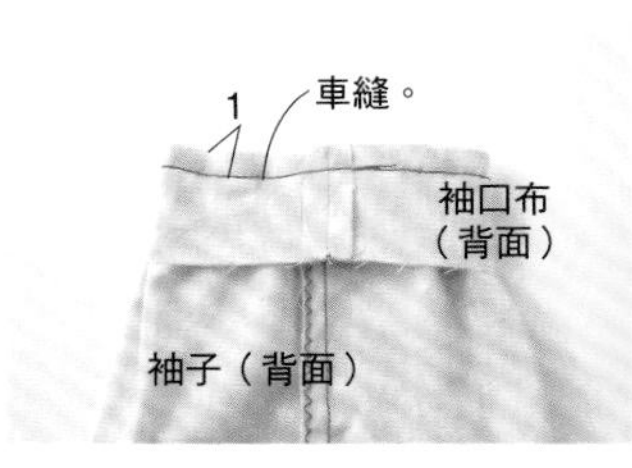

5 在縫份1cm處車縫，一邊注意袖子背面一邊進行車縫。車縫完成後拆除粗針目車縫線。

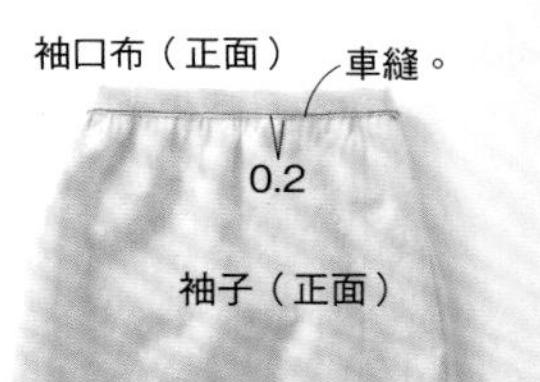

6 將袖口布沿著完成線摺疊&包捲袖口縫份，在正面一圈車縫。車縫時翻至正面，一邊注意袖子背面一邊進行車縫。

8 車縫下襬

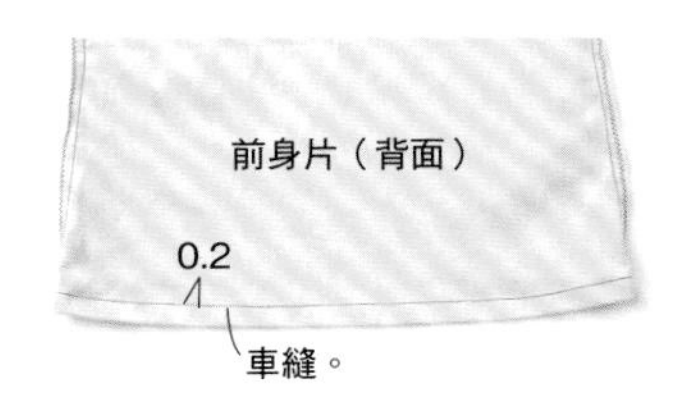

下襬依1cm→2cm寬度，三摺邊後車縫。

9 接縫釦子

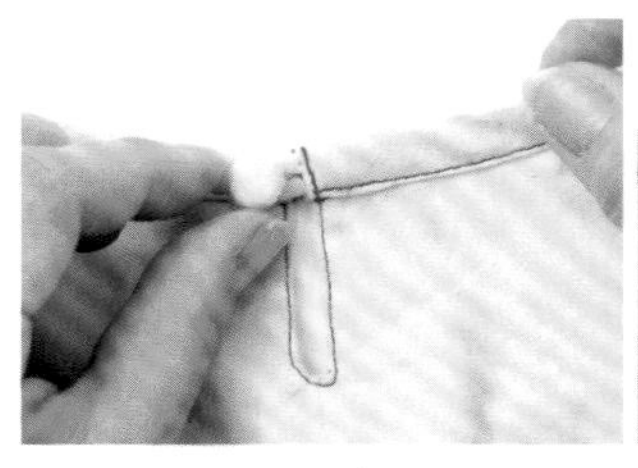

1 在後片開叉對齊狀態下放置釦子，決定位置後作上記號。

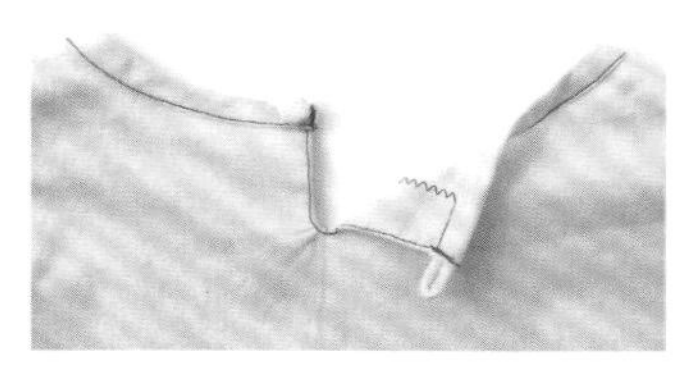

2 縫上釦子（立腳釦的縫製方法→參見P.47）。

Item 09

Arrange

後開叉上衣

無貼邊處理的後開叉設計。
只要熟記此縫製作法，
不僅可適用於本作品，
所有開叉款式均可運用。
當然也包括前襟開叉喔！

・學習重點

☑ 開叉的縫製方法
☑ 接縫釦子

完成尺寸

	S	M	L	LL
胸圍	90cm	93cm	99cm	105cm
衣長	58cm	59cm	61cm	62cm

布料提供／安田商社

材料　左起尺寸 S／M／L／LL

- **亞麻布**
  寬110cm × 160cm／160cm／210cm／210cm
- **黏著襯**　10×70cm
- **直徑1.2cm的釦子　6個**

原寸紙型B面【09】

1ー前身片、2ー後身片、3ー袖子

※袖口布未附原寸紙型，請依裁布圖標示的尺寸直接剪裁布料。

裁布圖

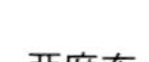

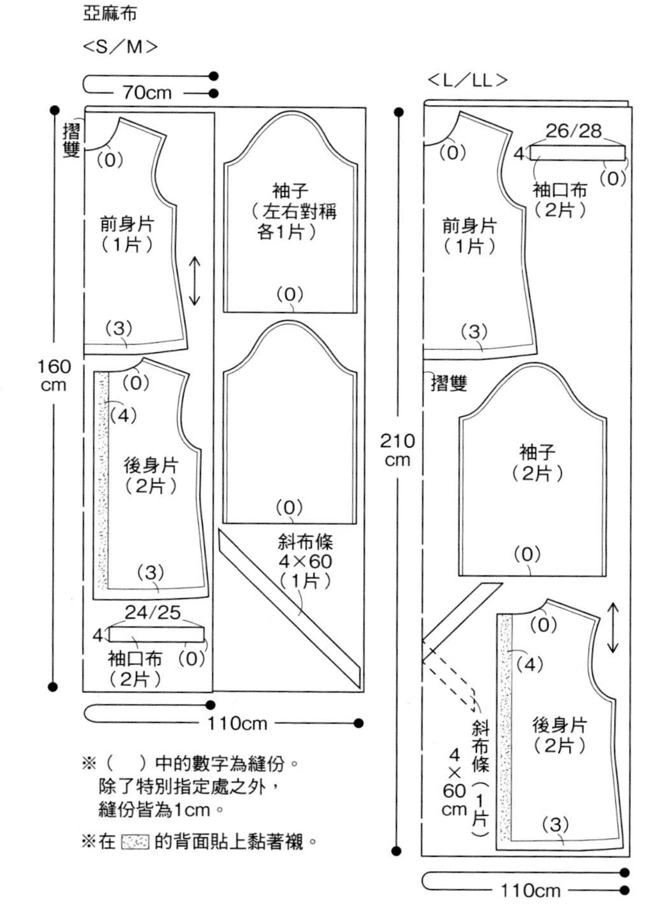

※（　）中的數字為縫份。
除了特別指定處之外，
縫份皆為1cm。

※在 ▒ 的背面貼上黏著襯。

製作順序

步驟同P.76上衣。
後開叉作法參見P.81、P.82。

開叉作法　note

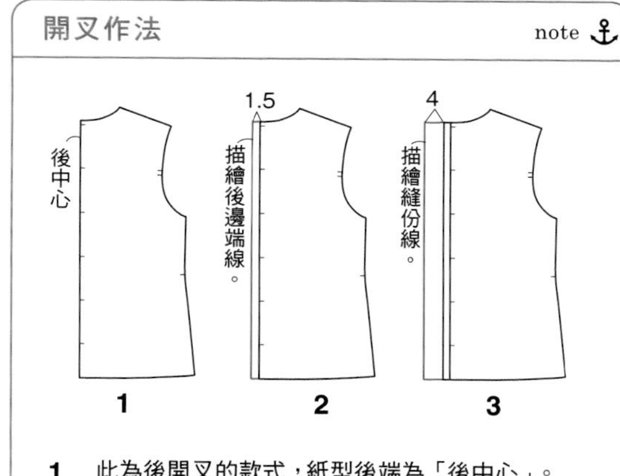

1　此為後開叉的款式，紙型後端為「後中心」。
2　首先描繪寬1.5cm的持出份。
3　再描繪寬4cm的縫份，完成了！
　 前襟開叉作法亦同。

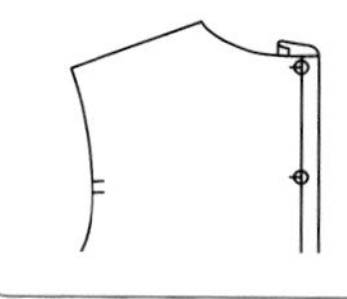

在後中心接縫釦子。持出份和縫份寬度雖然沒有硬性規定，但如果太寬可能會影響款式的設計。

準備

●貼上黏著襯

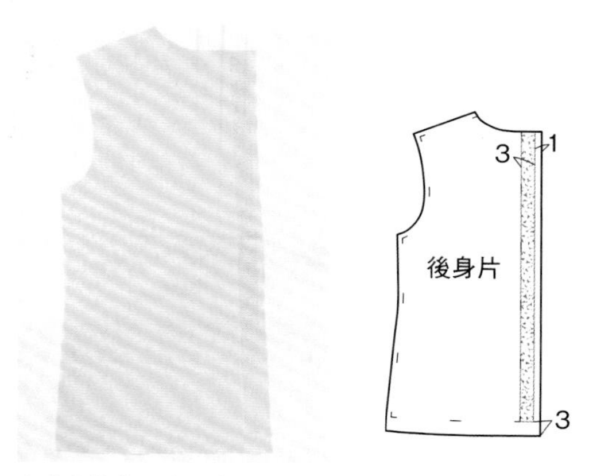

在後身片背面縫份處貼上黏著襯。

① 製作後開叉

1 後身片縫份摺疊1cm後，再摺疊3cm使正面相對疊合，並車縫下襬。

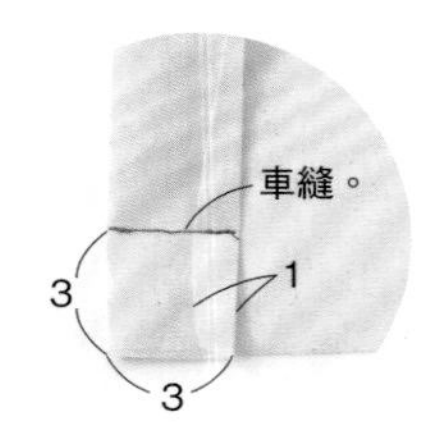

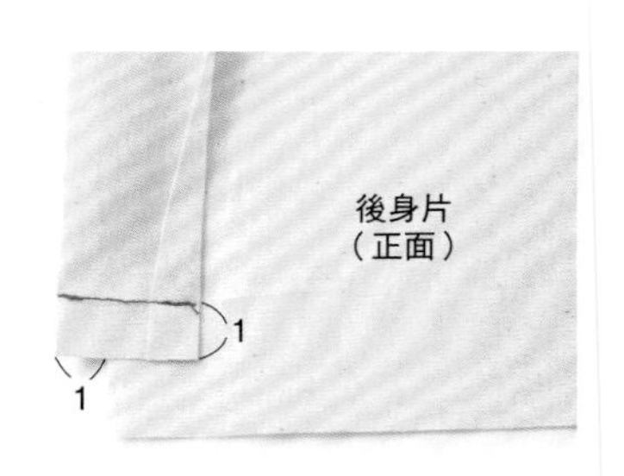

2 如圖所示裁剪下襬縫份。

3 將後邊端的縫份翻至正面車縫。此時下襬也一起依1cm→2cm寬度，三摺邊後以珠針固定。

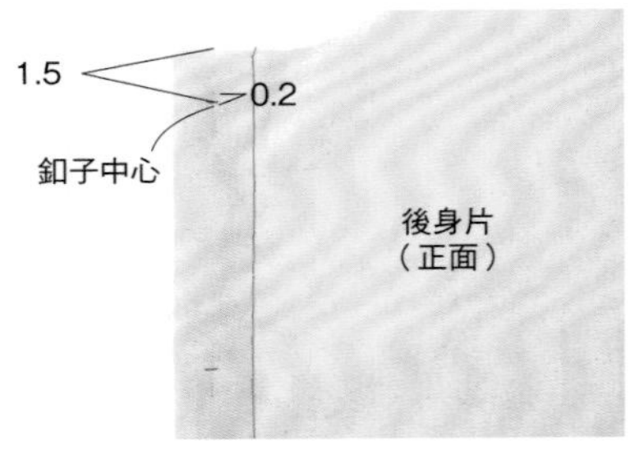

4 畫上釦眼縫製記號（釦眼位置參見→P.46&原寸紙型 B面［09］）。

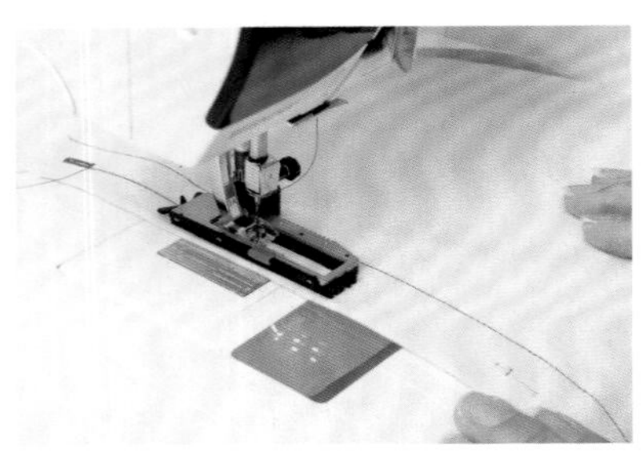

5 製作釦眼。製作時避免車縫線纏線，請將全部釦眼一起作好再進行裁剪。

6 釦眼製作完成。

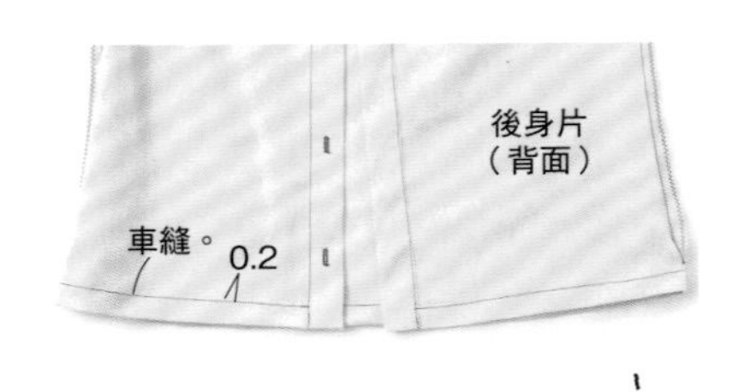

7 車縫下襬。

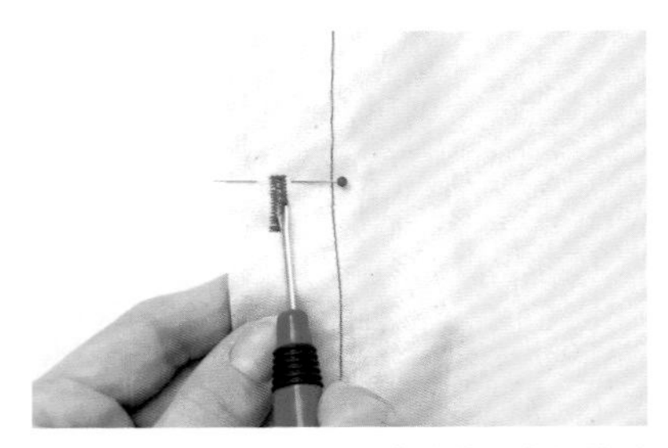

8 開釦眼。避免切割到車縫線，上側請以珠針固定。

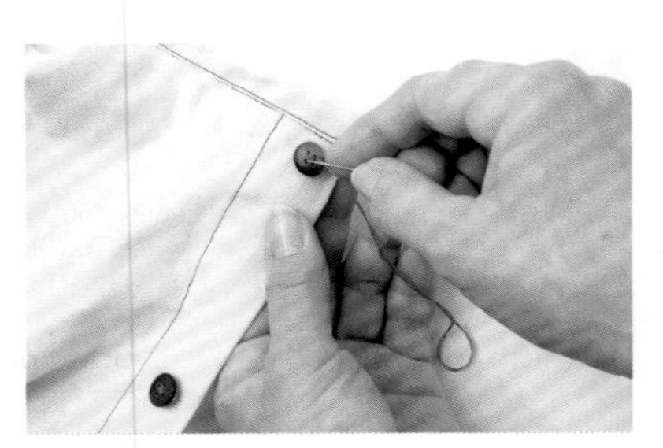

9 縫上釦子（作法→參見P.46）。

Item 10

針織布上衣

簡單素雅的針織布上衣。
稍微長版的設計，穿起來相當舒適。
基本的條紋圖案，也可以用來練習布料的對紋。

・學習重點

☑ 針織布的車縫方法
☑ 對紋方式

完成尺寸

	S	M	L	LL
胸圍	90cm	93cm	99cm	105cm
衣長	60.5cm	61.5cm	63.5cm	64.5cm

布料提供／猫の隠れ家

材料 左起尺寸S／M／L／LL

・天竺針織布 三色條紋圖案20/2
寬110cm × 140cm／140cm／150cm／150cm
・寬1cm止伸黏著襯條 230／240／250／260cm

＊本作品使用針織布專用的車縫針&線。（參見P.12）

原寸紙型C面【10】

1－前身片、2－後身片、3－袖子

裁布圖

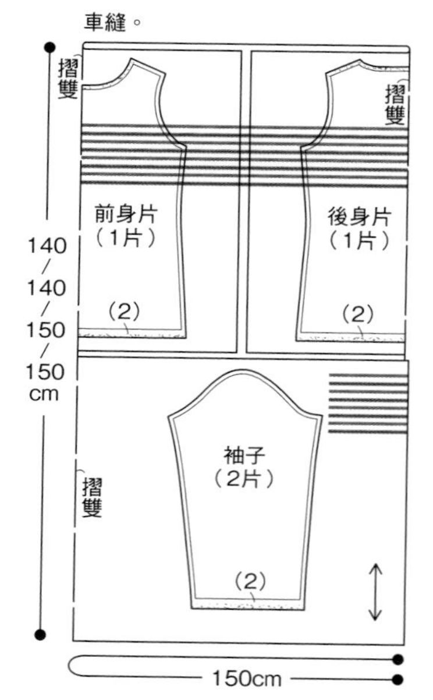

※（ ）中的數字為縫份。
除了特別指定處之外，縫份皆為1cm。
※數字從上而下代表S／M／L／LL尺寸。
※在 的背面貼上止伸黏著襯條。

對紋方式

對紋時，脇邊圖案必須對齊，這樣作品才會漂亮。用布量的狀況雖然依據圖案而有所不同，但一般要比所需尺寸多出10至20%左右。

製作順序

準備

●貼上止伸黏著襯條。

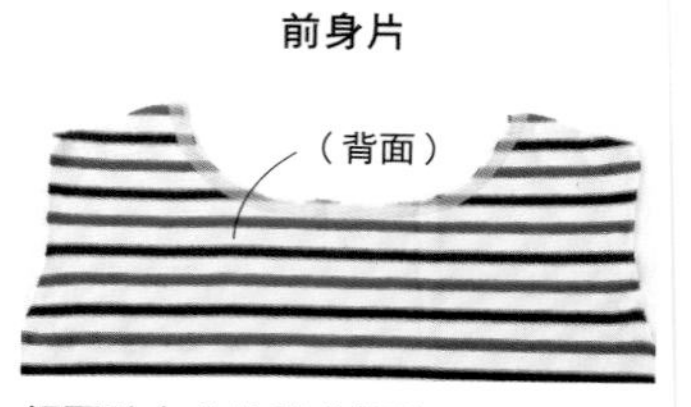

領圍貼上止伸黏著襯條。

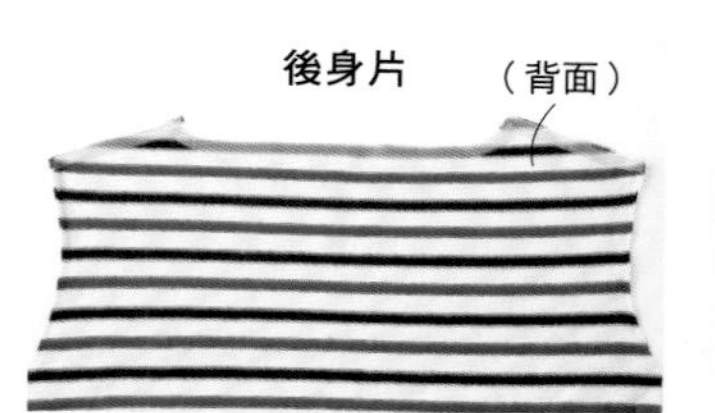

領圍&兩肩貼上止伸黏著襯條。

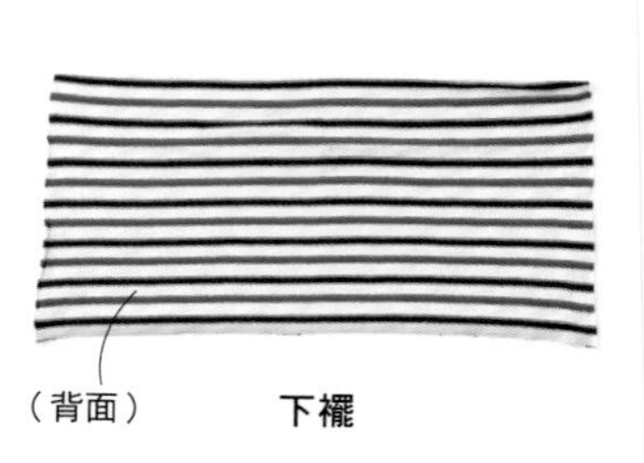

前後身片下襬貼上止伸黏著襯條。

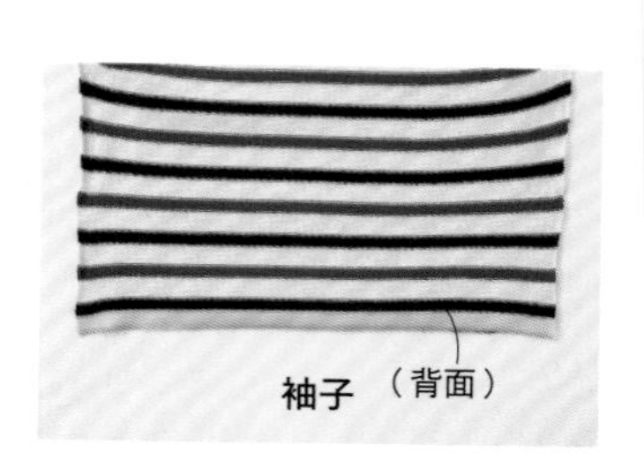

①袖口貼上止伸黏著襯條。

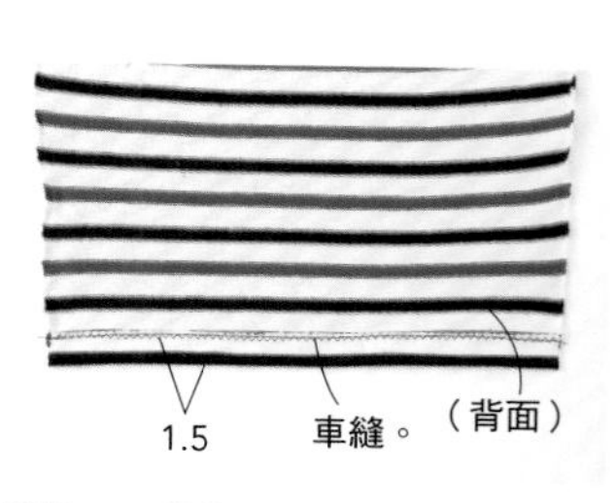

②將2cm的縫份內摺後Z字形車縫。

1 車縫肩線

①車縫。
②Z字形車縫。
1
後身片（正面）
前身片（背面）

前後身片正面相對疊合，在肩線縫份1cm處車縫。兩片縫份一起進行Z字形車縫，並使縫份倒向後身片側。

2 車縫領圍

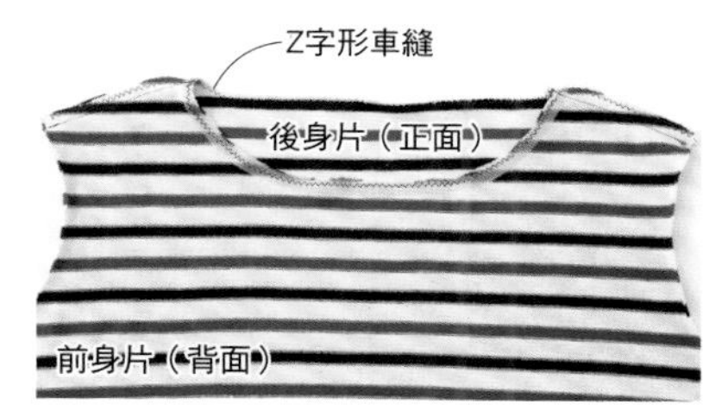

1 將領圍Z字形車縫一圈。

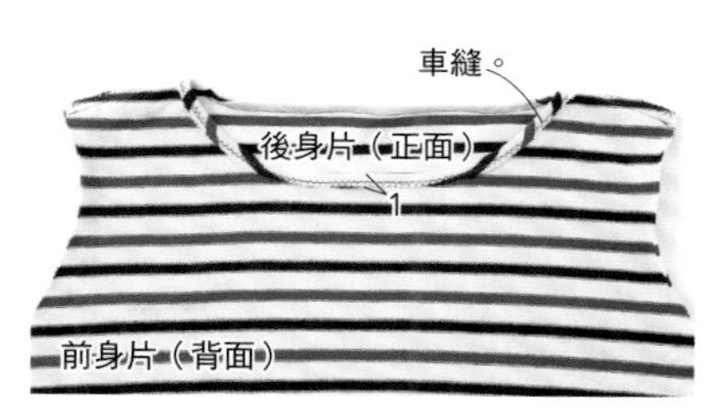

2 將1cm的縫份內摺後車縫一圈。

3 接縫袖子

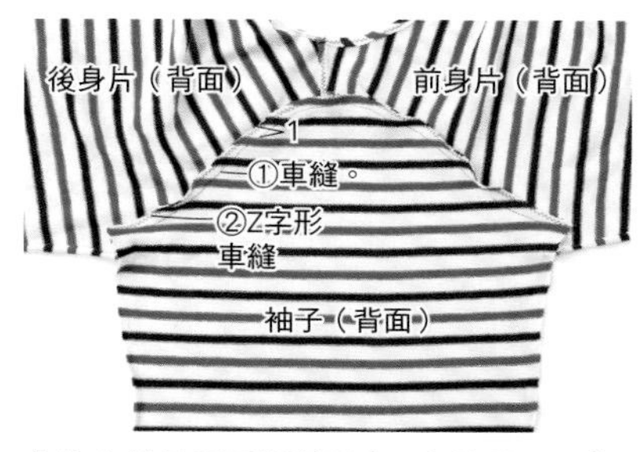

身片和袖子正面相對疊合，在縫份1cm處車縫，並將兩片縫份一起進行Z字形車縫。

4 車縫袖下至脇邊

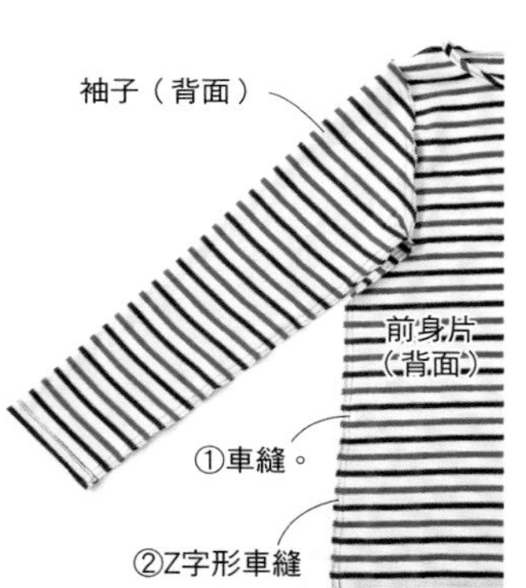

前後身片正面相對疊合，在縫份1cm處車縫袖下至脇邊。再將兩片縫份一起進行Z字形車縫，並使縫份倒向後身片側。

使袖襱縫份前後交錯倒下。

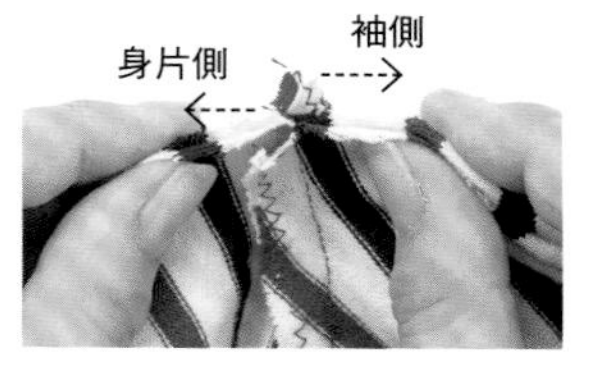

5 車縫下襬

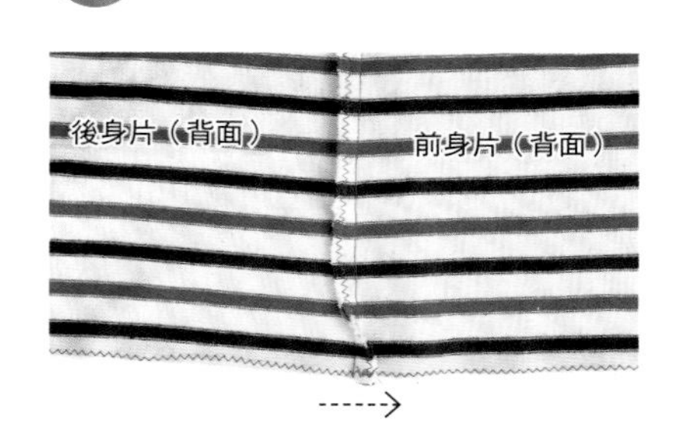

1 使兩脇下襬縫份倒向前身片側，以免下襬縫份吊起。

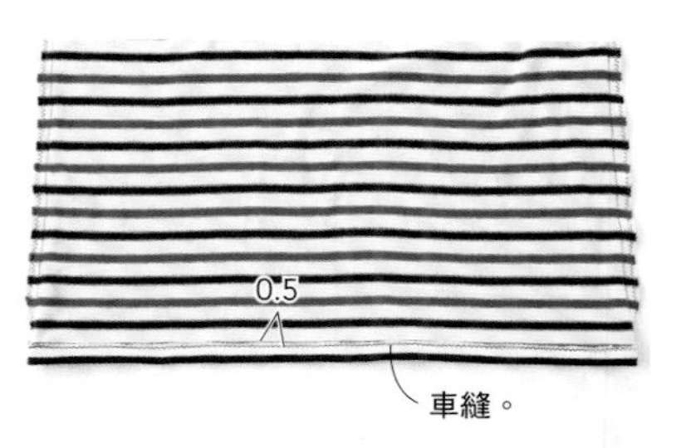

2 將1cm的縫份內摺後車縫固定。

6 袖口壓線

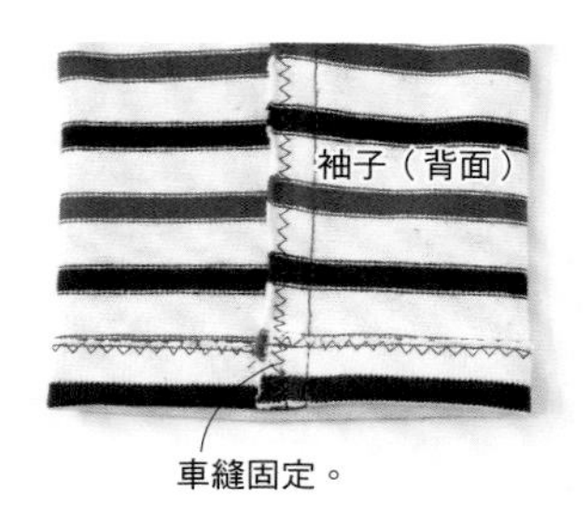

使袖口縫份倒向後側，將縫份邊端車縫固定。

Item 11

領台襯衫

領台&袖口布設計，標準的襯衫款式。
雖然縫製工程較多，
只要依照順序製作，一定可以順利完成。
完成後會很有成就感唷！

・學習重點

☑ 接縫領子
☑ 短冊袖口布
☑ 接縫釦子

完成尺寸

	S	M	L	LL
胸圍	96cm	99cm	105cm	111cm
衣長	60.5cm	61.5cm	63.5cm	64.5cm

 布料提供／fabric-store

材 料　左起尺寸 S／M／L／LL

・格紋布
寬112cm × 200cm／200cm／210cm／210cm
・黏著襯　50×65cm
・直徑1cm釦子　8個

原寸紙型D面【11】

1－前身片、2－後身片、3－袖子、4－袖口布
5－領子、6－領台、7－短冊布、8－下短冊布

裁布圖

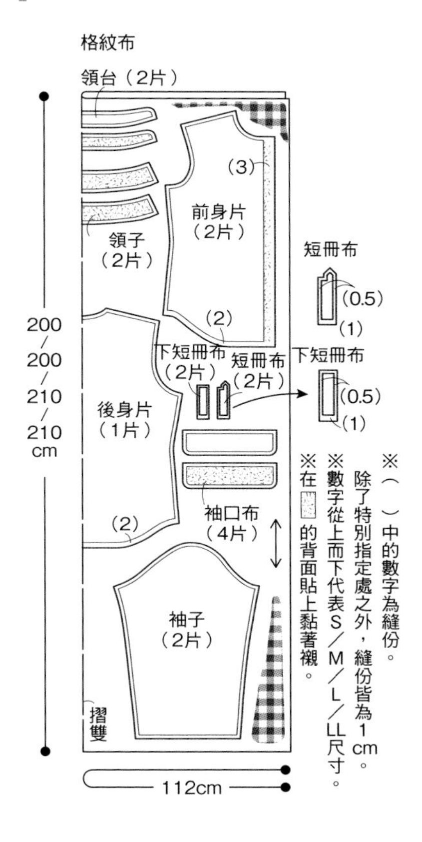

對紋

圖案沒有對齊時，脇邊圖紋顯得凌亂不整齊。

製作順序

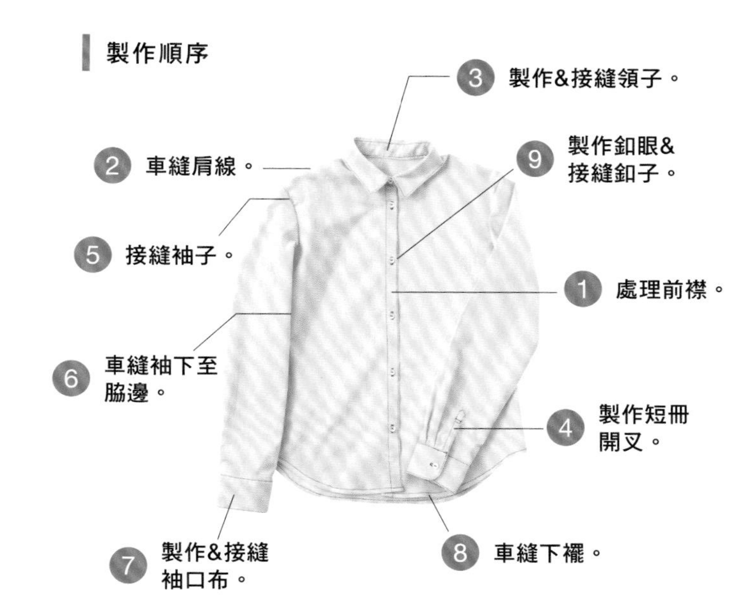

準 備

●貼上黏著襯

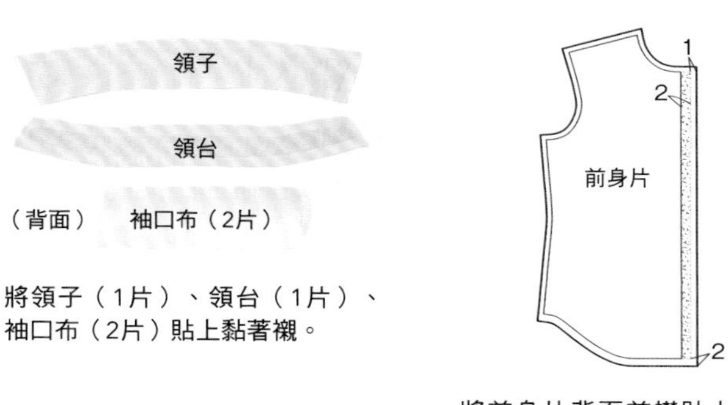

將領子（1片）、領台（1片）、袖口布（2片）貼上黏著襯。

將前身片背面前襟貼上黏著襯。

1 處理前襟

前身片前襟依1cm→2cm寬度，三摺邊後車縫。右前片摺山處也壓縫裝飾線。

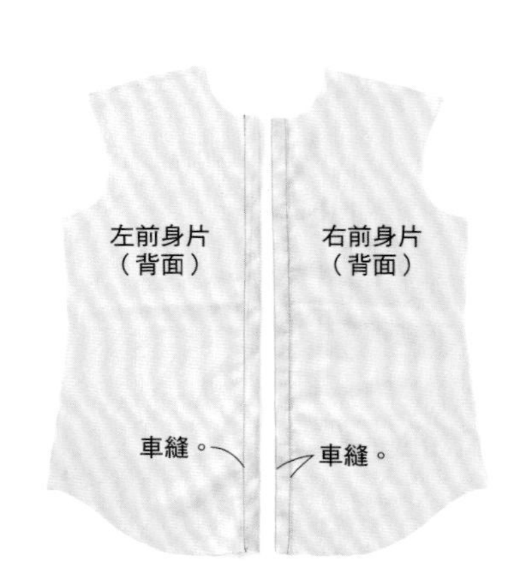

② 車縫肩線

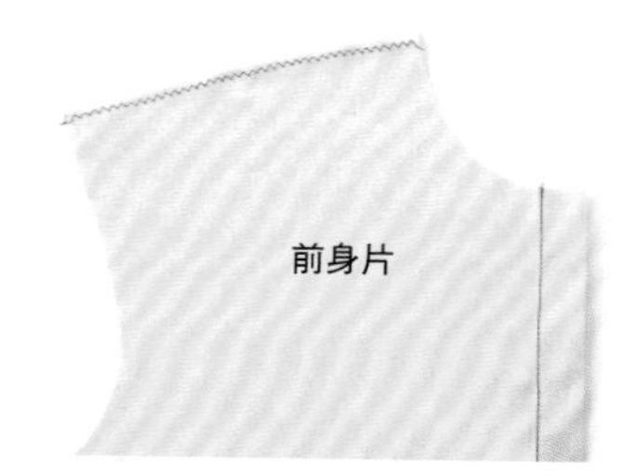

1 前身片肩線Z字形車縫。

2 後身片肩線Z字形車縫。

3 前後身片肩線正面相對疊合，在縫份1cm處車縫，並燙開縫份。

③ 製作&接縫領子

1 領子正面相對疊合，在領圍外縫份1cm處車縫。

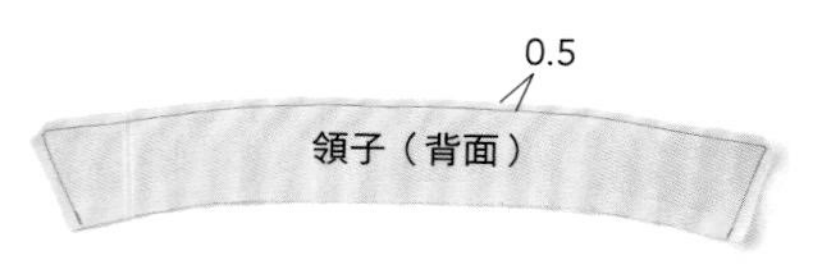

2 將車縫處的縫份裁剪至0.5cm，並斜剪邊角。

3 內摺縫份，並以熨斗燙整。

4 翻至正面熨燙整理。

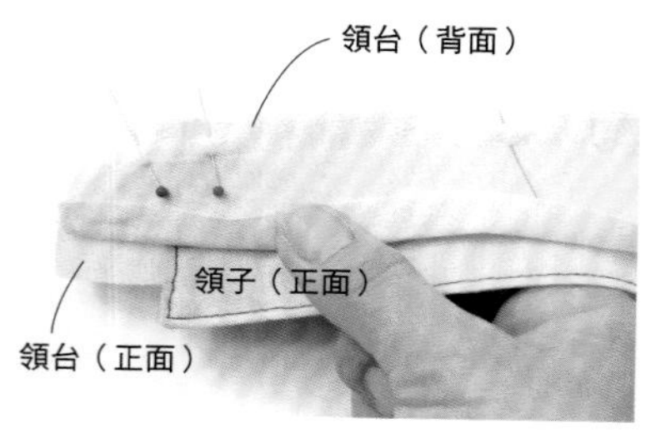

5
貼上黏著襯的領台領圍內摺縫份1cm。另一片領台正面相對疊合，中間包夾領子朝下，再將貼上黏著襯的領子朝下放置，依領子止縫點固定。

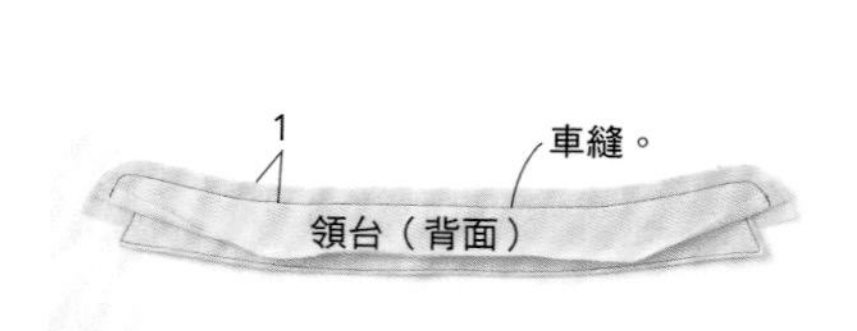

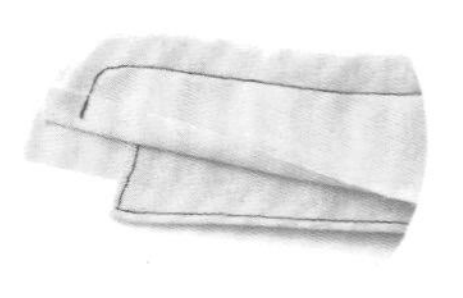

6 在縫份1cm處四片一起車縫。始縫&止縫處各預留2針的距離不縫。

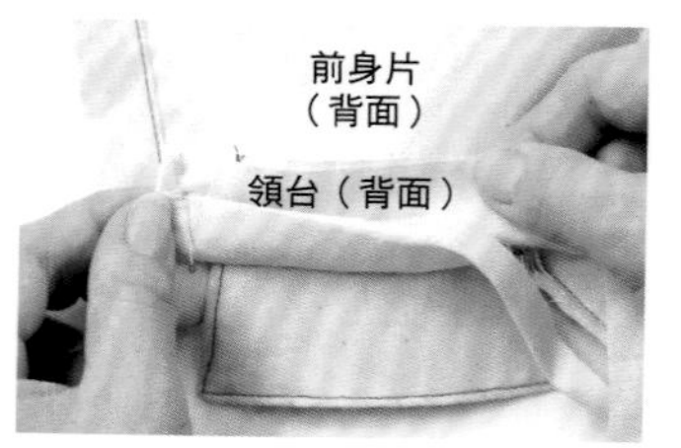

7 將沒有內摺縫份的領台與身片領圍正面相對疊合。

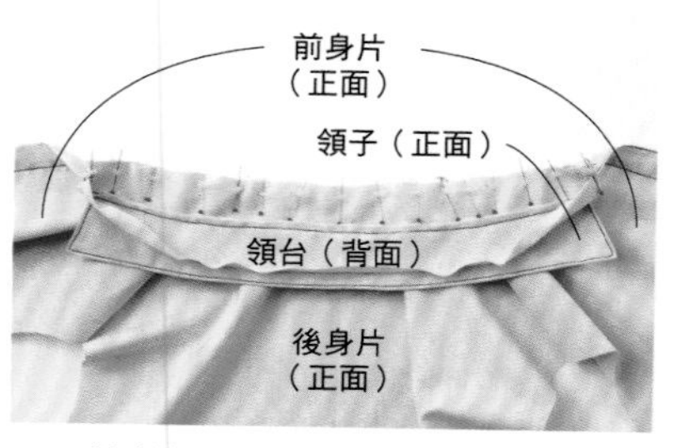

8 對齊邊端，以珠針固定。

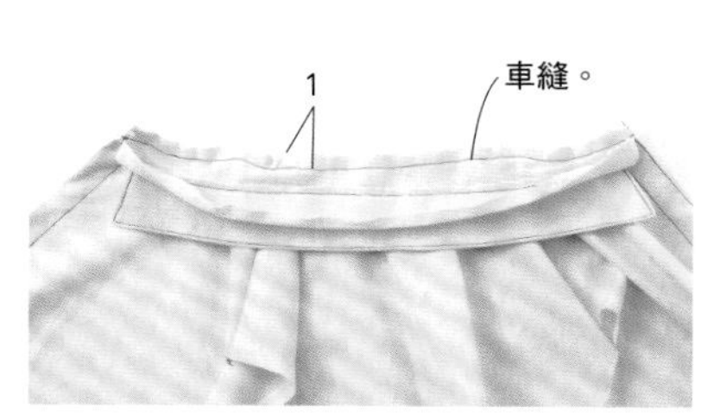

9 在縫份1cm處車縫。

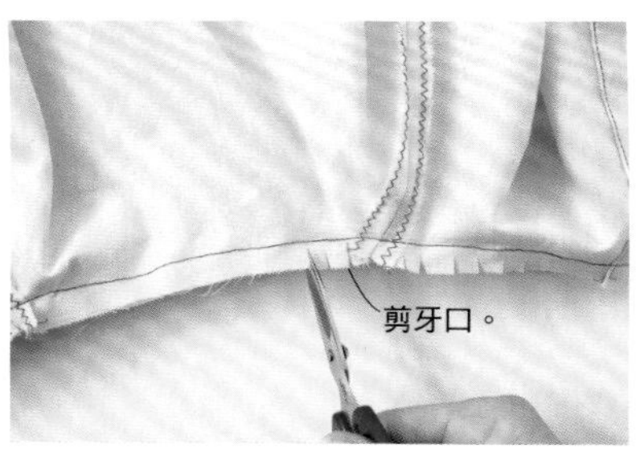

10 領圍剪牙口。

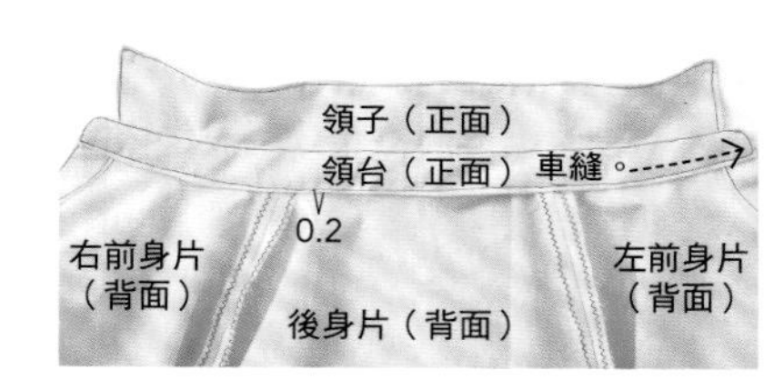

11 將領台摺疊至完成線後熨燙整理，自左肩起，從正面開始車縫領台一圈。

4 製作短冊開叉

1 袖口短冊開叉，確認褶襉記號位置。

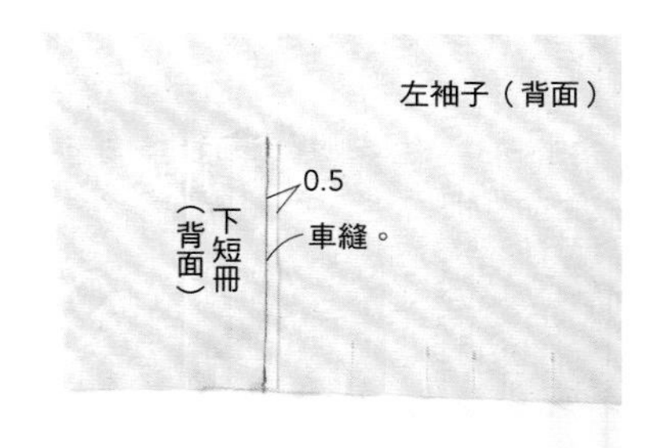

2 袖子內側和下短冊布背面重疊。使開叉記號對齊下短冊布邊端，在縫份0.5cm處車縫。

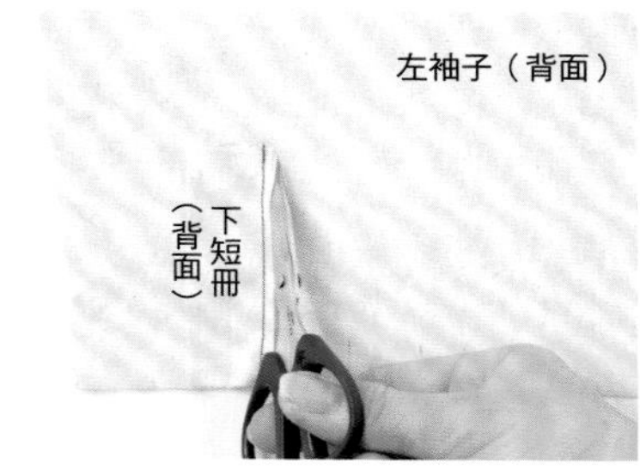

3 沿開叉記號剪牙口。

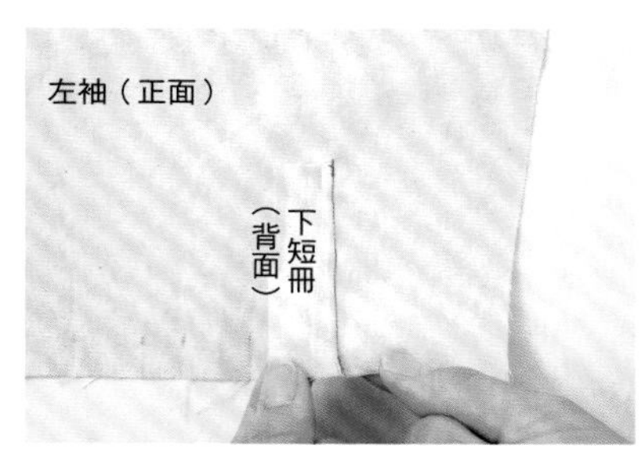

4 從牙口處將下短冊布翻至正面。

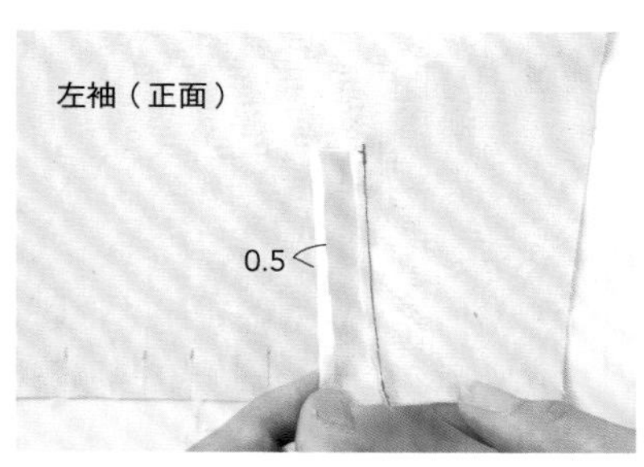

5 下短冊布邊端內摺0.5cm。

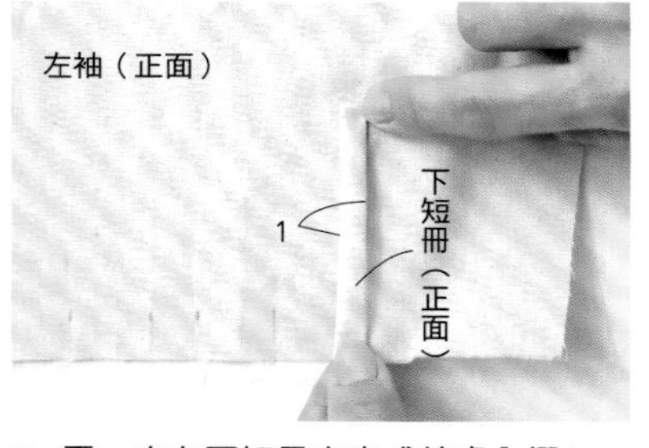

6 再一次在下短冊布完成線處內摺1cm（對齊**5**的摺山&**2**的縫目）。

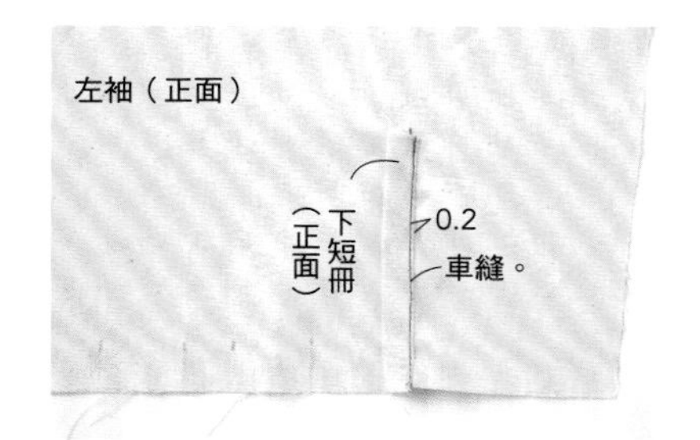

7 避開剪牙口的另一布端，將下短冊布邊端車縫固定。

8 可看到短冊布內側重疊袖內側，牙口處對齊短冊布左端。

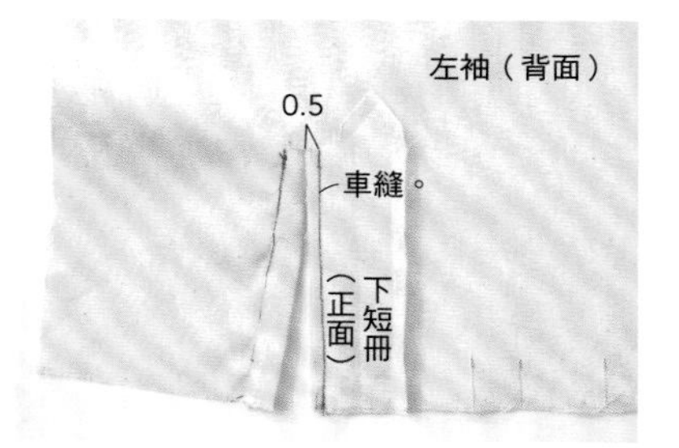

9 在縫份0.5cm處車縫。

10 從牙口處將短冊布翻至正面。

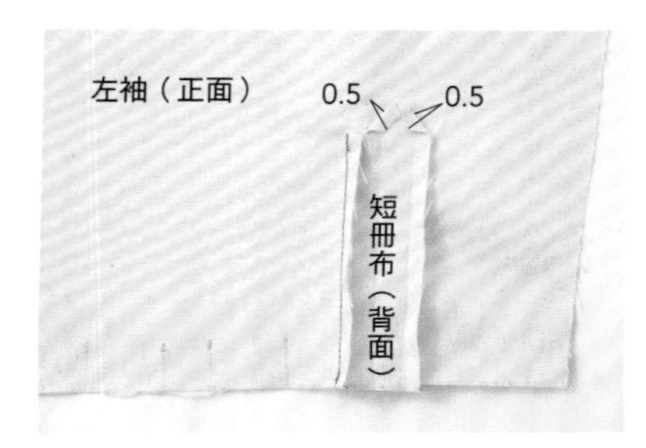

11 短冊布上側縫份內摺0.5cm暫時固定。在此使用熱黏著線疏縫固定。

便利製作的工具

●熱黏著線

以熨斗熨燙加熱，車縫線會融化貼合固定。適用於細部或長距離疏縫。

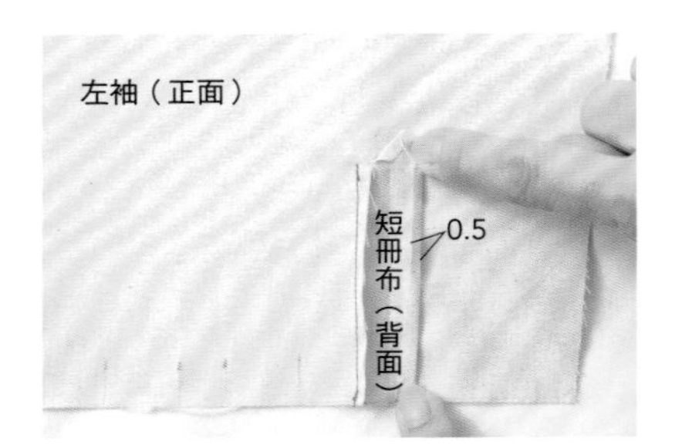

12 將長邊縫份內摺0.5cm。

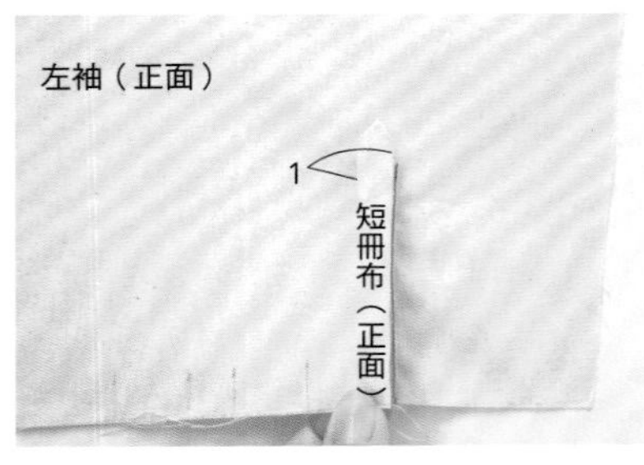

13 將短冊布沿完成線內摺1cm。

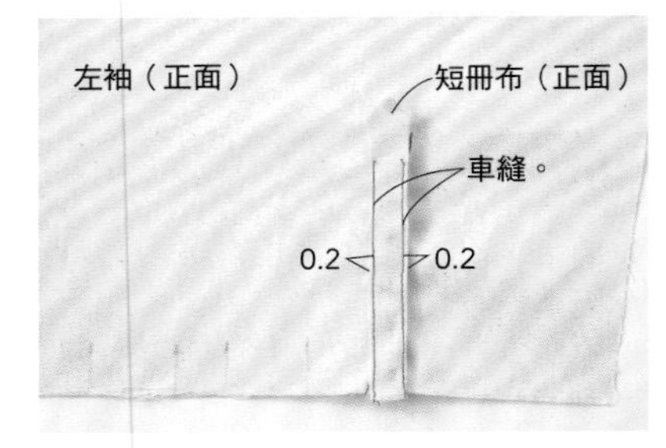

14 避開下短冊布，將短冊布兩端車縫固定。

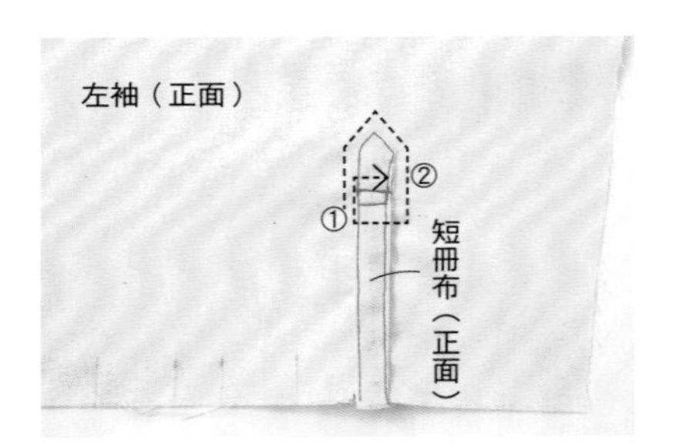

15 如圖所示車縫固定。

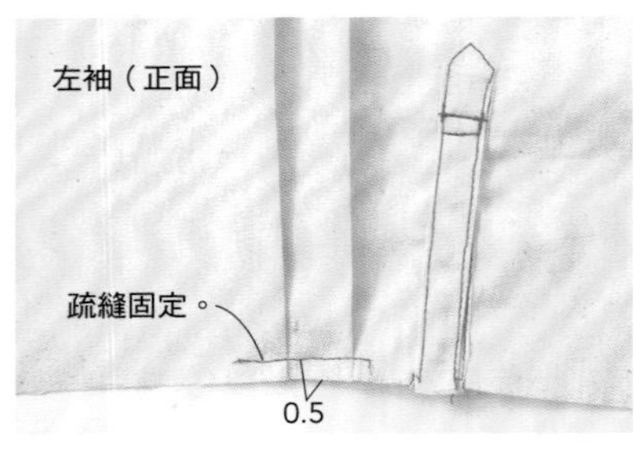

16 摺疊袖口褶襉暫時固定。

5 接縫袖子

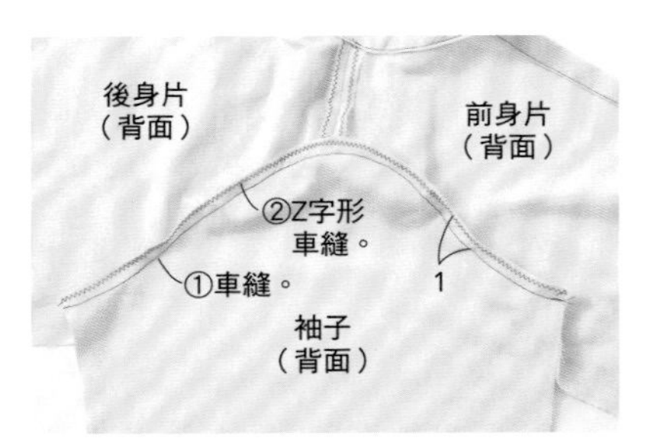

身片和袖子正面相對疊合，在縫份1cm處車縫。再將兩片縫份一起進行Z字形車縫，並使縫份倒向衣身側。

6 車縫袖下至脇邊

前後身片正面相對疊合，在袖下至脇邊縫份1cm處車縫。再將兩片縫份一起進行Z字形車縫，並使縫份倒向後身片側。

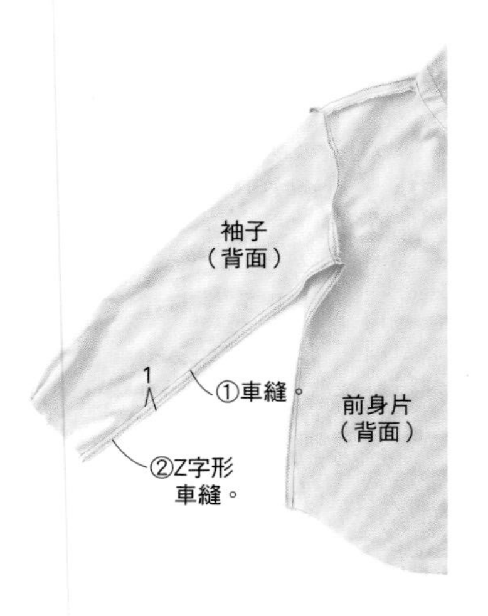

7 製作&接縫袖口布

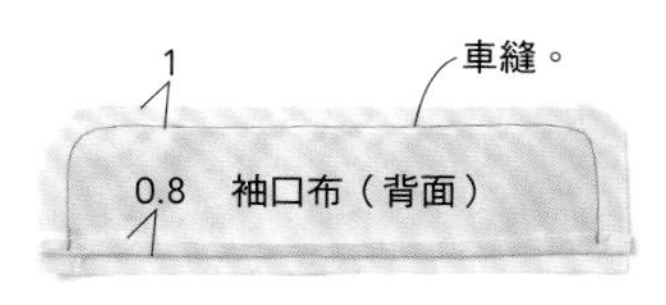

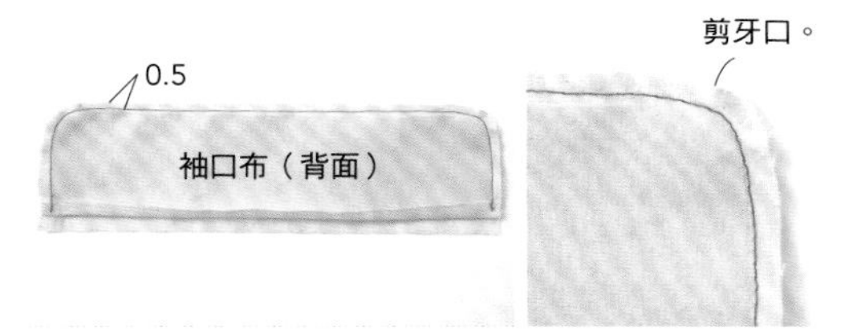

1 使貼上黏著襯的袖口布和沒有貼上黏著襯的袖口布正面相對疊合，再將貼上黏著襯的袖口布接縫側內摺0.8cm，在接縫側以外縫份1cm處車縫。

2 將車縫處的縫份裁剪至0.5cm，並在弧線處剪牙口。

3 袖口布翻至正面熨燙整理。

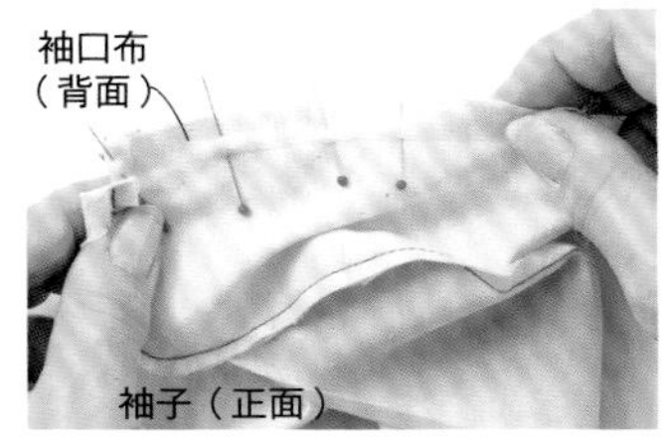

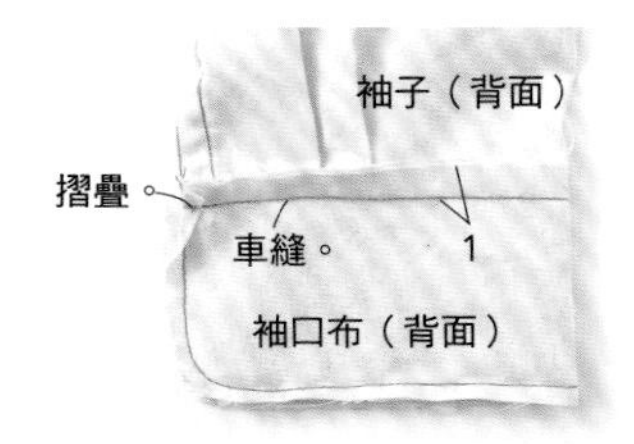

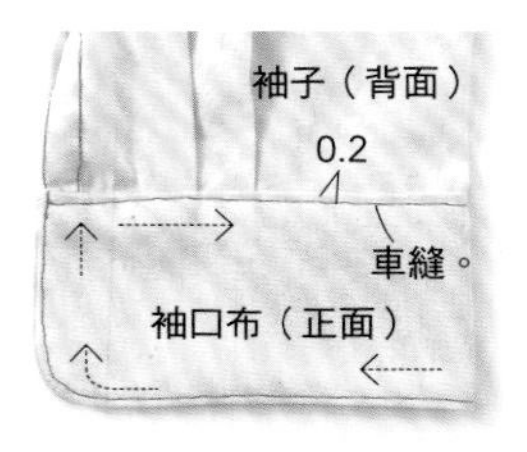

4 袖口布下端未摺疊處和袖子正面相對疊合。（圖示為左袖）

5 在縫份1cm處車縫。

6 袖口布翻至正面包捲縫份，車縫一圈。車縫時翻至正面，一邊注意袖子背面一邊進行車縫。

8 車縫下襬

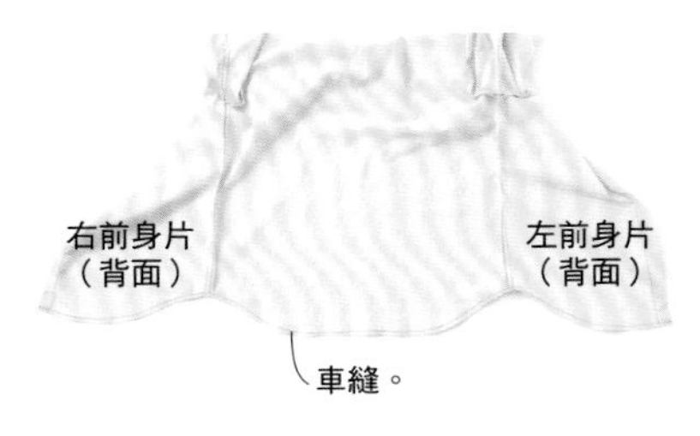

下襬縫份依1cm→1cm寬度，三摺邊後車縫。

本書還有刊載圓領款式紙型，作法與此相同。

9 製作釦眼&接縫釦子

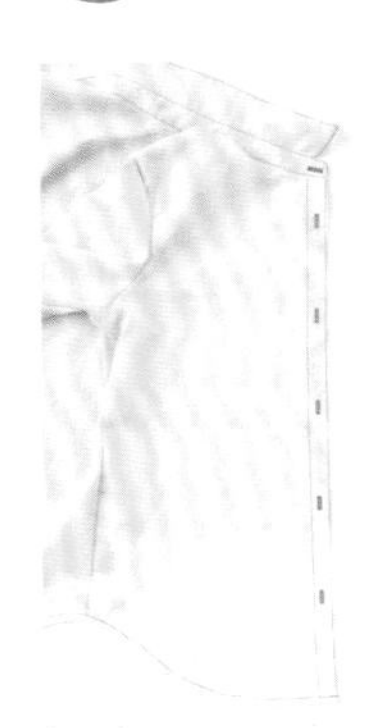

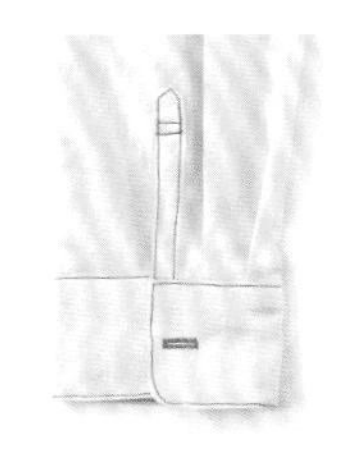

1 在右前身片、領台、袖口布上製作釦眼（釦眼製作→參見P.46）。

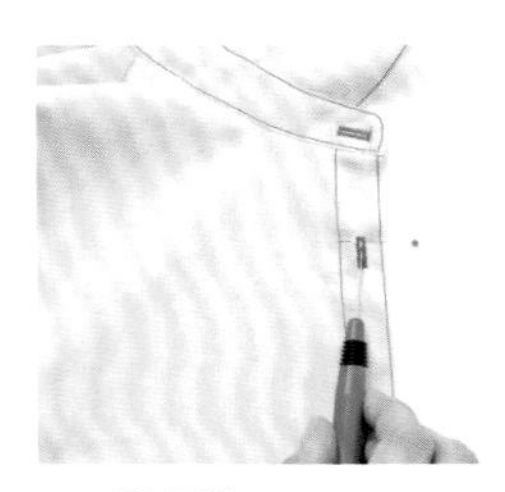

2 開釦眼。

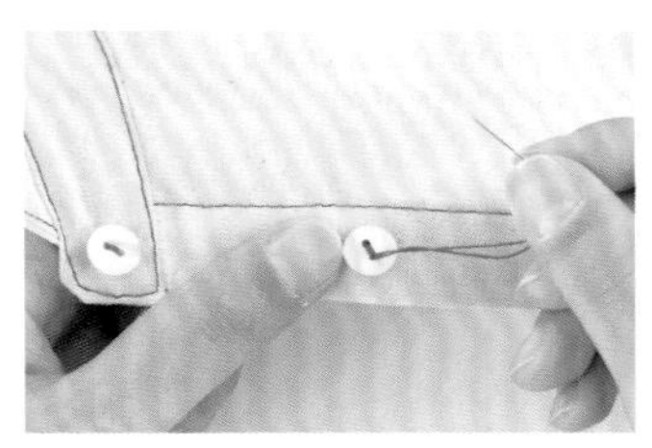

3 在左前身片、領台、袖口布接縫釦子（釦子縫法→參見P.46）。

Item 12

細褶裙

「如果是簡單的裙子，就會令人也想動手作作看。」
你是不是也曾有過這樣的念頭呢？
請一定要挑選自己喜歡的布料，
製作一件直線裁剪的簡單裙款！
袋縫款式的口袋設計，結實耐用又好看。

・學習重點

☑ 口袋的縫製方法

完成尺寸

	S	M	L	LL
裙長	75cm	76cm	77.5cm	79cm

 布料提供／CHECK＆STRIPE

材 料　左起尺寸 S／M／L／LL

・**天使的亞麻布**
寬100cm × 210cm／210cm／220cm／220cm

・**寬2.5cm鬆緊帶**　75cm
（請依腰圍尺寸調整）

原寸紙型D面【12】

1－口袋

※前後裙片未附原寸紙型，
請依裁布圖標示尺寸直接裁剪布料。

製作順序

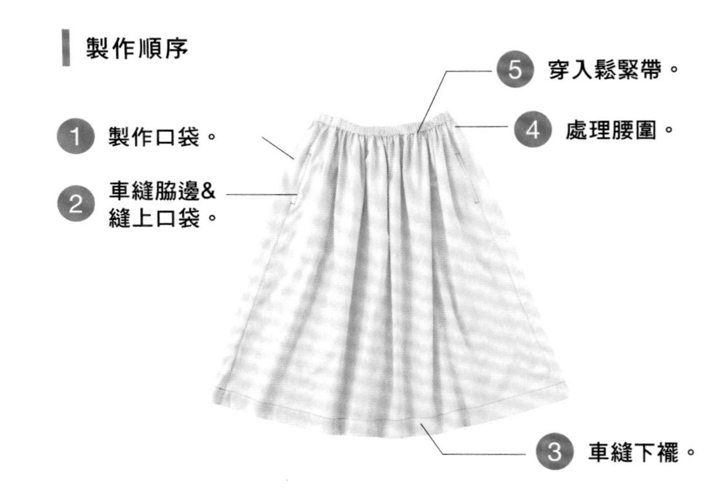

裁布圖

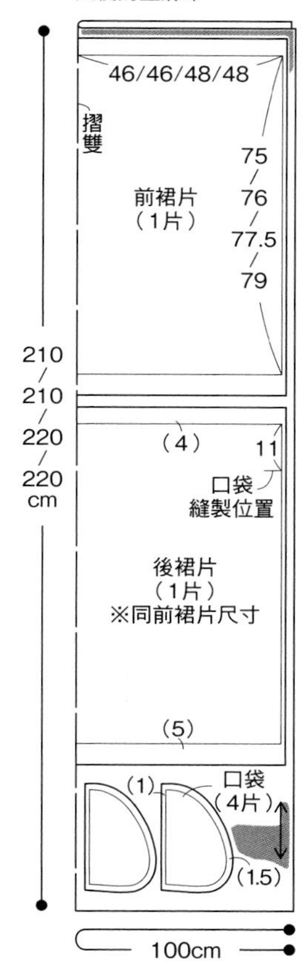

※（　）中的數字為縫份。
除了特別指定處之外，
縫份皆為1cm。

1 製作口袋

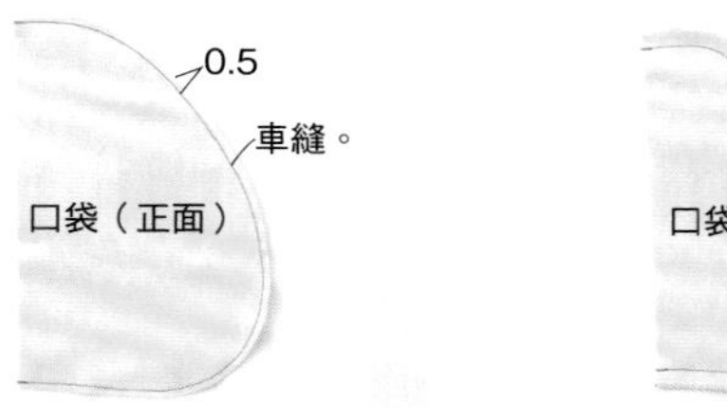

1　口袋背面相對疊合，在距離縫份外圍0.5cm處車縫。

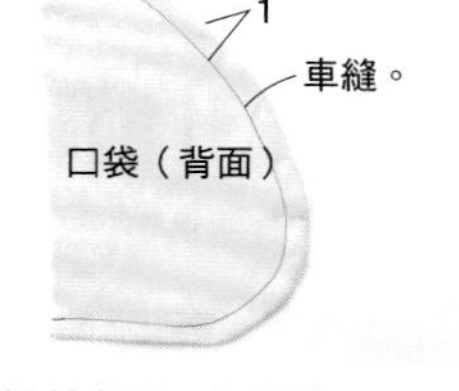

2　裡外翻面，在距邊1cm的縫份處車縫。

2 車縫脇邊&縫上口袋

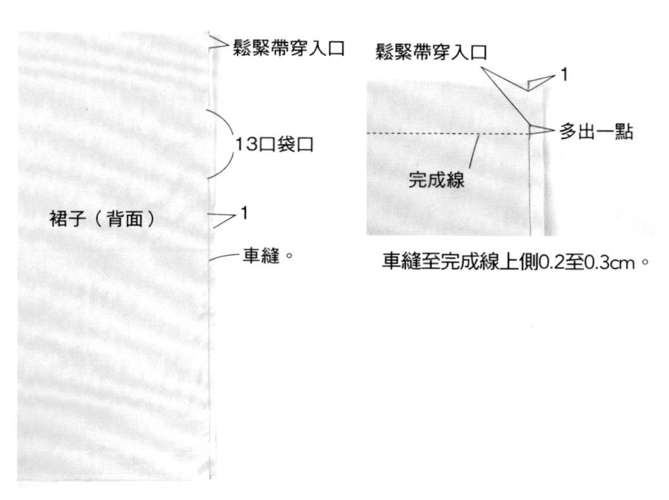

車縫至完成線上側0.2至0.3cm。

1　裙片正面相對疊合，除了口袋口之外，在左右脇邊縫份1cm處車縫，並預留右脇鬆緊帶穿入口。

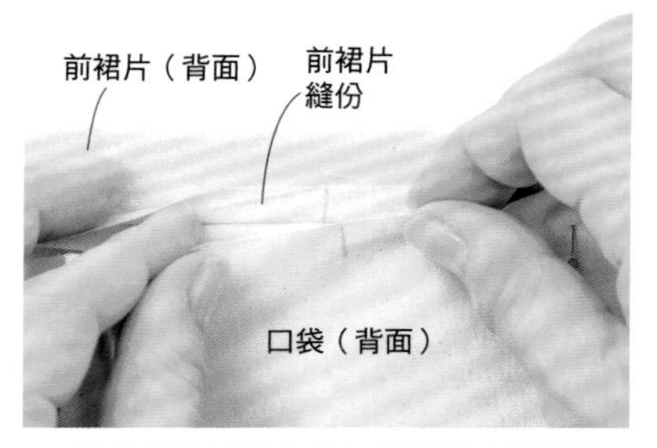

2 將前裙片縫份上的口袋縫製合印記號&單片口袋的口袋口記號對齊。

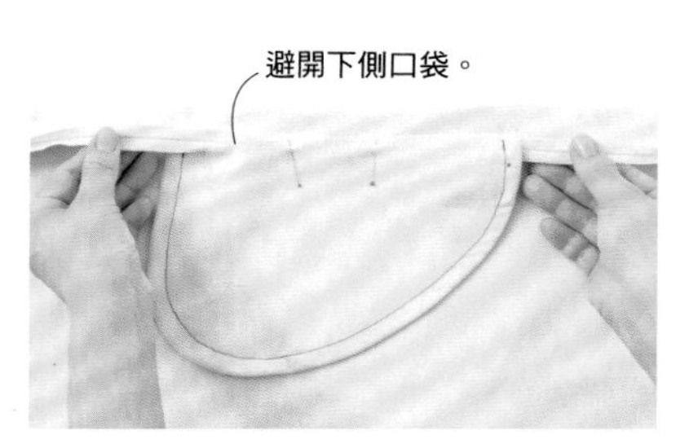

3 固定口袋。

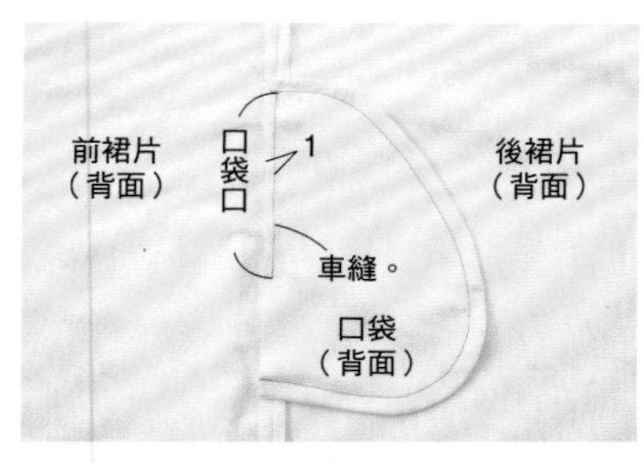

4 車縫口袋口。注意不要車縫到下側口袋。

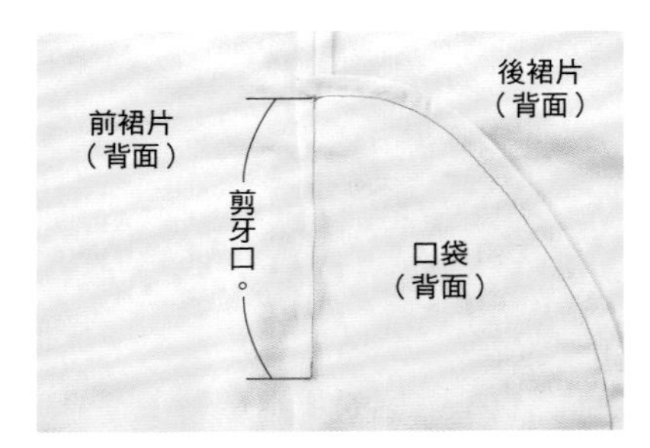

5 在口袋口上下兩端剪牙口。

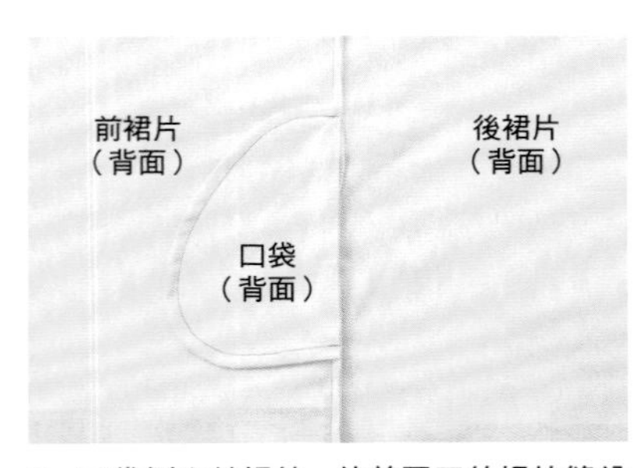

6 口袋倒向前裙片。使剪牙口的裙片縫份&下側口袋的上下縫份倒向後裙片側。

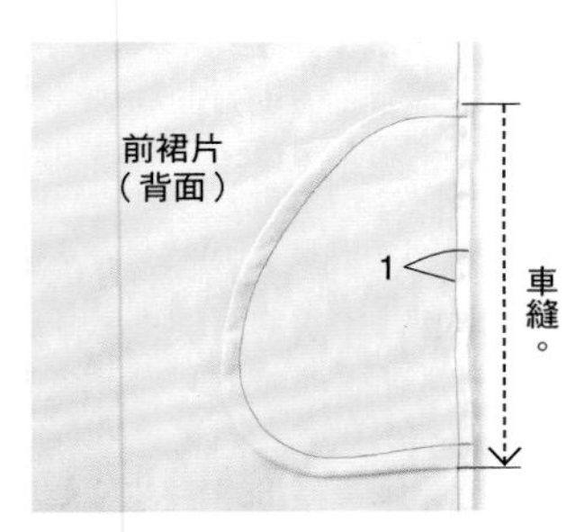

7 前後裙片正面相對疊合，將口袋上端至下端間車縫固定。（注意避開口袋口）另一側口袋作法亦同。

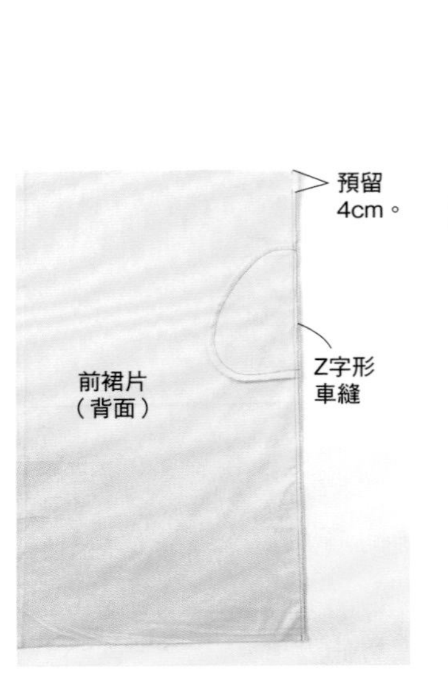

8 沿裙片兩脇完成線Z字形車縫。

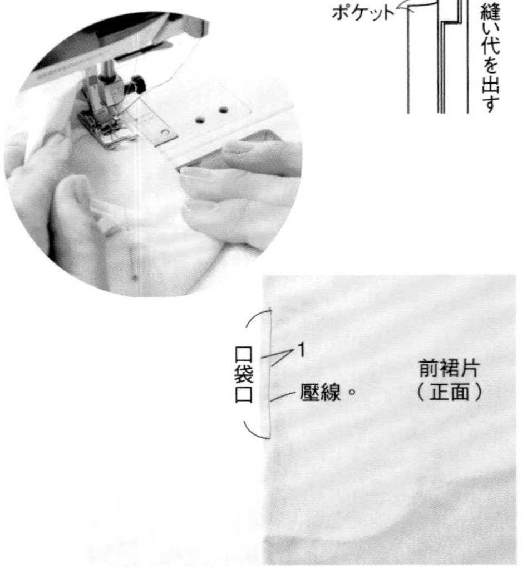

9 前裙片口袋口從表面壓裝飾線。裙片正面相對疊合，一邊注意背面一邊進行車縫。

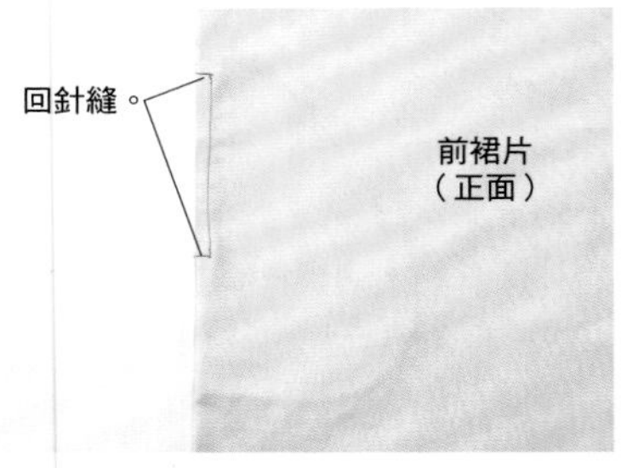

10 避開後裙片，在口袋口上下端之間回針縫。

3 車縫下襬

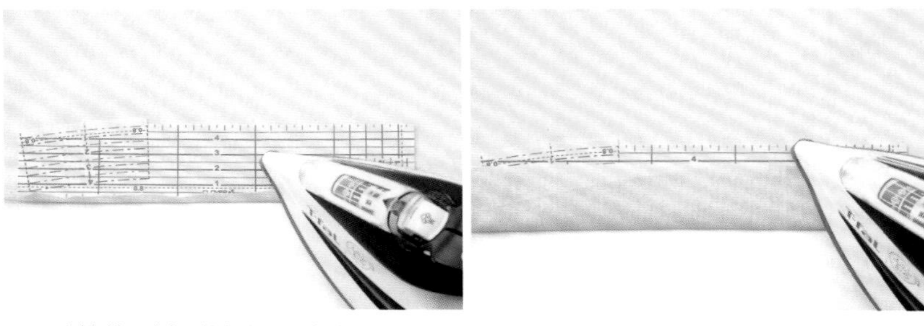

1 脇邊縫份倒向後裙片。下襬依1cm→4cm寬度三摺邊。

2 車縫下襬一圈。

4 製作腰圍

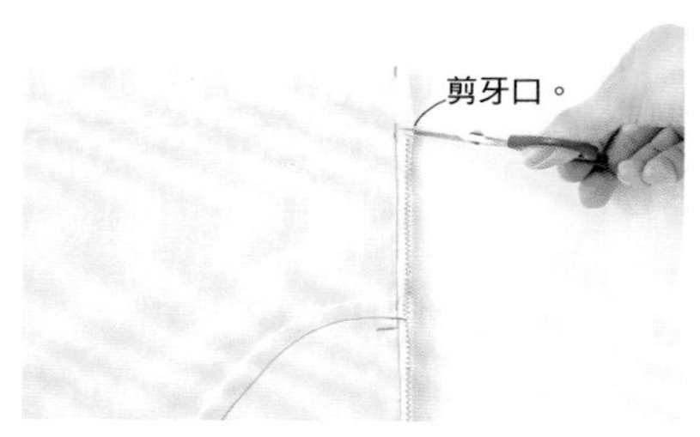

1 在右側腰圍縫份上，完成線再上去0.2至0.3cm處剪牙口。

2 燙開縫份。

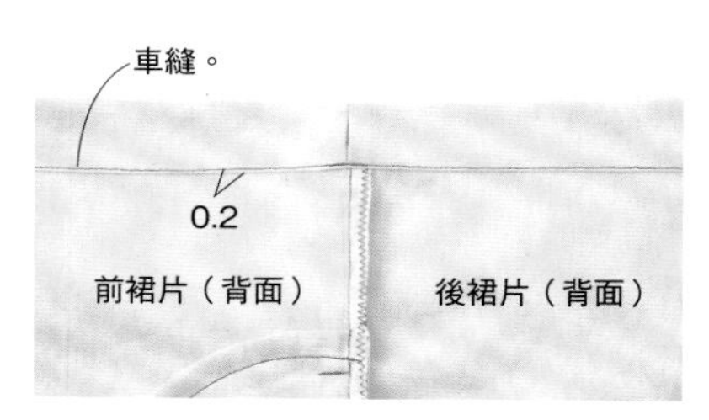

3 依1cm→3cm寬度三摺邊，並車縫腰圍一圈。

5 穿入鬆緊帶

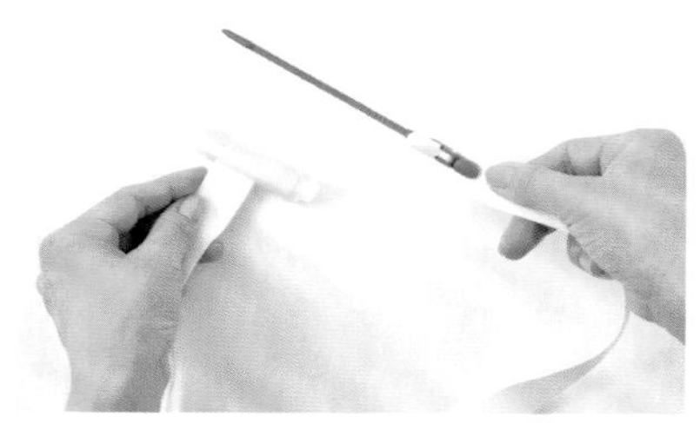

1 準備鬆緊帶。為避免鬆緊帶跑進入口，以強力夾固定單邊鬆緊帶。

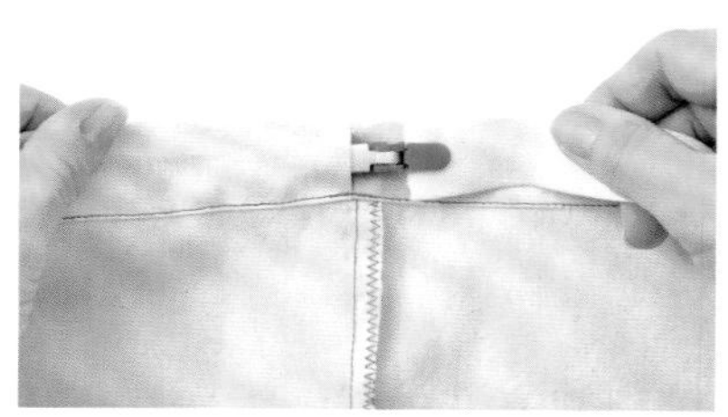

2 從鬆緊帶穿入口穿入鬆緊帶。配合腰帶尺寸調整長度，裁剪多餘縫份。

3 完成後在鬆緊帶兩端重疊處，以N字形車縫2cm固定。

column

因素材特質影響輪廓款式的差異性

即使是一樣的版型款式，也會因為選擇的布料不同使外觀產生很大的變化。
在此以使用三種布料製作同樣款式的裙子為例，成品各有優點，
以作為選購布料時的參考。

厚質布料

柔軟蓬鬆的輪廓款式。非常適合秋冬的搭配造型。

- 起毛素材
- 羊毛
- 法蘭絨　etc…

硬挺布料

給人俐落成熟的印象。適合稍微正式的場合。

- 麻
- 軋別丁布
- 絲光卡其布　etc…

柔軟布料

較合身的線條給人優雅印象。適合多層次穿搭。

- 雙面紗
- 巴里紗
- 細竹布　etc…

布料提供／中商社（左）・NOMURATAILOR（右）

column

決定裙長的方法

除了本書的作品以外，也可以依照自己喜歡的長度製作喔！
請參照此頁的數值斟酌長度，需要的布料尺寸則請參閱P.13。

	長度60cm	長度75cm	長度90cm
身高150cm	膝下長度	小腿肚下長度	長裙長度
身高160cm	齊膝長度	小腿肚長度	腳踝長度
身高170cm	膝上長度	膝下長度	小腿肚下長度

Item 13

圓裙

脇邊附有隱形拉鍊設計，
非常簡單素雅的款式。
比起鬆緊帶款，腰圍設計看起來更加漂亮有型，
也很適合正式場合。

・學習重點

☑ 車縫隱形拉鍊
☑ 車縫傘狀圓弧下襬

完成尺寸

	S	M	L	LL
腰 圍	64cm	67cm	73cm	79cm
裙 長	63.5cm	65cm	66.5cm	68cm

 布料提供／le jardin

材 料　左起尺寸 S／M／L／LL

・蕾絲花樣棉質細竹布
寬110cm × 150cm／150cm／165cm／165cm

・黏著襯　2×80cm
・寬1cm止伸黏著襯條　280cm
・長20cm隱形拉鍊　1條
・鉤釦　1組
・寬1cm　熱接著雙面襯條　50cm

原寸紙型C面【13】

1－前・後裙片
※腰帶未附原寸紙型。請依裁布圖標示的尺寸直接在布料上描繪裁剪。

裁布圖

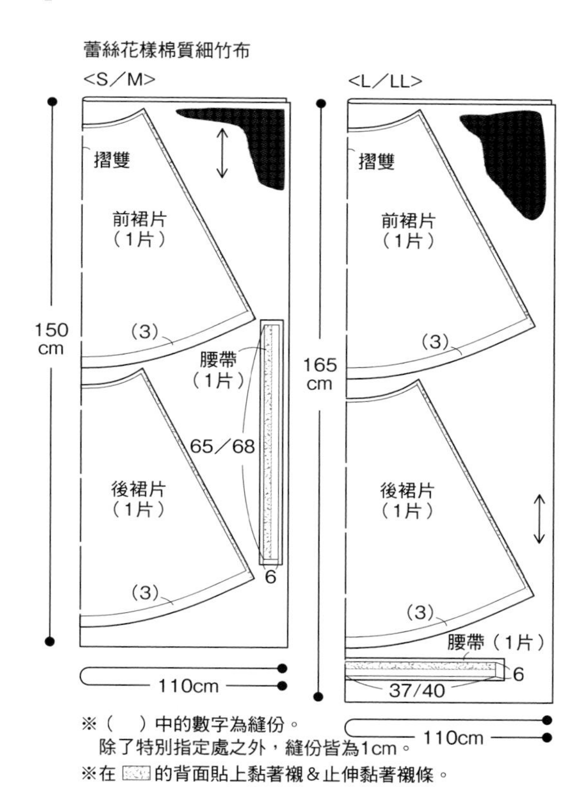

※（　）中的數字為縫份。
除了特別指定處之外，縫份皆為1cm。
※在 的背面貼上黏著襯＆止伸黏著襯條。

製作順序

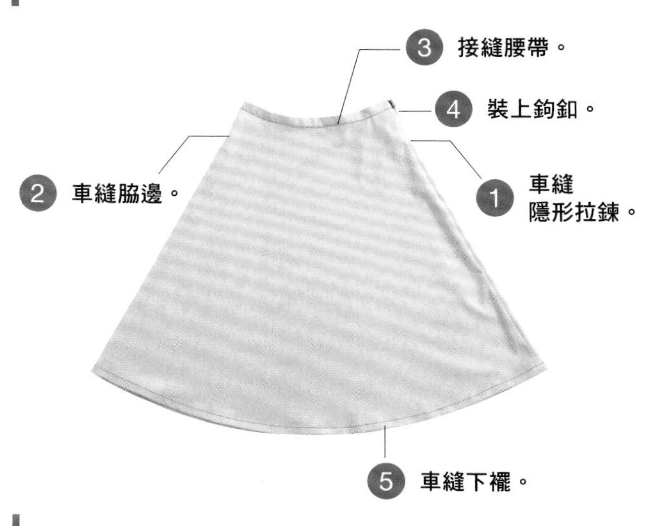

準 備

●貼上止伸黏著襯條

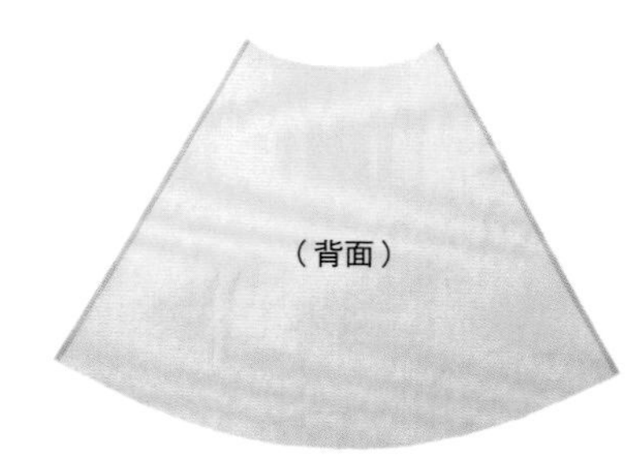

①在裙片脇邊貼上止伸黏著襯條。

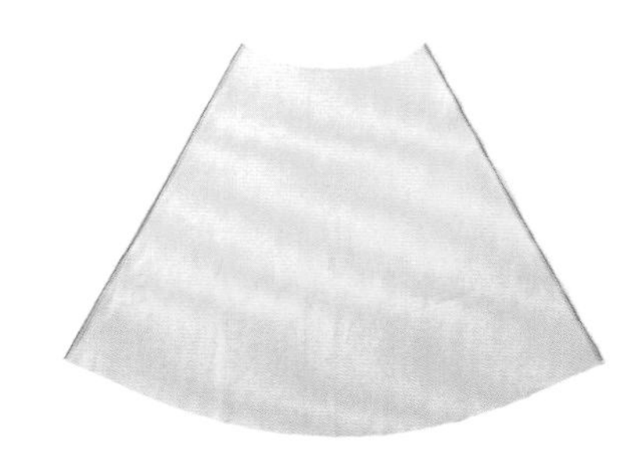

②在裙片脇邊止伸黏著襯條處Z字形車縫。

●貼上黏著襯

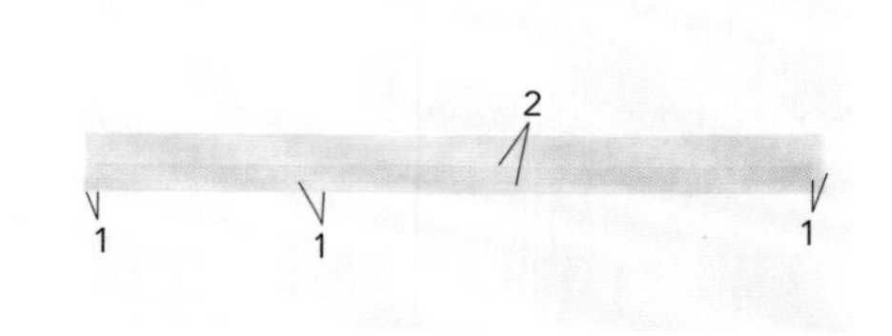

在腰帶單側貼上黏著襯。

1 車縫隱形拉鍊

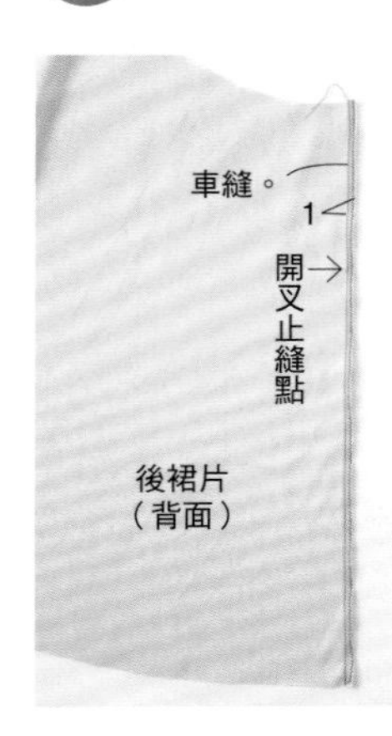

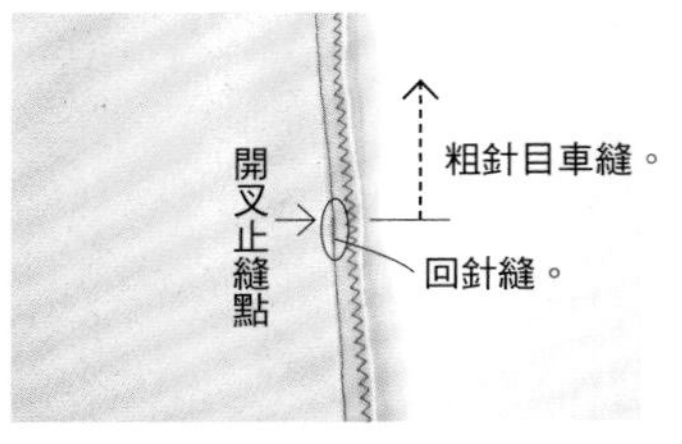

1 前後裙片正面相對疊合，在左脇縫份1cm處車縫。除了下襬至開叉止點以一般針目車縫，以下均採粗針目車縫（以便拆除）。

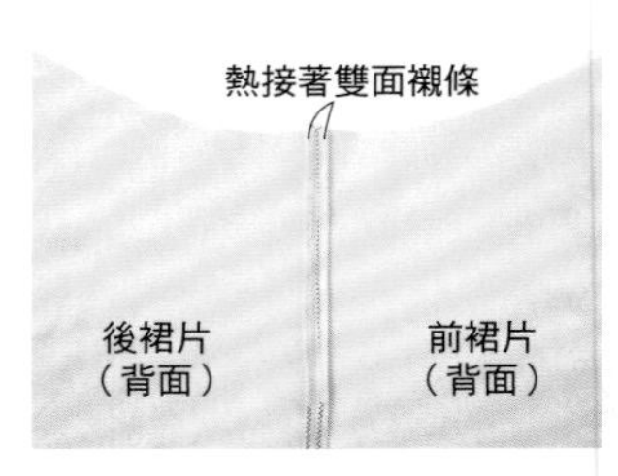

2 燙開縫份。將兩邊縫份貼上熱接著雙面襯條。

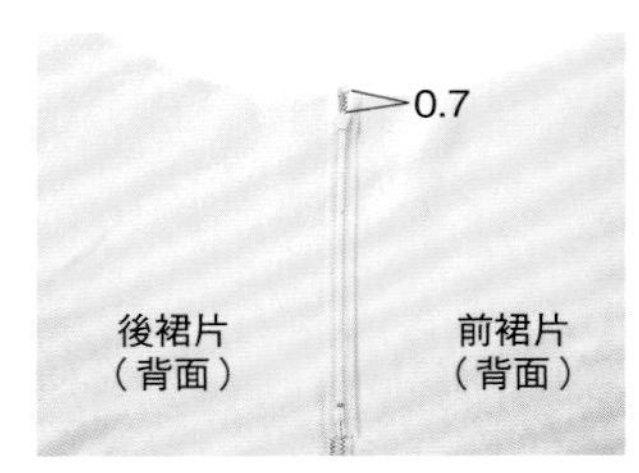

3 撕下離形紙，疊放上拉鍊&熨燙黏著。將拉鍊拉頭放於裙片上端0.7cm處，拉鍊止點金具拉至最下側。

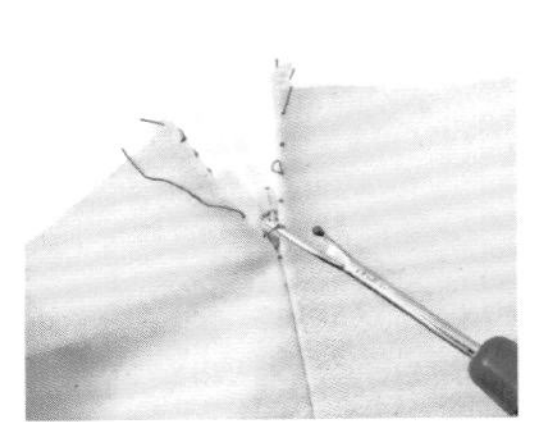

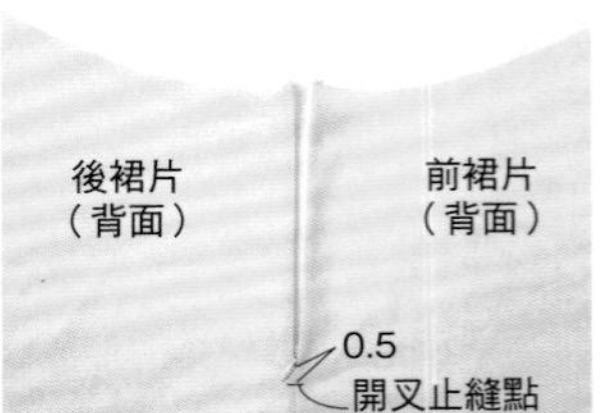

4 一邊拉下拉頭，一邊拆除至止縫點上側0.5cm處的粗針目車縫線。

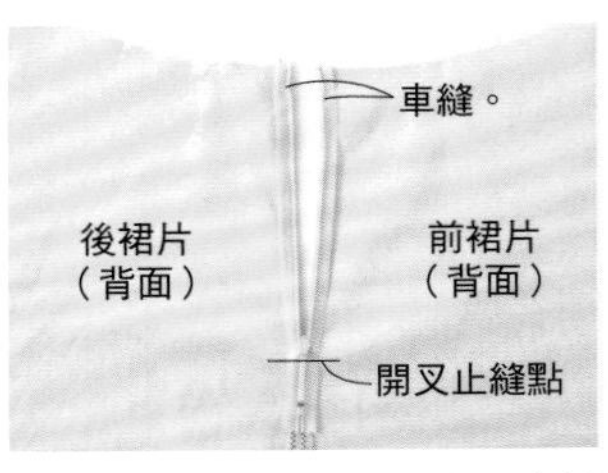

5 以隱形拉鍊專用壓布腳車縫隱形拉鍊。

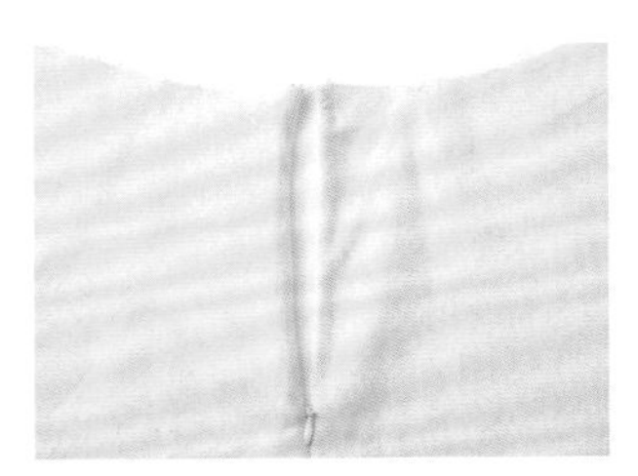

6 隱形拉鍊車縫完成。從表面看不到拉鍊齒。

便利製作的工具

●隱形拉鍊壓布腳

可以拉起拉鍊齒的隱形拉鍊專用壓布腳。壓布腳有各種不同種類的材質，請選擇適合縫製的素材。

使隱形拉鍊專用壓布腳溝槽對合拉鍊齒進行車縫，車縫針就會落在壓布腳洞孔上。

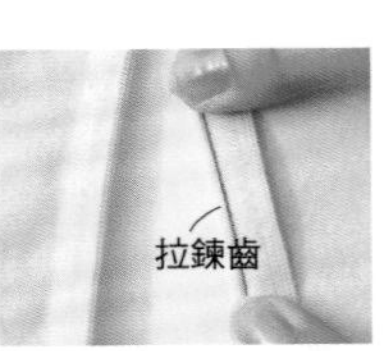

可以車縫在拉鍊齒內側。

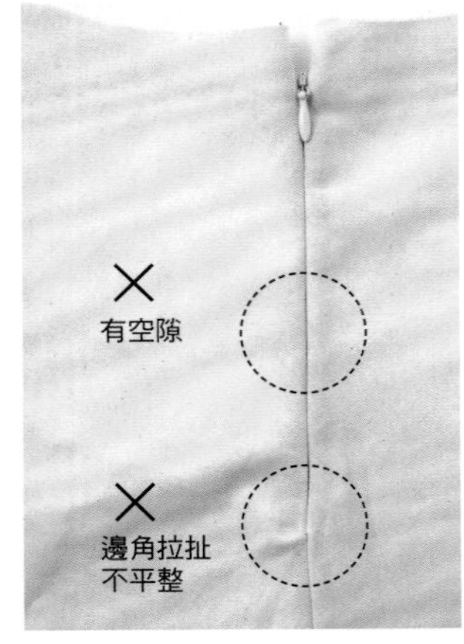

邊角拉扯不平整、隱形拉鍊拉起有空隙，這都是車縫時沒有盡量靠近拉鍊齒邊緣而引起的。

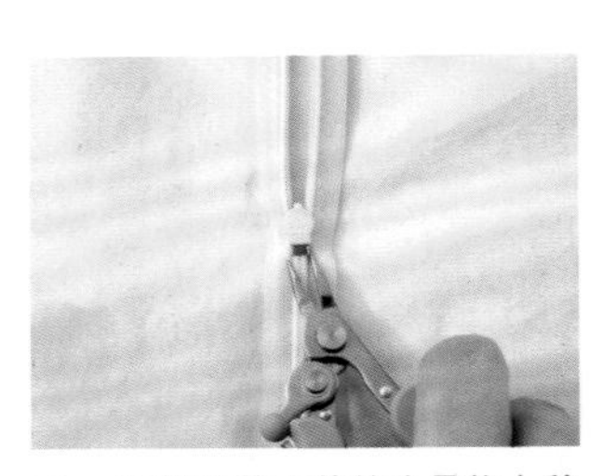

7 以鉗子將下移的止具往上移至開叉止縫點固定。

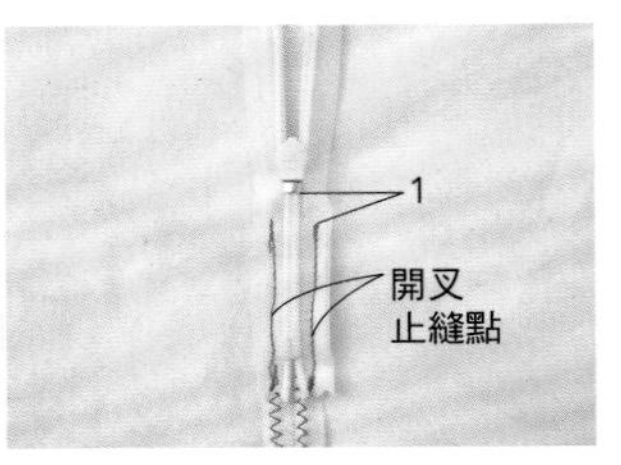

8 固定拉鍊縫份至止具下1cm處（注意不要連裙片一起車縫）。

2 車縫右脇邊

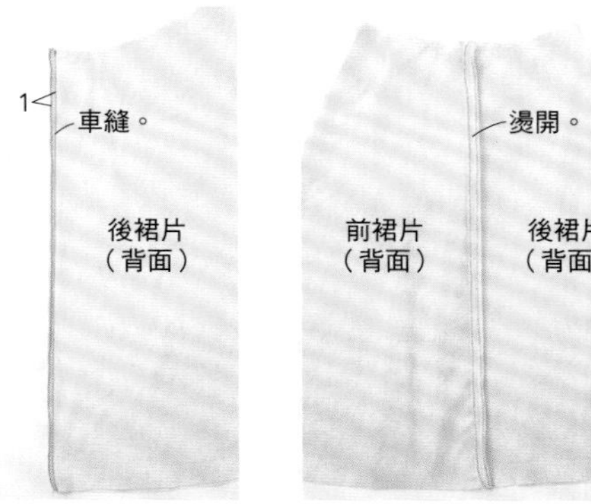

1 前後裙片正面相對疊合，在右脇縫份1cm處車縫。

2 燙開縫份。

3 裁剪兩邊角。

3 接縫腰帶

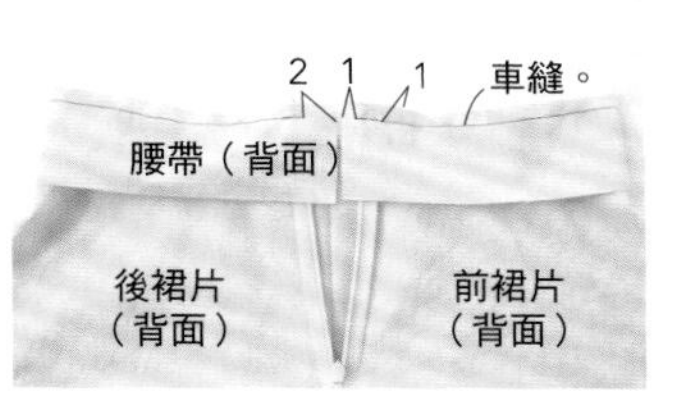

1 裙片背面與腰帶正面相對疊放，此時的黏著襯黏貼側朝上。使後裙側超出2cm、前裙片側超出1cm，沿縫份1cm處車縫一圈。

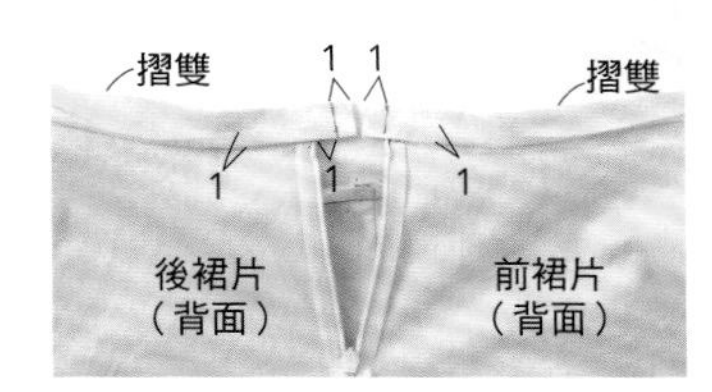

2 從腰帶下邊內摺縫份1cm，再摺疊至完成線1cm處車縫。

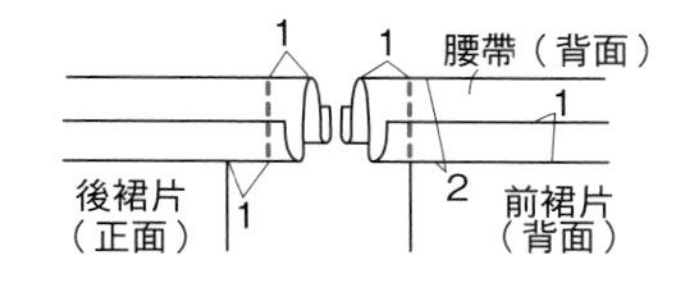

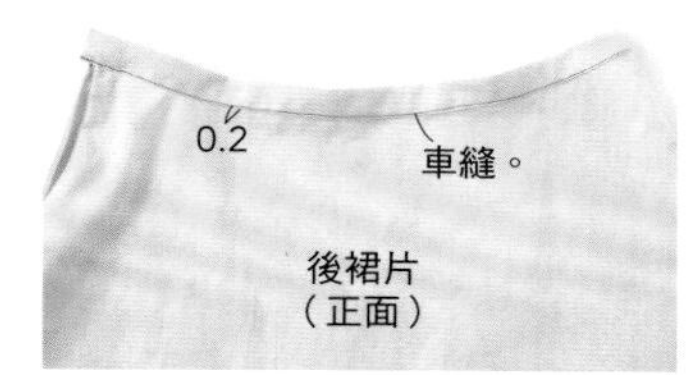

4 將腰帶翻至正面包捲縫份，從正面車縫。

4 縫上鉤釦

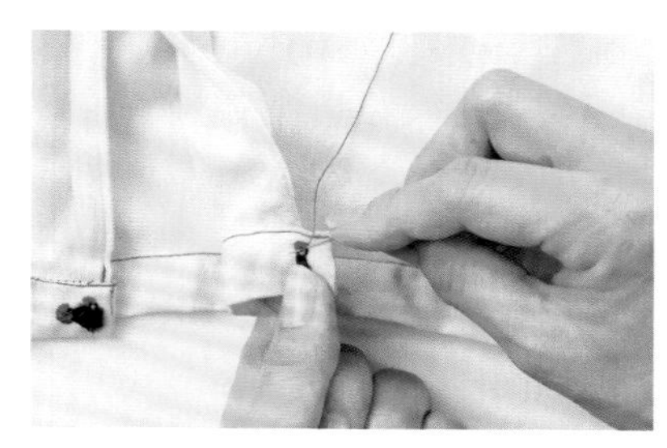

縫上鉤釦。（參見P.47）

5 車縫下襬

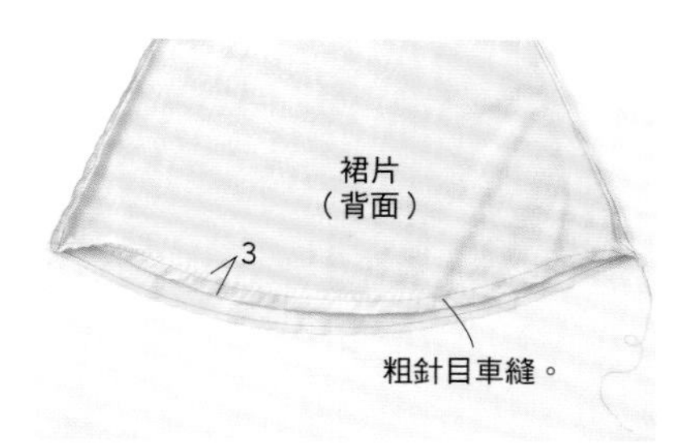

1 以粗針目車縫下襬一圈，摺疊寬度3cm。

※縮縫
平面布料製作弧度、展現立體感的作法。

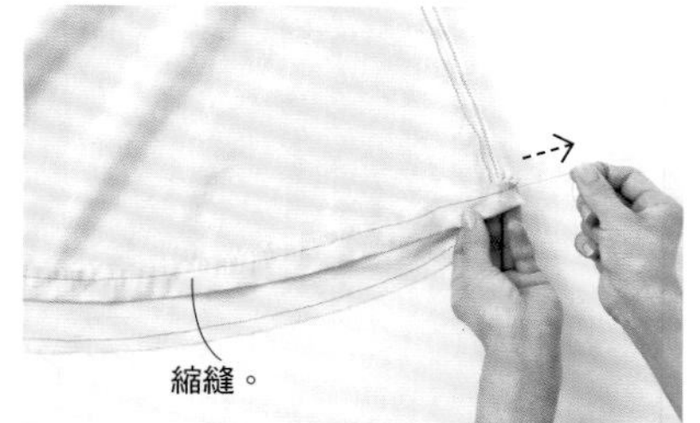

2 抽拉粗針目車縫線，將圓弧處縮縫處理※，再熨燙整理形狀。如果省略縮縫，下襬弧度會產生皺褶、不美觀。

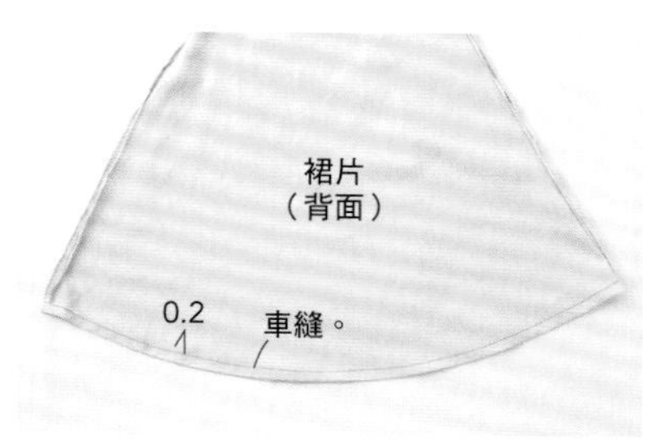

3 縫份依1.5cm→1.5cm寬度，三摺邊後車縫。

Item 14

寬版褲

附口袋的寬版褲。
腰帶後側採鬆緊帶設計，
正面則給人正式、簡潔的感覺。

・學習重點

☑ 車縫口袋

完成尺寸

	S	M	L	LL
臀圍	97cm	100cm	106cm	112cm
褲長	98.5cm	100cm	104cm	105cm

材 料　全尺寸共通

- 雙線斜紋勞動布
  寬110cm × 230／230／240／250cm
- 黏著襯　10×50cm
- 寬2cm鬆緊帶　50cm
  （配合腰圍尺寸調整）

原寸紙型B面【14】

1－前褲管、2－後褲管、3－接續後褲管
4－口袋、5－口袋襠布
※前、後腰帶未附原寸紙型，請依裁布圖尺寸直接在布料上描繪。

後褲管

此作品附錄紙型的長度被分割成兩部分，請對齊記號連接起來，製作完整的紙型。

製作順序

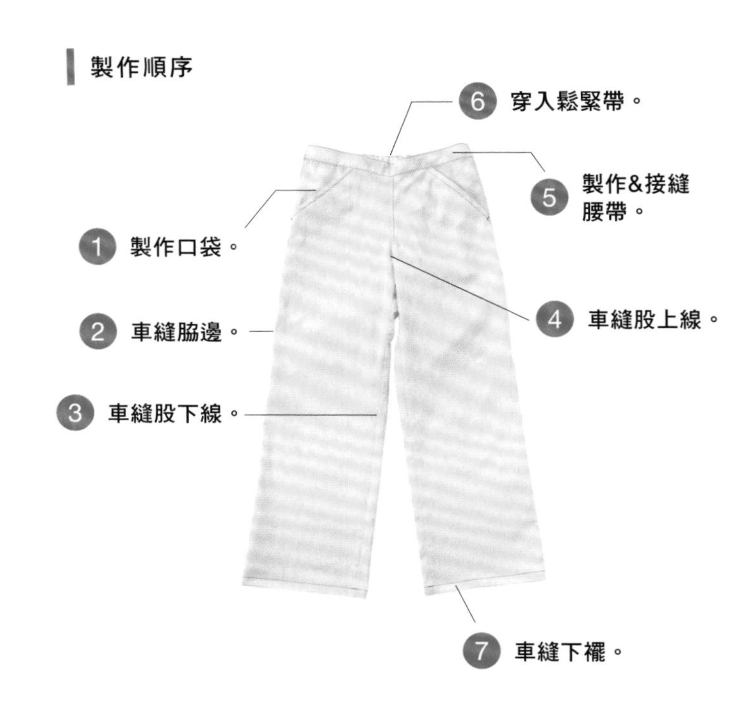

裁布圖

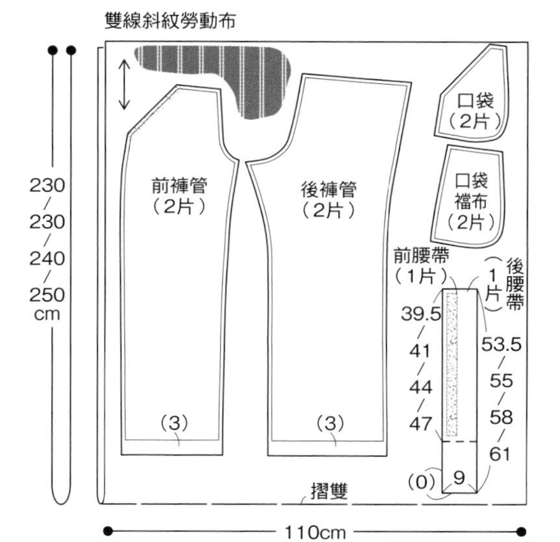

※（　）中的數字為縫份。
除了特別指定處之外，縫份皆為1cm。
※數字從上而下代表S／M／L／LL尺寸。
※在 ▒ 的背面貼上黏著襯。

準 備

●貼上黏著襯

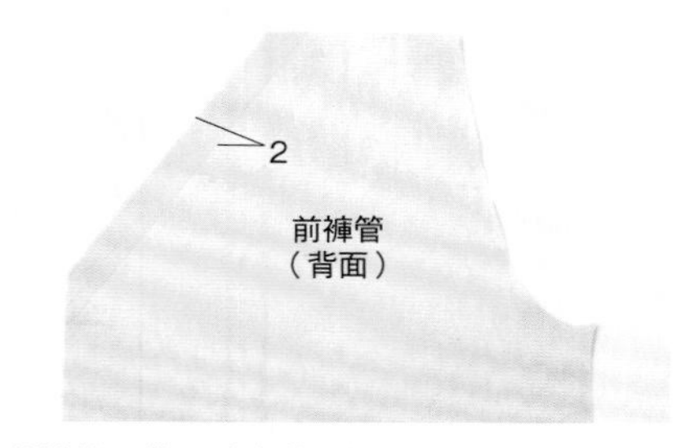

前褲管口袋口貼上黏著襯。

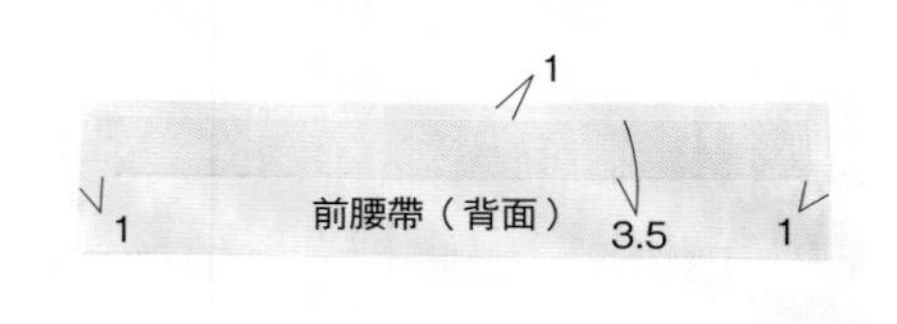

一半的腰帶貼上黏著襯。

1 接縫口袋

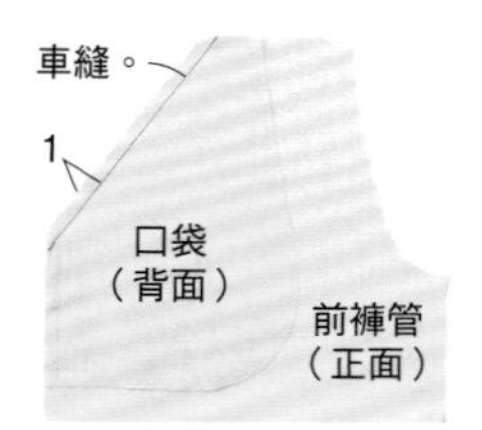

1 口袋和前褲管正面相對疊合，在縫份1cm處車縫。

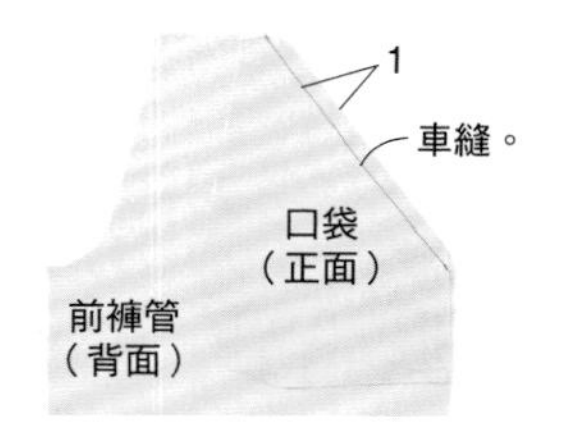

2 口袋翻至正面，口袋口1cm處開始壓裝飾線。

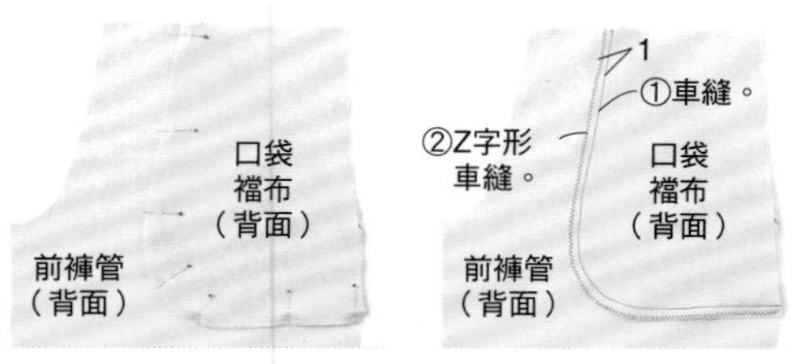

3 口袋和口袋襠布正面相對疊合，在縫份1cm處車縫。再將兩片縫份一起進行Z字形車縫。

2 車縫脇邊

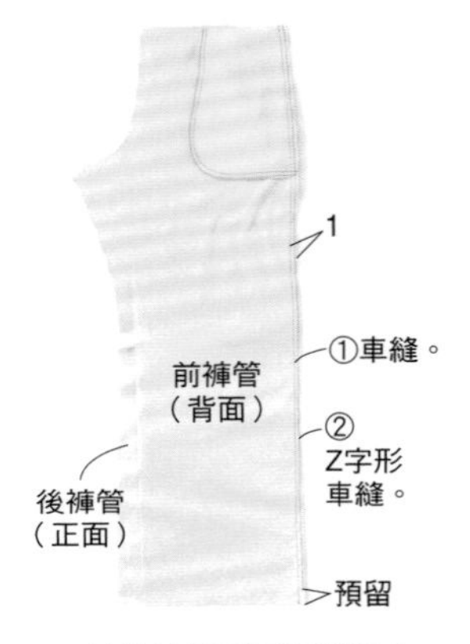

1 前後褲管正面相對疊合，在脇邊縫份1cm處車縫。除了下襬縫份，將兩片縫份一起進行Z字形車縫。

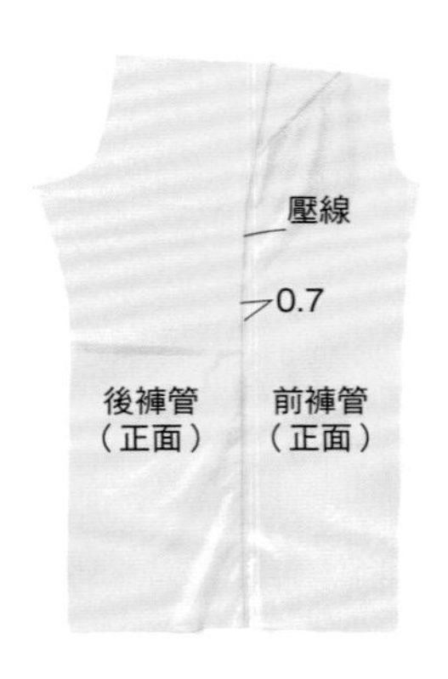

2 縫份倒向後褲管側，在脇邊壓裝飾線。

3

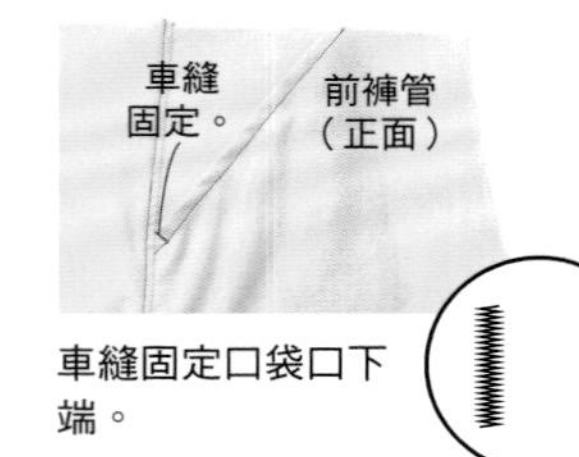

車縫固定口袋口下端。

加固縫。以細針目Z字形車縫，並進行2至3次回針縫。

3 車縫股下線

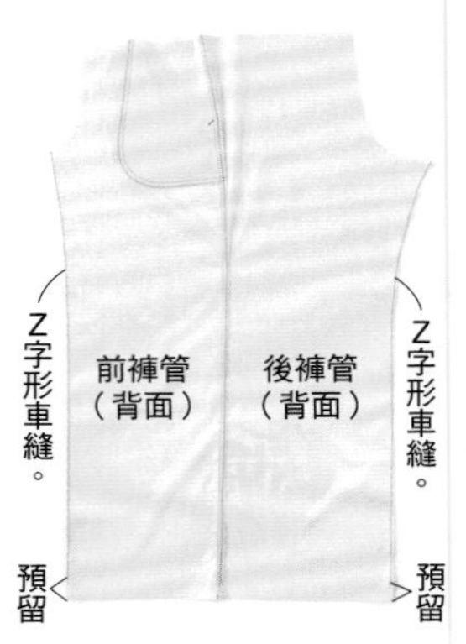

1 前後褲管股下避開下襬線，各自進行Z字形車縫。

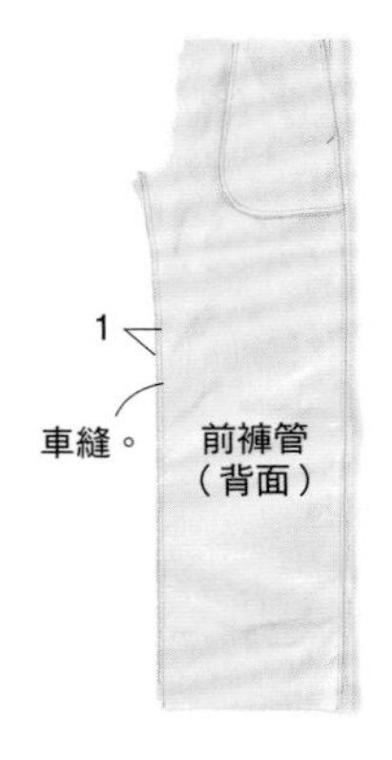

2 前後褲管正面相對疊合，在縫份1cm處車縫。

3

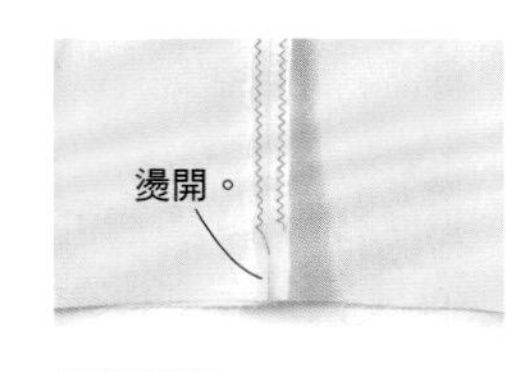

燙開縫份。

4 車縫股上線

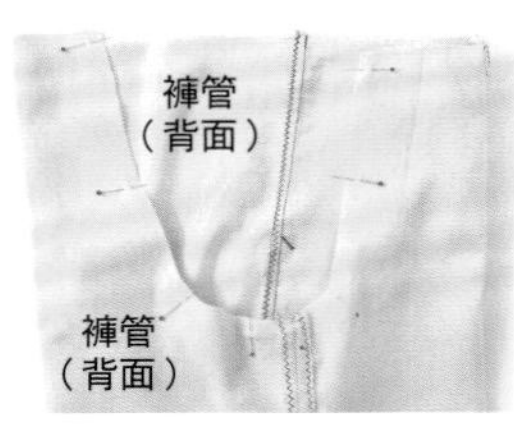

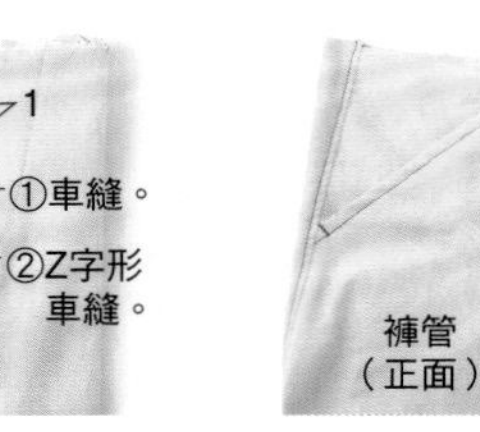

1 單邊褲管翻至正面，放進另一褲管內側（使左右褲管正面相對疊合），在股上1cm處車縫，並將兩片縫份一起進行Z字形車縫。

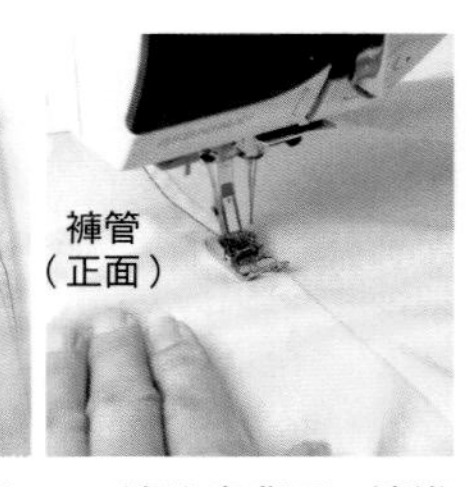

2 縫份倒向左側，股上從表面壓裝飾線。

一邊注意背面一邊進行車縫。

5 製作&接縫腰帶

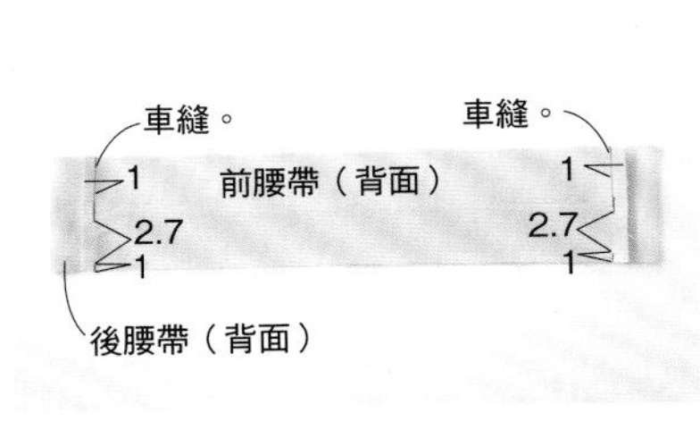

1 前後腰帶正面相對疊合，預留鬆緊帶穿入口車縫。

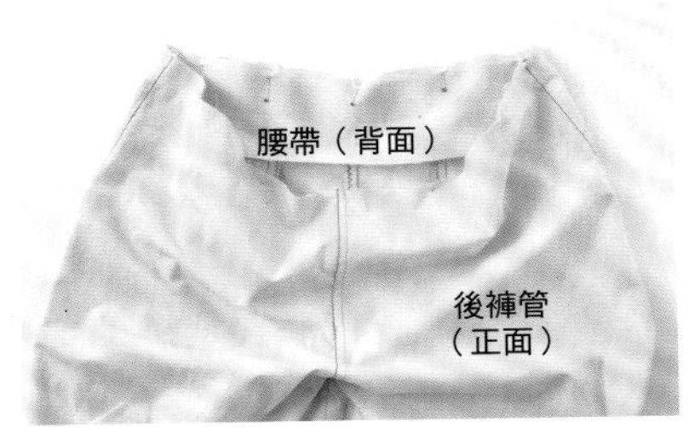

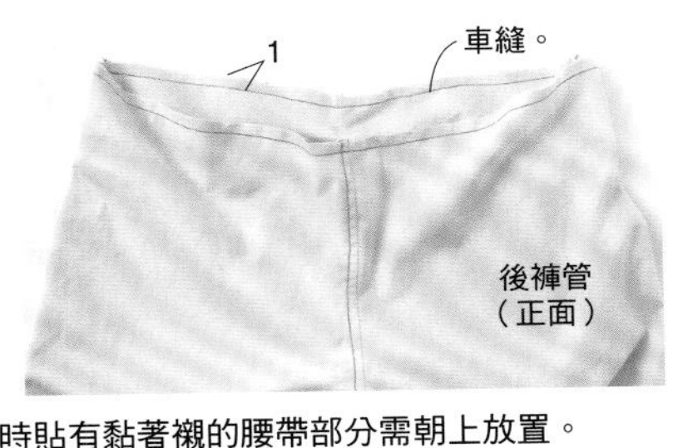

2 對齊腰帶和褲子，在縫份1cm處車縫。此時貼有黏著襯的腰帶部分需朝上放置。

車縫。
0.2
前褲管
（正面）

3 腰帶摺至完成線，將下端車縫一圈。

兩脇鬆緊帶穿入口完成。

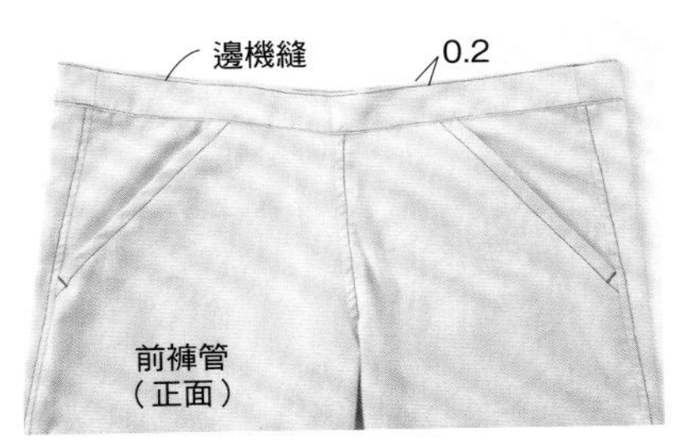

4 上端邊機縫。

6 穿入鬆緊帶

1 單側穿入鬆緊帶。

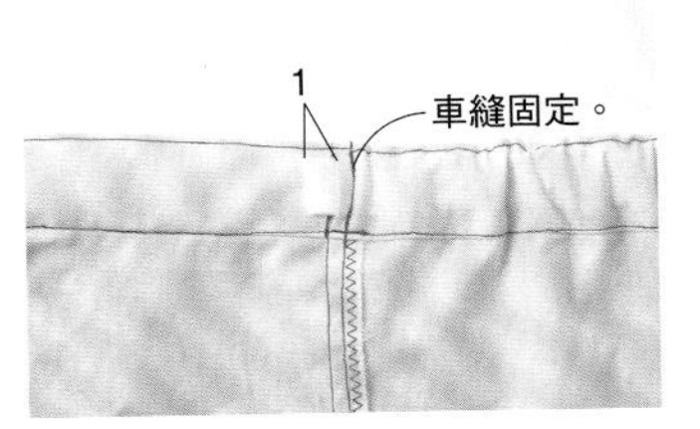

2 使鬆緊帶一端穿出鬆緊帶口1cm後，車縫固定。

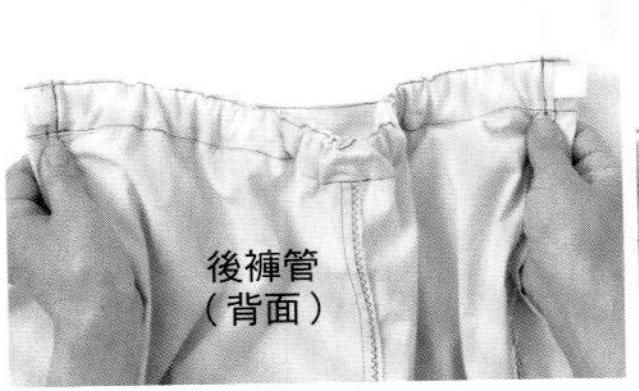

3 配合腰圍尺寸調整&裁去多餘長度，再將另一端穿出鬆緊帶口1cm，車縫固定。

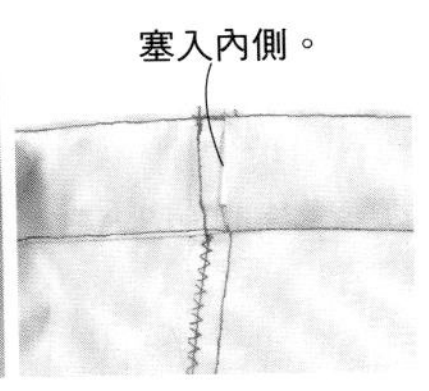

將鬆緊帶邊端塞入內側。

7 車縫下襬

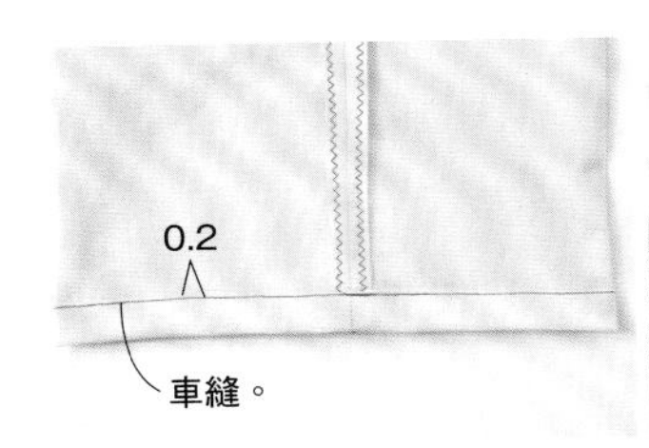

下襬縫份依1cm→2cm寬度，三摺邊後車縫。

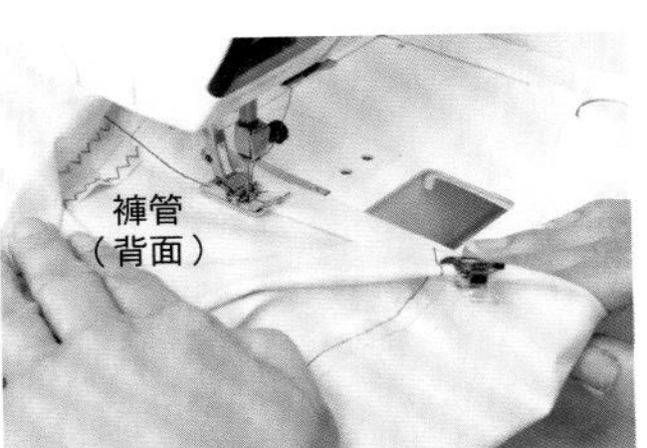

翻至正面，一邊注意背面一邊進行車縫。

完成！

Item 15

窄管褲

以伸縮性佳的布料製作出簡約的褲子。
不論是單穿或搭配長版上衣，簡單又大方。
在此將介紹脇邊貼式口袋的設計，
但若想省略製作也OK。

・學習重點

☑ 車縫脇邊貼式口袋

完成尺寸

	S	M	L	LL
臀圍	88cm	91cm	97cm	103cm
褲長	94cm	95.5cm	100cm	101cm

 布料提供／OUTLET FABRICS

材 料　左起尺寸 S／M／L／LL

・斜紋彈性布
寬100cm × 150cm／150cm／150cm／230cm

・寬2.5cm鬆緊帶　75cm
（配合腰圍尺寸調整）

原寸紙型D面【15】

1－前・後褲管、2－接續前・後褲管

※口袋蓋・脇邊・口袋未附原寸紙型，
請依裁布圖尺寸直接在布料上描繪。

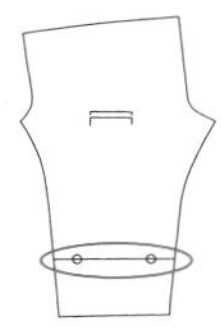

此作品附錄紙型的長度被分割成兩部分，請對齊記號連接起來，製作完整的紙型。

裁布圖

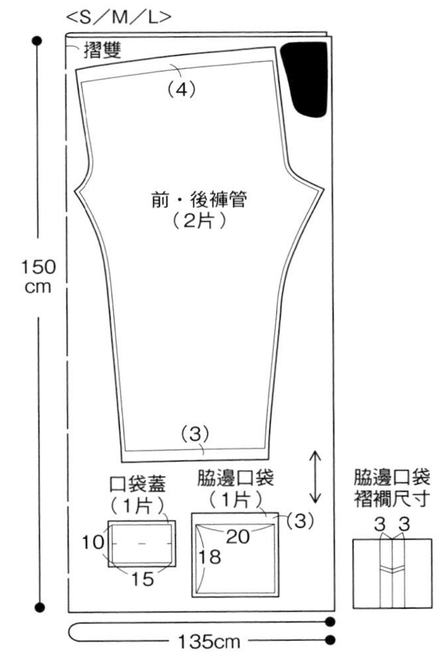

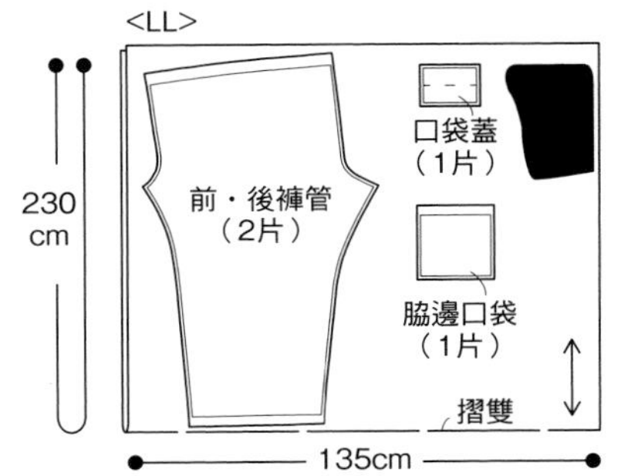

※（　）中的數字為縫份。
除了特別指定處之外，縫份皆為1cm。

製作順序

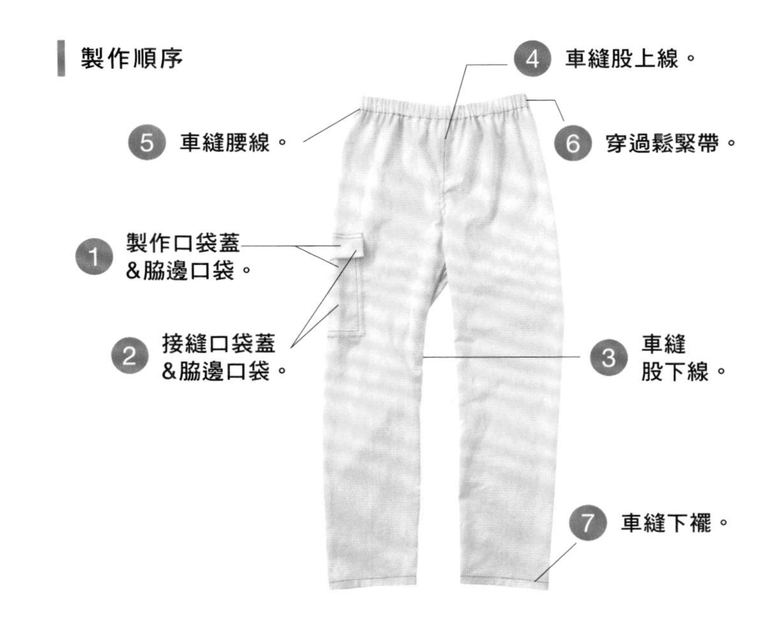

●深色布料使用的消失筆

深色布料建議使用白色的消失筆，此處圖示是以熨斗熨燙或水洗即可消失的熨燙消失筆。

1 製作口袋蓋&脇邊口袋

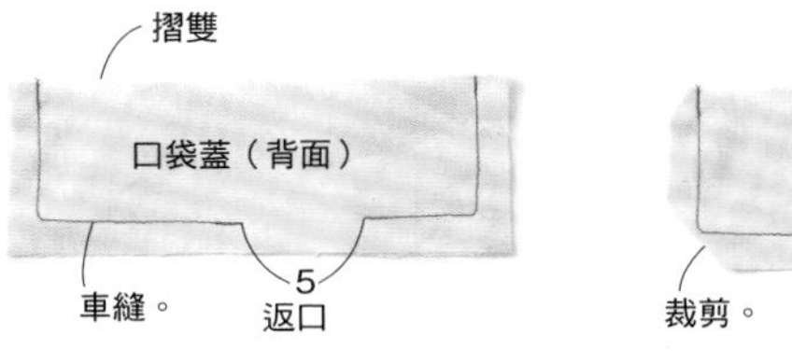

1　口袋蓋正面相對對摺，預留返口後，在縫份1cm處車縫。

2　斜裁邊角。

3　摺疊縫份&以熨斗燙整。

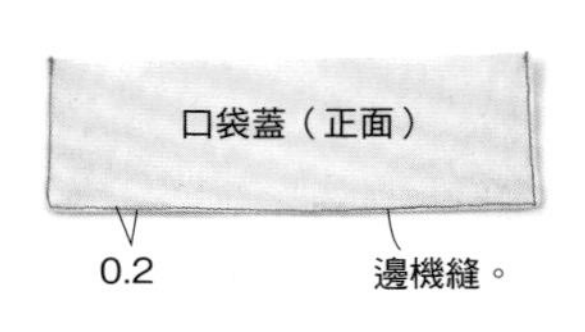

4　翻至正面，周圍邊機縫。

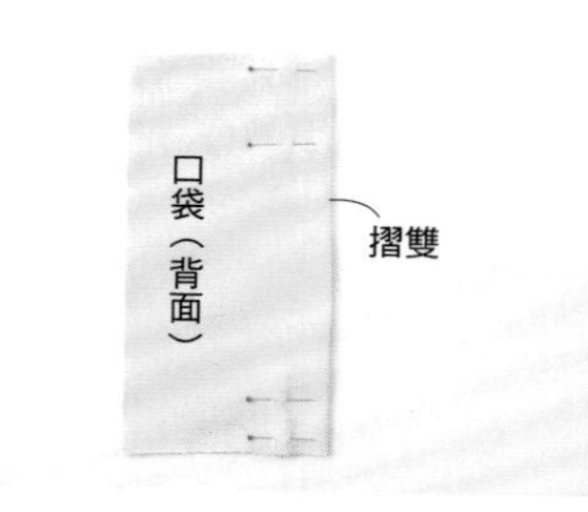

5　口袋褶襉記號正面相對疊合。

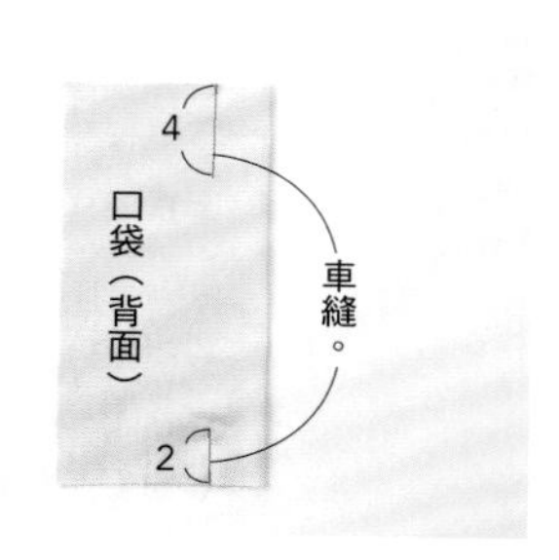

6　車縫。

7　以縫目為中心線，展開褶襉。

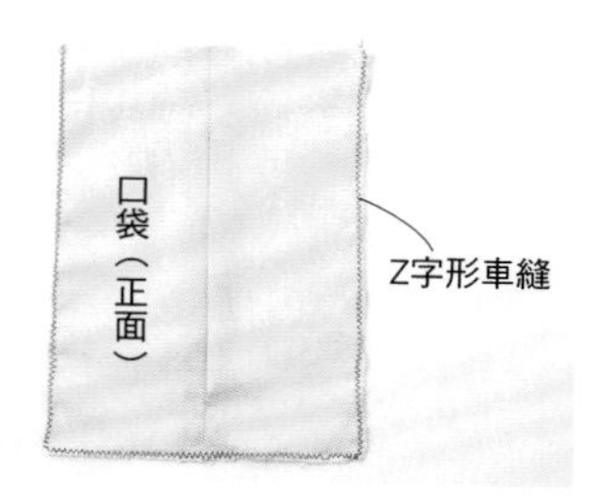

8　除了上端之外，其餘三邊進行Z字形車縫。

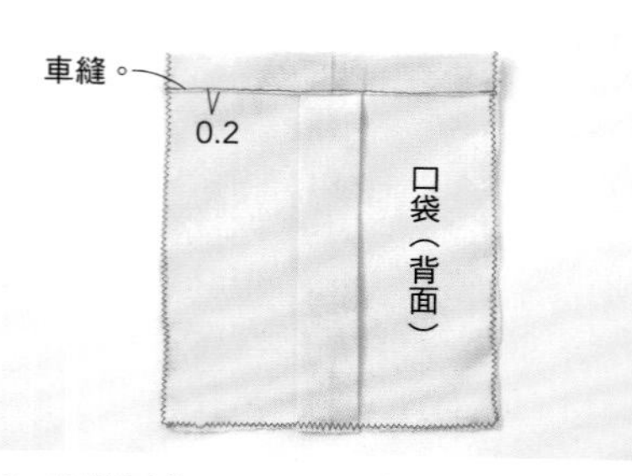

9　口袋口依1cm→2cm寬度，三摺邊後車縫。

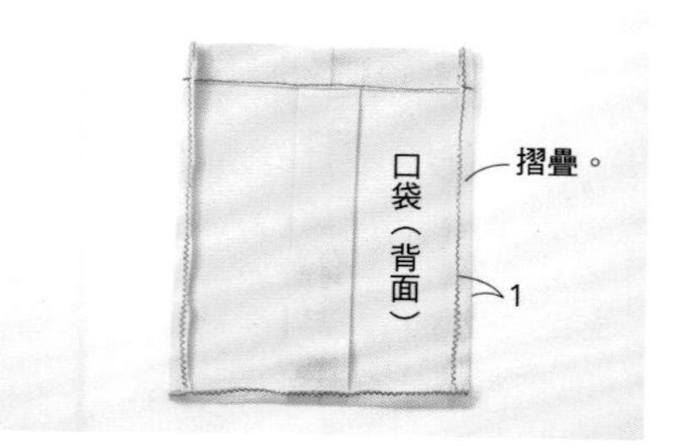

10　摺疊縫份1cm&以熨斗燙整。

2　接縫口袋蓋&脇邊口袋

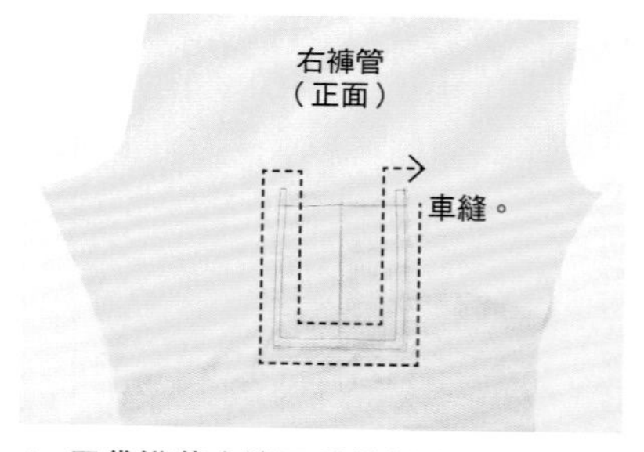

1　口袋沿著右邊口袋縫製位置，進行寬1cm的雙向車縫。

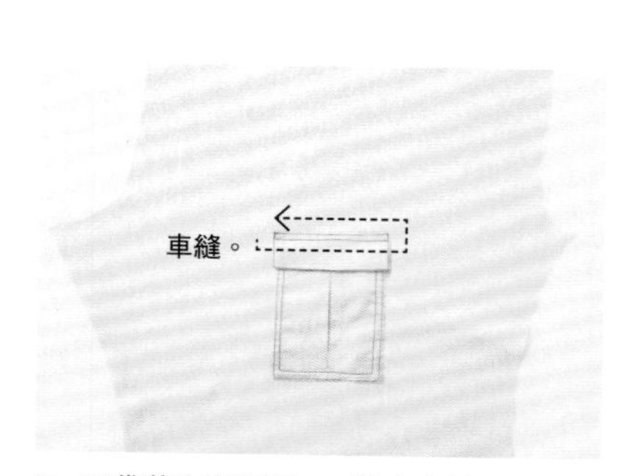

2　口袋蓋也進行寬1cm雙向車縫。

3　車縫股下線

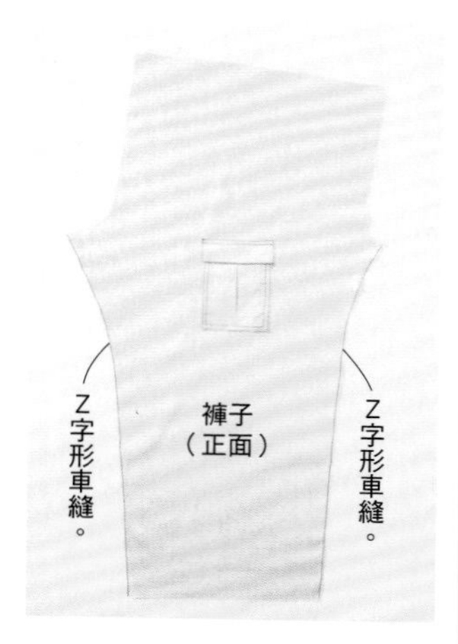

1　股下兩端Z字形車縫。

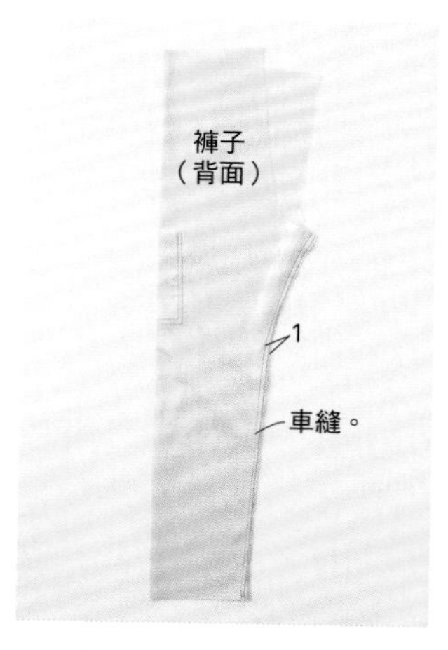

2　褲子正面相對對摺，在股下距邊1cm的縫份上沿邊車縫，並燙開縫份。

4 車縫股上線

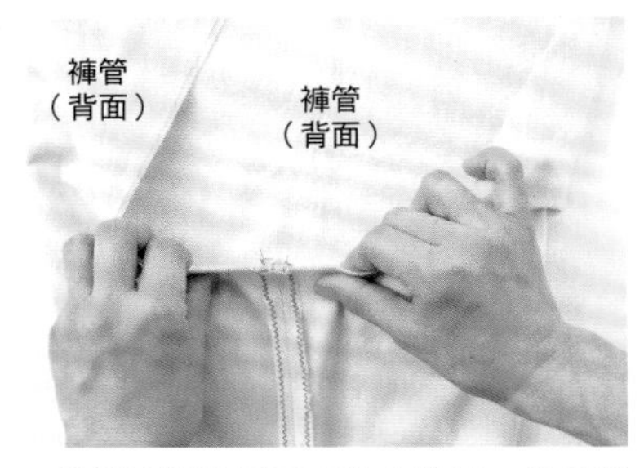

1 單側褲管翻至正面後放進另一片褲管內，使股上線正面相對疊合。

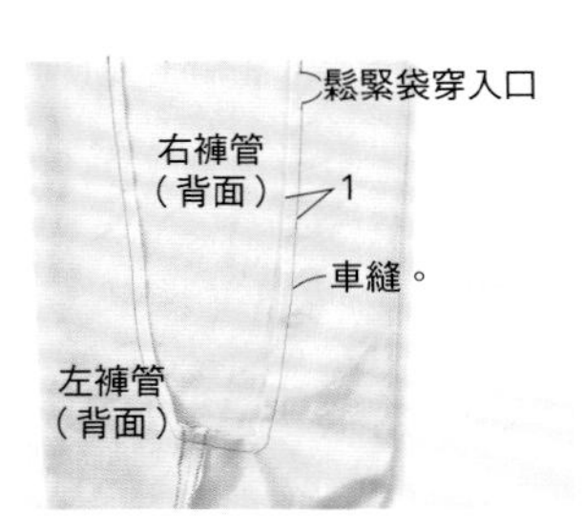

2 預留鬆緊袋穿入口，股上距邊1cm的縫份上沿邊車縫。車縫時鬆緊帶穿入口出來一點。

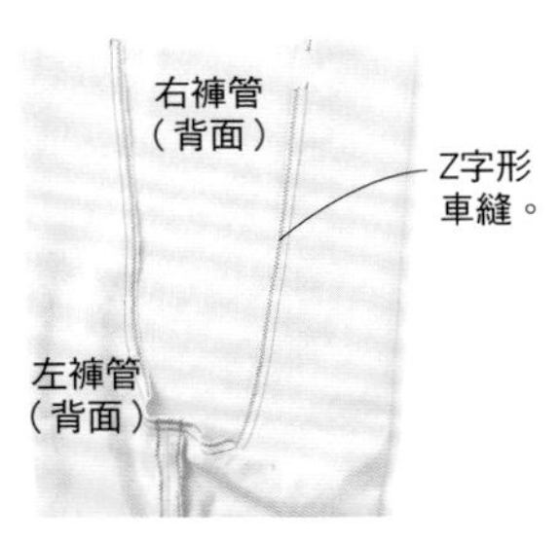

3 除了鬆緊帶穿入口的縫分外，兩片縫份一起進行Z字形車縫，並使縫份倒向左褲管側。

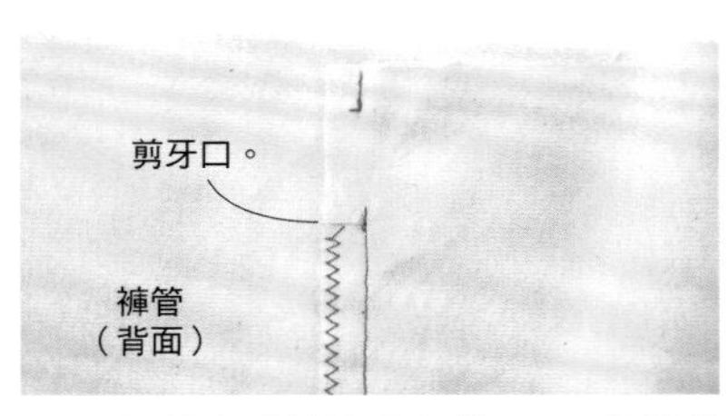

4 在腰線完成線縫份上剪牙口＆燙開縫份。

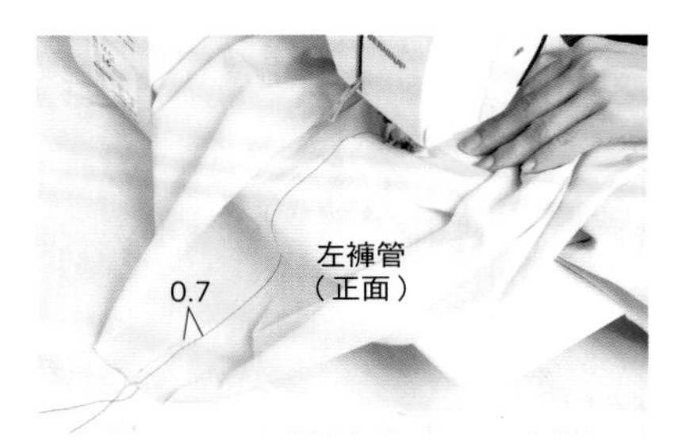

5 將置入內側的褲管拉出，從左褲管股上線正面壓裝飾線。

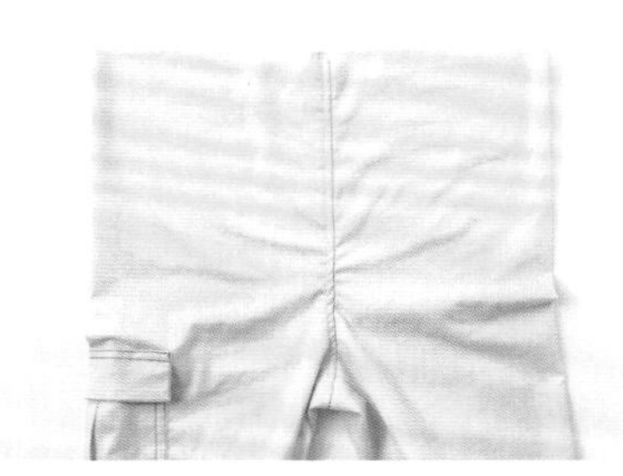

壓裝飾線完成。

5 製作腰圍

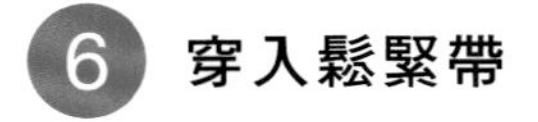

6 穿入鬆緊帶

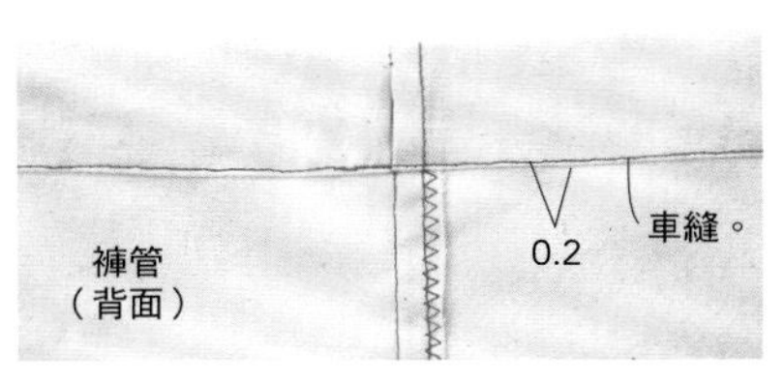

腰線依1cm→3cm寬度，三摺邊後車縫。

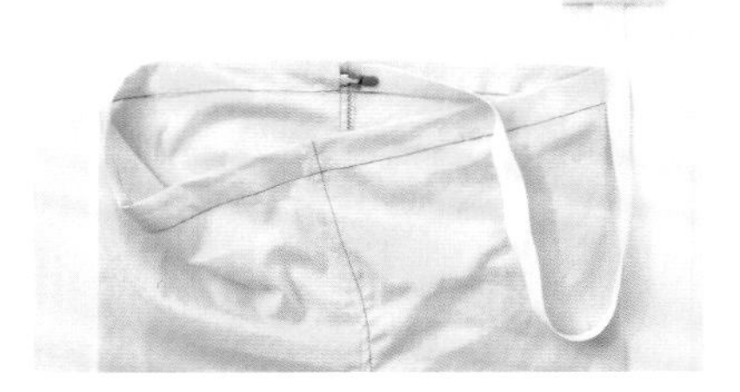

1 穿入鬆緊帶。

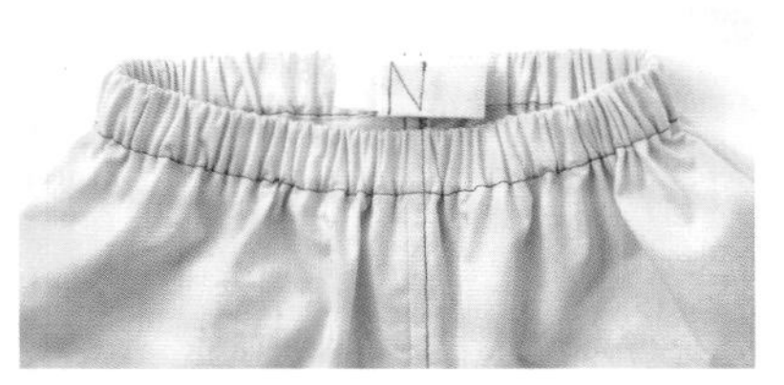

2 完成後，配合腰圍尺寸調整，裁剪多餘部分。再將鬆緊帶邊端重疊2cm，以N字形車縫固定。

7 車縫下襬

下襬依1cm→2cm寬度，三摺邊後車縫。

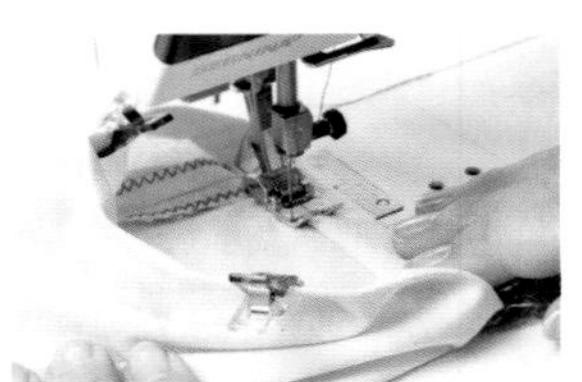

翻至正面，一邊注意背面一邊進行車縫。

Item 16

Arrange

緊身褲

改變窄管褲的寬度，製作緊身褲款。
製作方法簡單，是練習車縫針織布的推薦單品。

・學習重點

☑ 簡單紙型的調節
☑ 車縫針織布的方法

完成尺寸

	S	M	L	LL
臀圍	82cm	85cm	91cm	97cm
褲長	94cm	95.5cm	100cm	101cm

 布料提供／jack&bean

材 料

- 定番棉質磨毛針織布・麻灰色
  寬170cm × 120cm
- 寬2.5cm鬆緊帶　75cm
  （配合腰圍尺寸調節）

＊本作品使用針織布專用的車縫針&車縫線。（參見P.12）

原寸紙型D面【15】的應用

1ー前・後褲管、2ー接續前・後褲管

裁布圖

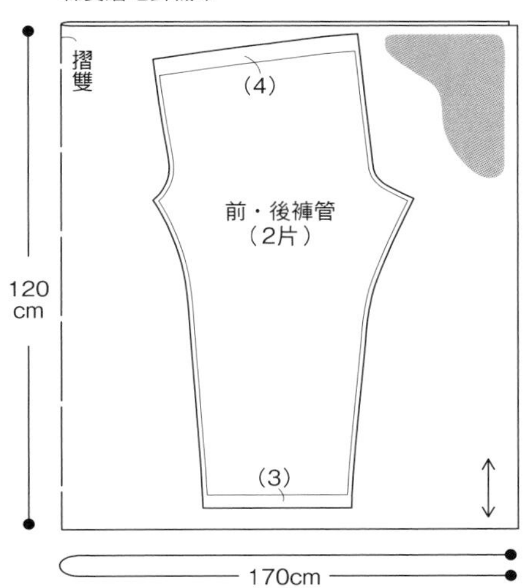

※（　）中的數字為縫份。
除了特別指定處之外，縫份皆為1cm。

製作順序

步驟同P.106窄管褲。
（無口袋蓋&脇邊口袋）
褲子改窄作法參見下記圖解。

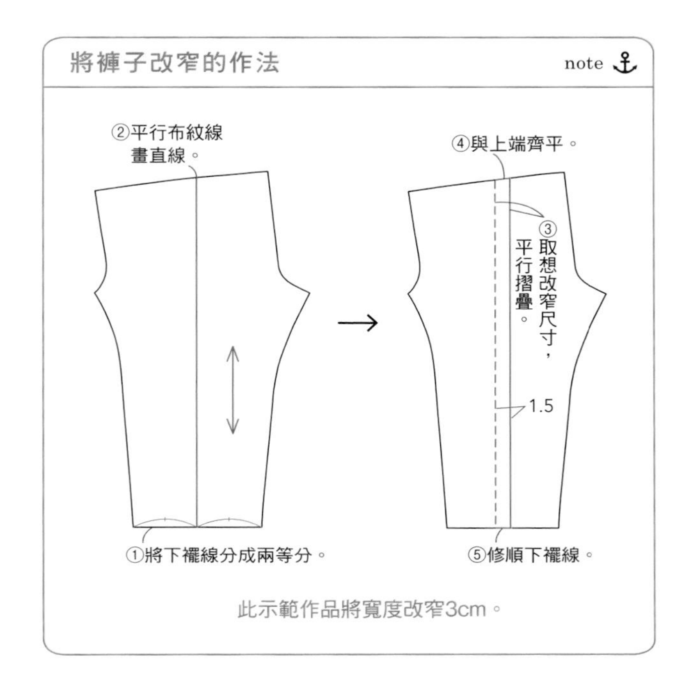

車縫重點

縫份呈波浪狀時，以熨斗燙整。

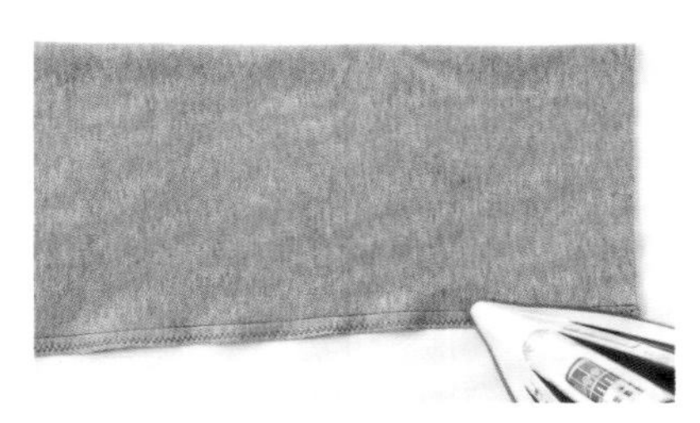

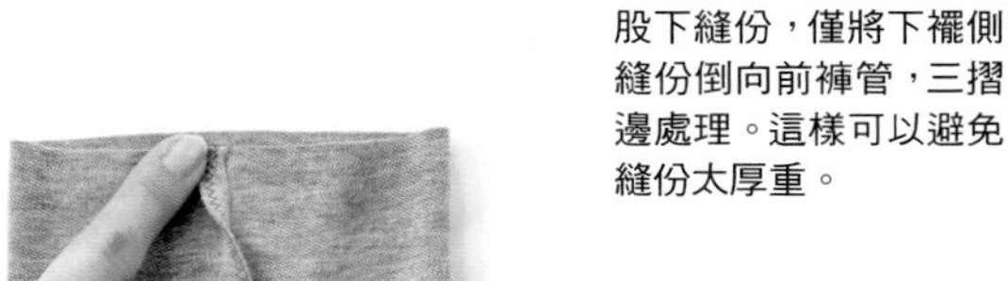

股下縫份，僅將下襬側縫份倒向前褲管，三摺邊處理。這樣可以避免縫份太厚重。

國家圖書館出版品預行編目(CIP)資料

量身訂作手作服OK！在家自學縫紉の基礎教科書 / 伊藤みちよ著；洪鈺惠譯.
-- 二版. -- 新北市：雅書堂文化事業有限公司, 2021.10
面；　公分. -- (Sewing縫紉家; 21)
譯自：ホームソーイングの基礎BOOK
ISBN 978-986-302-603-7 (平裝)

1.縫紉 2.衣飾 3.手工藝

426.3　　110015798

Sewing 縫紉家 21

量身訂作手作服OK！
在家自學縫紉の基礎教科書（暢銷版）

作　　者／伊藤みちよ
譯　　者／洪鈺惠
發 行 人／詹慶和
選 書 人／Eliza Elegant Zeal
執行編輯／陳姿伶
編　　輯／蔡毓玲・劉蕙寧・黃璟安
封面設計／陳麗娜・韓欣恬
美術編輯／周盈汝
內頁排版／造極
出 版 者／雅書堂文化事業有限公司
發 行 者／雅書堂文化事業有限公司
郵撥帳號／18225950 戶名：雅書堂文化事業有限公司
地　　址／新北市板橋區板新路206號3樓
網　　址／www.elegantbooks.com.tw
電子郵件／elegant.books@msa.hinet.net
電　　話／(02)8952-4078
傳　　真／(02)8952-4084

2017年3月初版一刷
2021年10月二版一刷　定價 450 元

HOME SEWING NO KISO BOOK (NV70316)

Photographer：Tetsuya Yamamoto
Original Japanese edition published in Japan by Nihon Vogue Co., Ltd.
Traditional Chinese translation rights arranged with Nihon Vogue Co., Ltd. through Keio Cultural Enterprise Co., Ltd.

經　　銷／易可數位行銷股份有限公司
地　　址／新北市新店區寶橋路235巷6弄3號5樓
電　　話／(02)8911-0825
傳　　真／(02)8911-0801

MayMe
伊藤みちよ

以「不受流行左右、經得起時間考驗的簡單設計，每次都讓人忍不住想穿上的百搭款式」為主軸，製作成人款式的衣服。著有《MayMeスタイルのソーイング》、《May Me スタイルの大人服》、《MayMeスタイル大人のふだん着》。目前擔任VOGUE學園講師。

HP　http://www.mayme-style.com
FB　https://www.facebook.com/MayMe58

Staff

版面設計　平木千草
攝影　山本哲也
插圖　野呂直代
紙型繪圖　有限会社セリオ
編輯　浦崎朋子